全国电子信息类职业教育系列教材
——荣获华东地区大学出版社第七届优秀教材奖

AutoCAD 计算机绘图基础

主　编　李晓宏
副主编　黄定明
参　编　（按姓氏笔画排序）
于　波　刘　刚　张学龙
杨　华　胡　琪　寇晓雨
主　审　李广慧

东 南 大 学 出 版 社
·南京·

内 容 提 要

本书介绍了 AutoCAD 2006 中文版的功能、特点、使用方法与技巧。全书共分 13 章，分别介绍了 AutoCAD 2006 的特性、安装启动、操作界面、基本绘图方法、图形设置、图层及特性、图形编辑及查询、图案填充、显示控制、文字及工程标注、图形输出、三维绘图及造型等内容。本书后面附有习题集，便于指导上机操作，提高应用能力。

本书实例丰富、针对性强、简明适用，既可以作为机械、建筑、电子、服装、电力、工业造型、图案设计等专业的高职高专教材，也可供从事计算机辅助设计的工程技术人员参考使用。

图书在版编目(CIP)数据

AutoCAD 计算机绘图基础 / 李晓宏主编. —南京：东南大学出版社，2004.12（2015.8 修订重印）

ISBN 978-7-81089-780-8

Ⅰ.A… Ⅱ.李… Ⅲ.计算机辅助设计—应用软件，AutoCAD 2006 Ⅳ.TP391.72

中国版本图书馆 CIP 数据核字(2004)第 110796 号

东南大学出版社出版发行
（南京四牌楼 2 号 邮编 210096）
出版人：江建中
江苏省新华书店经销 丹阳市兴华印刷厂印刷
开本：787mm×1092mm 1/16 印张：16.5 字数：418 千字
2004 年 12 月第 1 版 2015 年 8 月修订第 8 次印刷
ISBN 978-7-81089-780-8
印数：19501—20500 册 定价：29.00 元

（凡有印装质量问题，可直接向发行部调换。电话：025-83792328）

出版说明

专业建设是职业院校的重要工作之一，无论是新专业的建设还是老专业的改造，都离不开市场的需求、离不开新技术的发展和应用，电子信息类专业更是首当其冲。

许多职业院校都将电子信息类专业作为重点专业，从目前的现状看，各地报考的人数多，全国开办的学校多，就业的机会相对其他专业也多。但从整体情况看，该类专业普遍存在着专业特色不鲜明的问题，在一定程度上制约了其深层次的发展。因此，从专业建设的角度看，电子信息类专业要以特色为突破口，以人才需求为导向，合理调整该类专业的课程设置和教学内容，使就业面广、充满活力的专业成为职业院校发展的骨干专业。

教材建设和专业建设是一项配套工程，为了进一步加强对电子信息类专业的建设，“全国职业教育电子信息类专业教材编委会”根据各校的教学实际需要，自2003年以来，分别在本溪、太原、宜昌、贵阳、徐州、扬州召开了6次职业教育电子信息类专业建设研讨会，以研讨课程改革和教材建设为主线，全面促进专业建设，陆续出版了《全国电子信息类职业教育系列教材》、《全国职业教育计算机类系列教材》近50种，其中《电子设计自动化技术》、《数字电视原理与应用》、《网页设计与制作》被评为“十一五”国家级规划教材。

全国职业教育电子信息类专业教材编委会会员单位：

全国职业教育电子信息类专业教材编委会

2009年1月

修订前言

本书结合 AutoCAD 2006 中文版的功能与工程图样的特点，坚持科学、实用的原则，详细介绍了使用 AutoCAD 2006 中文版绘制机械图形的方法和技巧。其内容包括 AutoCAD 2006 中文版的操作环境、常用绘图及图形编辑命令、绘图环境设置、图形显示控制、尺寸标注、图形输出、三维绘图及造型等。

本书着重计算机应用能力的培养，突出职业教育的特点，与教育改革同步。在编排程序上，每章之前设有学习目标，以突出重点；每一种操作以图文并茂的形式列出清晰的学习步骤；全书最后还附有习题集，从而方便教学，方便学习。学生结合习题集内容进行绘图练习，除了能够感受到计算机辅助制图的方便之外，还能加深对制图知识的理解。

该书实例丰富、针对性强、简明适用，适合作为机械、建筑、电子、电力、工业造型、图案设计等专业的高职高专教材。

本书由李晓宏任主编，黄定明任副主编，李广慧任主审。

教材的编写分工如下：第 1 章和第 2 章由长沙师范专科学校张学龙编写；第 3 章和习题集由黑龙江信息技术职业学院李晓宏编写；第 4 章由黑龙江信息技术职业学院胡琪编写；第 5 章由内蒙古电子信息职业技术学院杨华编写；第 6 章由贵州省电子工业学校刘刚编写；第 7 章由黑龙江信息技术职业学院于波编写；第 8 章、第 9 章和第 10 章由本溪电子工业学校寇晓雨编写；第 11 章、第 12 章和第 13 章由湖北三峡职业技术学院黄定明编写。全书由李晓宏统稿。

哈尔滨理工大学李广慧主审本教材并提出宝贵意见，在此表示衷心感谢。

书中如有不当之处，恳请读者不吝指教。

编　者

2009 年 8 月

目　录

1　初识 AutoCAD 2006

学习目标

◎ 熟悉 AutoCAD 2006 的安装、启动方式；
◎ 熟练掌握工作界面的基本操作；
◎ 熟练掌握数据的输入方法和文件操作命令。

传统的手工绘图，一般都是用铅笔、绘图板、丁字尺和三角板等工具在图纸上进行绘图。随着计算机的发展，社会进入信息化的时代，采用 AutoCAD 绘图，极大地提高了设计水平及工作效率，而且能输出清晰的图纸，这是手工绘图无法比拟的优势。本章主要介绍 AutoCAD 2006 的安装和启动、工作界面基本操作、数据的输入方法及其文件操作命令等。

1.1　安装和启动 AutoCAD 2006

1.1.1　安装 AutoCAD 2006

启动 Setup.exe，出现如图 1.1 所示的安装界面。

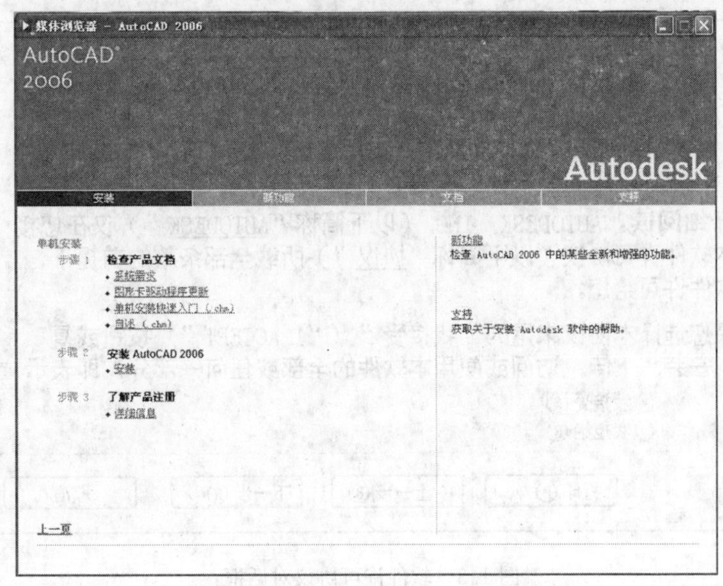

图 1.1　安装界面

点击安装标签，在“步骤 2”处再点击“安装”，进入 AutoCAD 2006 安装程序界面，如图 1.2 所示。

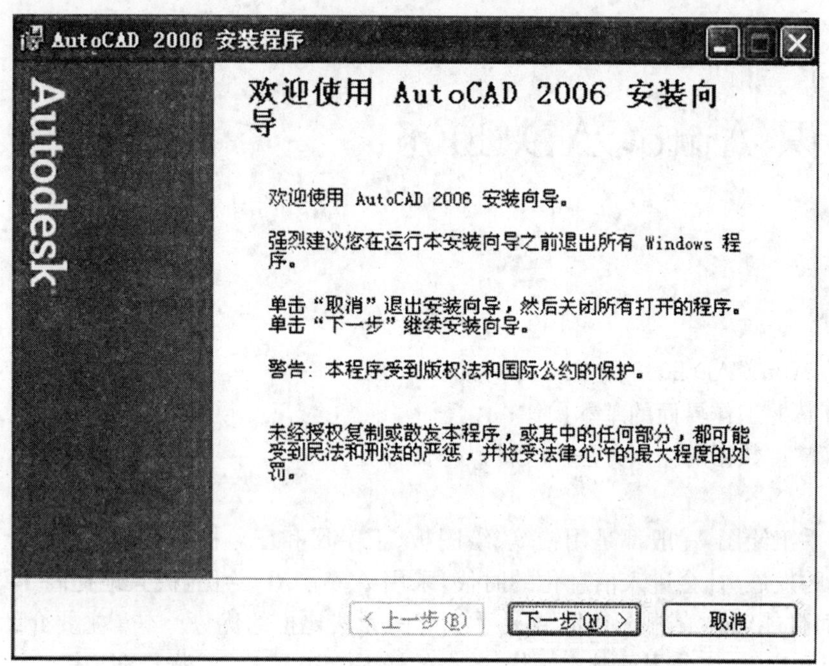

图 1.2 “AutoCAD 2006 安装程序”对话框

点击“下一步”，进入 AUTODESK 软件许可协议界面，选择底部“我接受”，如图 1.3 所示。

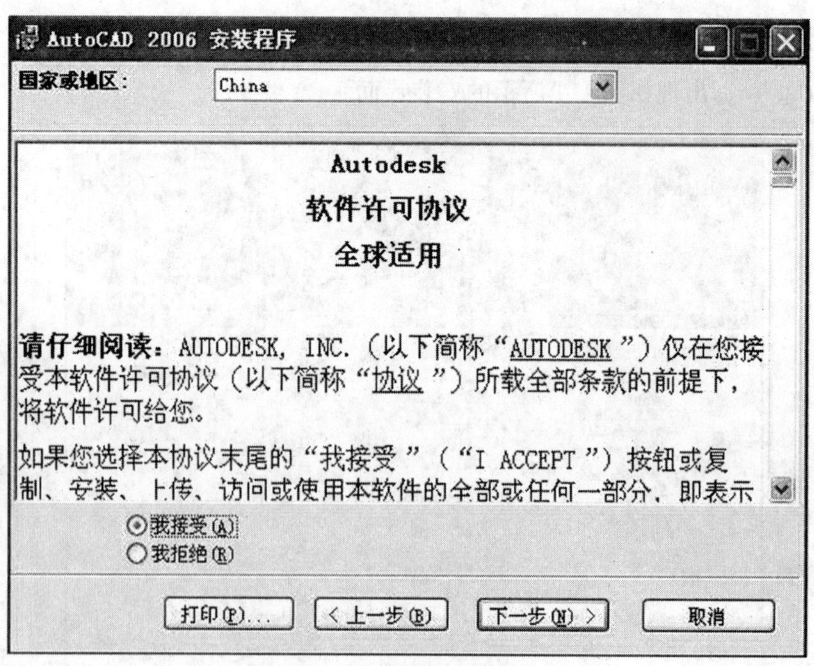

图 1.3 软件许可协议对话框

点击“下一步”，在序列号窗口中输入相应的序列号，如图 1.4 所示。

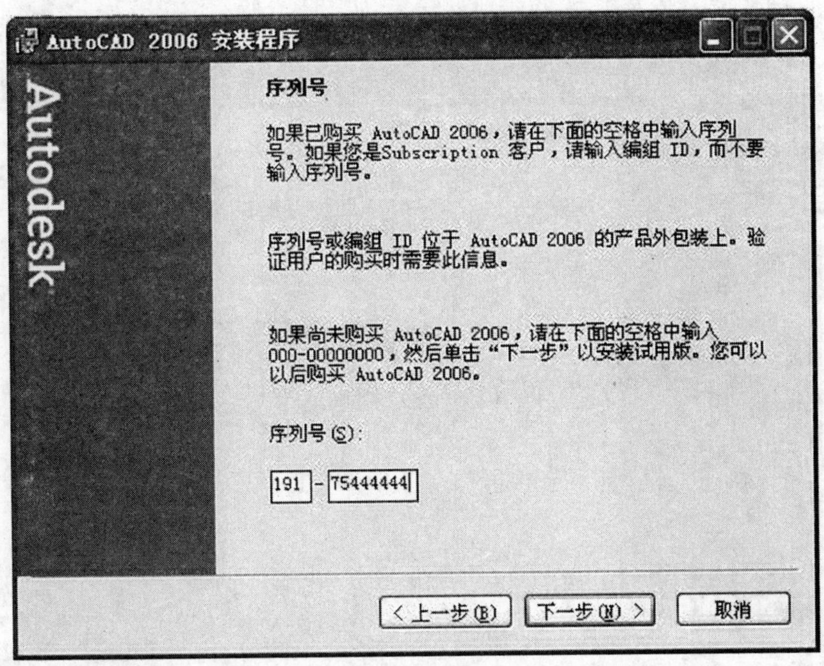

图 1.4　序列号窗口

点击“下一步”，填好相应的用户信息，如图 1.5 所示。

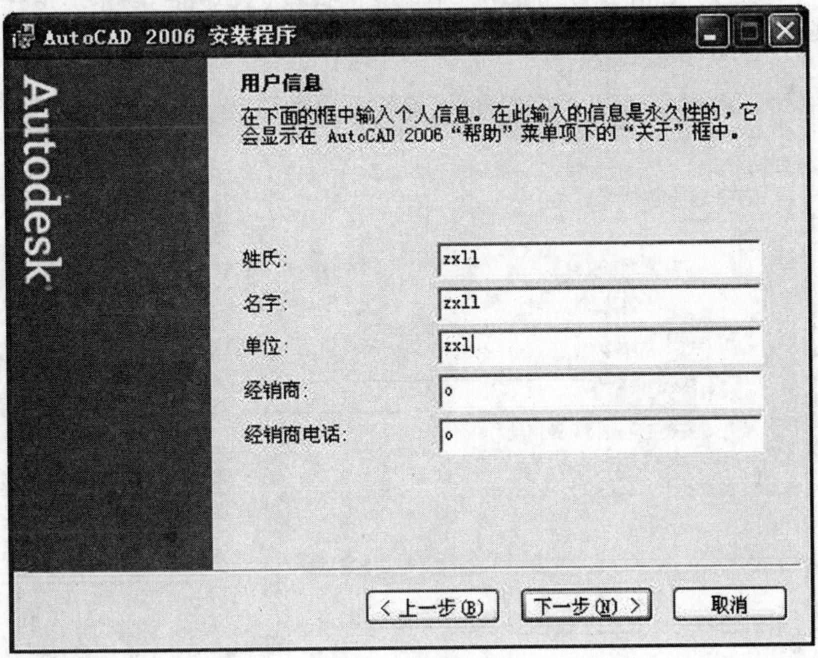

图 1.5　用户信息窗口

点击“下一步”,选择安装类型,点击典型安装,如图 1.6 所示。

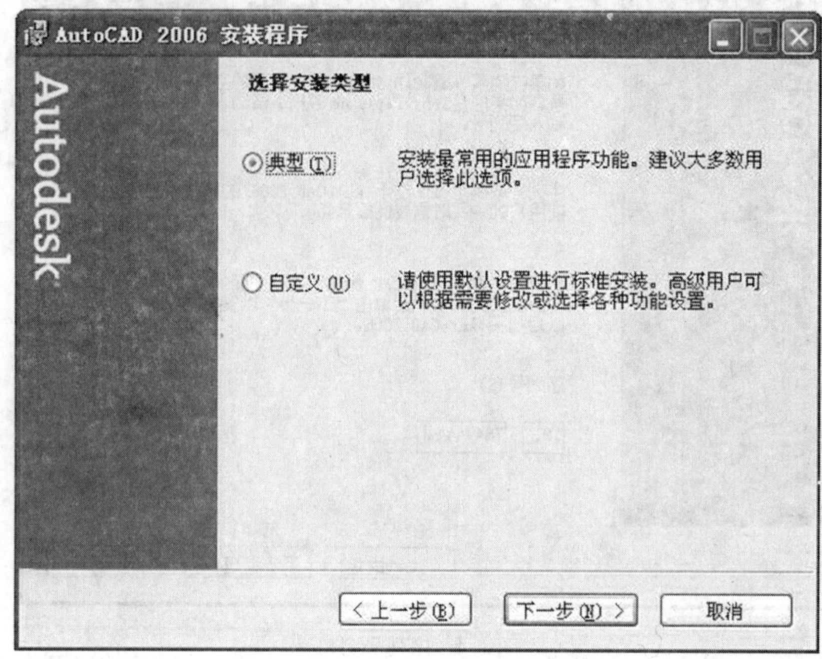

图 1.6　选择安装类型

点击“下一步”,将 AutoCAD 2006 安装到指定的目标文件夹,点击“下一步”,系统自动进行安装,如图 1.7 所示。

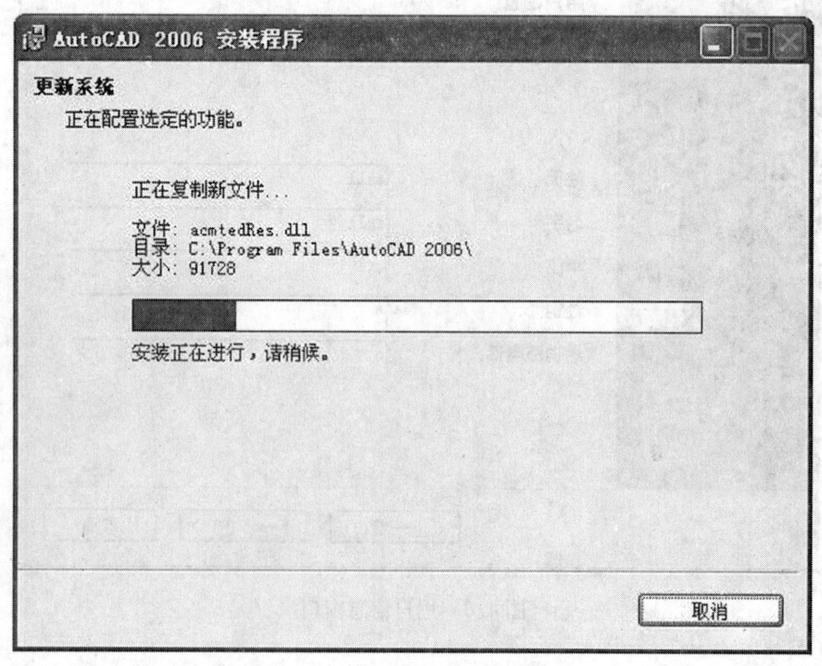

图 1.7　系统安装窗口

一段时间后,出现如图 1.8 所示窗口,点击“完成”,完成安装。

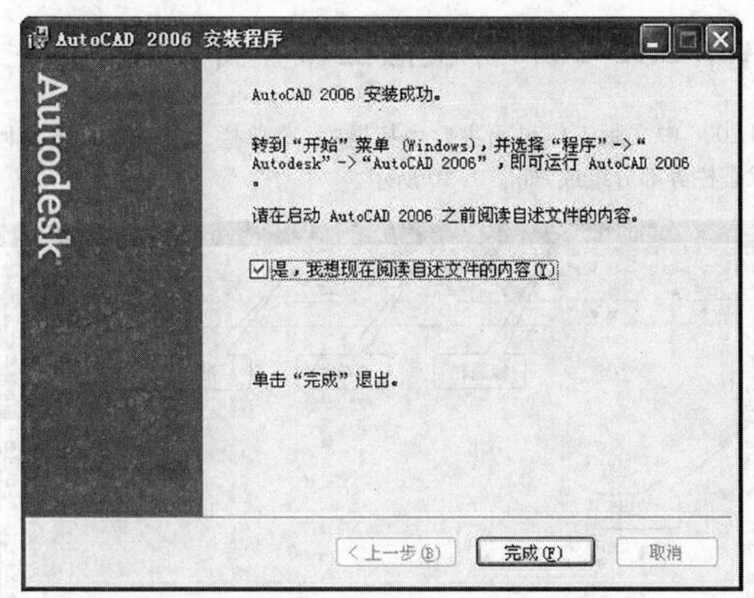

图 1.8　安装成功窗口

点击"完成"后，弹出"自述"窗口，如图 1.9 所示，包含 AutoCAD2006 版的重要信息。

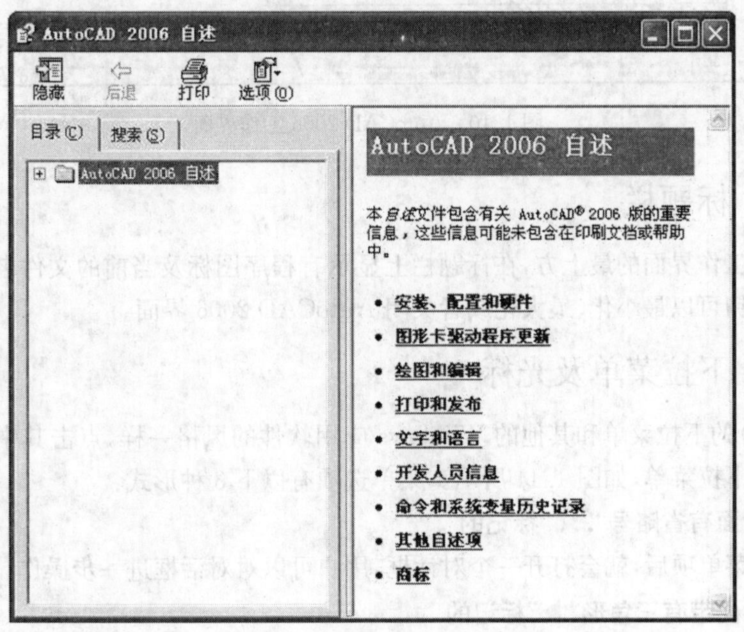

图 1.9　注册表编辑器

1.1.2　启动 AutoCAD 2006

(1) 点击 AutoCAD 2006 快捷图标，自动打开该软件。

(2) 点击"开始"→"程序"，打开程序菜单，点击"Autodesk"下的"AutoCAD 2006"，打开该软件。

1.2 AutoCAD 2006 中文版工作界面

AutoCAD 2006 中文版工作界面主要由标题栏、菜单栏、绘图窗口、工具栏、命令提示窗口、滚动条和状态栏等部分组成,如图 1.10 所示。

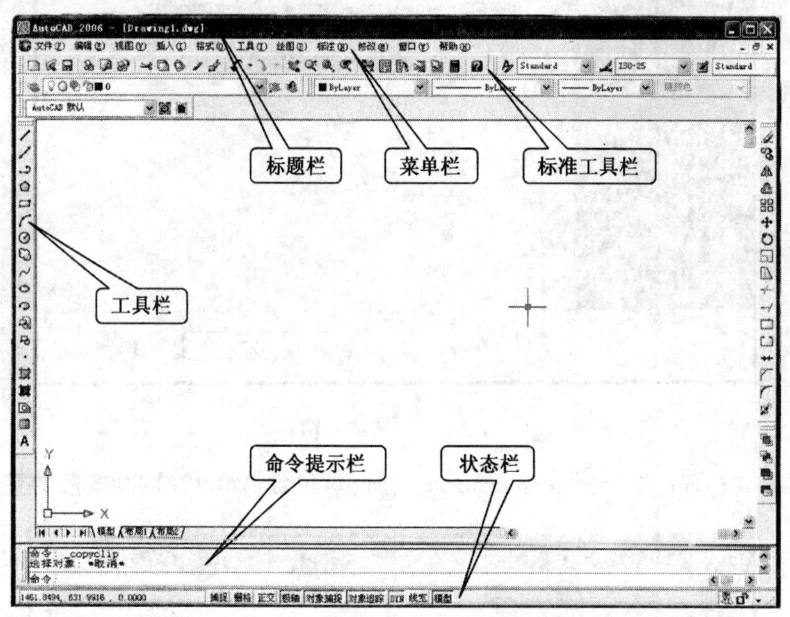

图 1.10 AutoCAD 2006 工作界面

1.2.1 标题栏

标题栏在工作界面的最上方,在标题栏上显示有程序图标及当前的文件名称。标题栏最右边的 3 个按钮可以最小化、最大化或者关闭 AutoCAD 2006 界面。

1.2.2 下拉菜单及光标

AutoCAD 的下拉菜单和其他的 Windows 应用软件的风格一样,点击其中的任何一项都会弹出相应的下拉菜单,如图 1.11 所示。菜单选项有以下 3 种形式:

1)菜单后面有省略号"..."标记的

选择这些菜单项后,就会打开一个对话框,用户可以对对话框进一步操作。

2)菜单后面带有三角形"▶"标记的

选择这些选项后将会弹出子菜单选项,用户可以进一步操作。

3)单独的菜单项

菜单后面没有省略号和三角形标记的菜单,点击该菜单可以直接操作。

AutoCAD 的另一种形式的菜单是快捷菜单。将光标放在 AutoCAD 工作界面上,单击右键就会出现快捷菜单。它提供的命令选项与当前光标的位置及程序的执行状态有关,而且,用户正在执行某一命令,单击右键,也会出现不同的快捷菜单。图 1.12 是单击模型空间或图纸空间按钮区域所弹出的快捷菜单。

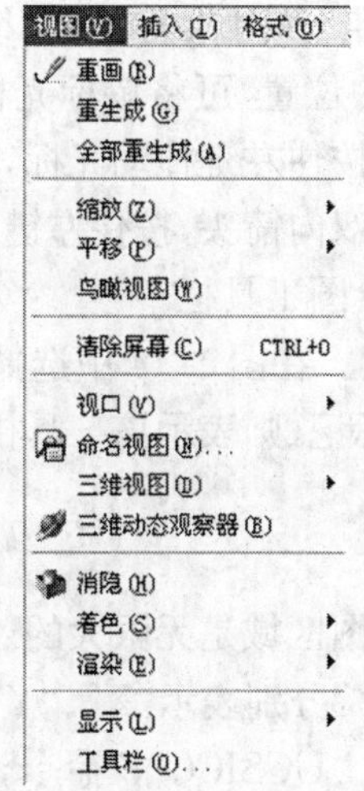

图 1.11 下拉菜单

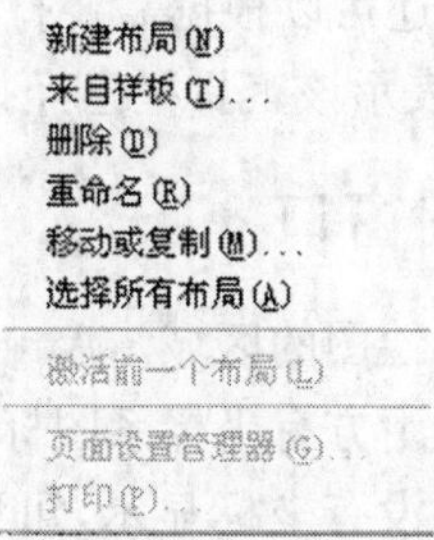

图 1.12 快捷菜单

1.2.3 工具栏

工具栏包含了很多命令按钮，单击其中一个按钮，AutoCAD 就会自动执行相应的命令，图 1.13 所示为绘图工具栏和修改工具栏。

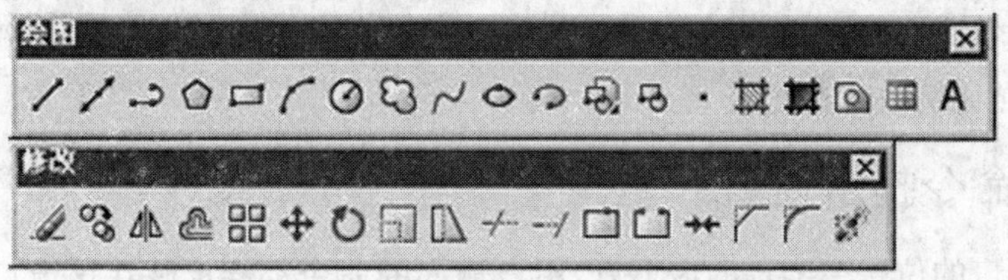

图 1.13 绘图工具栏和修改工具栏

AutoCAD 2006 提供了 30 个工具栏，如图 1.14 所示。

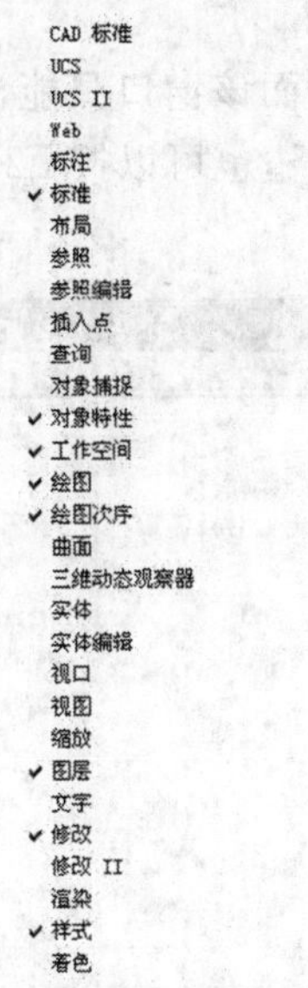

图 1.14 工具栏菜单

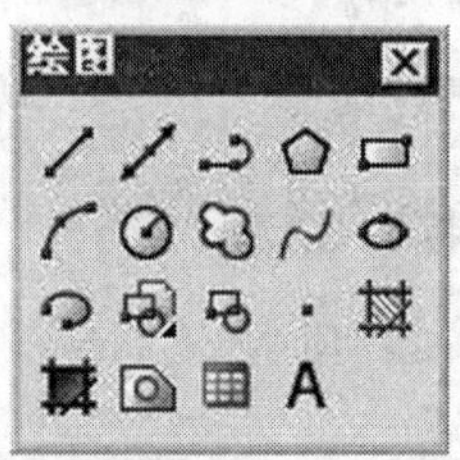

图 1.15 “绘图”工具栏

启动 AutoCAD 后，显示在工作界面上的只有“标准”、“对象特性”、“绘图”、“图层”、“修改”、“样式”6 个工具栏。如果用户想改变工具栏所在的位置，可将鼠标光标移动到相应工具栏的边沿，按住左键，工具栏的边沿会出现灰色的边框，按住左键拖动光标，就可以将工具栏移动到适当的位置。将光标放在工具栏的边沿时，会出现双向箭头，按住左键，拖动光标，工具栏的形状也会发生变化，图 1.15 所示就是改变形状后的绘图工具栏。

AutoCAD 2006 还可以根据需要打开或关闭工具栏。在图 1.14 中选择某一项，使名称前面带有“√”标记，则表示该工具栏已经打开，没有这个标记，则表示该工具栏已经关闭。

1.2.4　绘图窗口

绘图窗口是用户绘图的区域。AutoCAD 提供的绘图区域是无限大的。

在绘图窗口的左下方有坐标系图标，图标中的“X、Y”分别表示“X”、“Y”轴的正方向。

若在绘图区域中没有坐标显示，可以在键盘上输入“UCSICON”命令，按回车，再根据命令窗口提示，输入“ON”即可打开坐标的图标显示。

当移动鼠标光标时，在绘图区的下面将显示出光标的坐标读数，其坐标读数方式有以下 3 种：

(1) 动态显示　坐标值随着鼠标光标的移动而变化，分别显示出“X、Y、Z”的坐标值。

(2) 静态显示　只显示用户指定的坐标值。

(3) 极坐标显示方式。

绘图窗口包含两种作图环境：模型空间和图纸空间。在模型空间中用户按照实际尺寸绘制的图形，可以切换到图纸空间，即将[模型]选项卡上绘制的图形切换到“布局 1”、“布局 2”上，而且可以按照比例放置在图纸上。

1.2.5　命令提示窗口

命令提示窗口的位置在屏幕的最下方，用户输入的命令都会反映在该窗口中。用户的命令输入可以通过键盘输入，也可以通过点击工具栏上的图标或使用菜单命令实现。用户也可以改变命令提示窗口的大小，将鼠标光标移动到与绘图区域交界的地方，光标就会变成双面箭头，拖动鼠标即可。

由于用户在绘制一张图形的时候，用到的命令很多，而该窗口只能显示不多的几行，用户要想看到其他输入过的命令，可以按该窗口右边的滚动条，也可以按 F2 键了解详细的命令信息，如图 1.16 所示，若想关闭，再次按 F2 键即可。

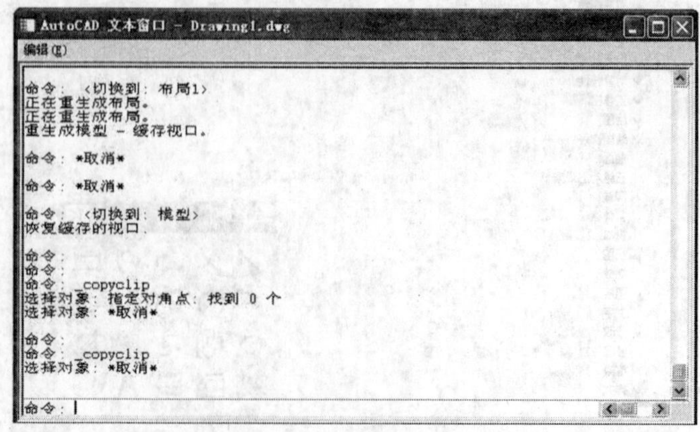

图 1.16　命令提示窗口

1.2.6　状态栏

状态栏在工作界面的最下面，如图 1.17 所示。

图 1.17　状态栏

状态栏包括光标的坐标显示部分和 8 个控制按钮。8 个按钮的功能如下：

1）捕捉

点击该按钮能控制“捕捉”的打开和关闭。当打开这种模式后，光标每次移动的距离可在“草图设置”对话框中进行设定，将光标移到“捕捉”按钮上，单击右键，选择“设置”选项，弹出“草图设置”对话框，在“捕捉和栅格”区域可以进行相应的设置，如图 1.18 所示。

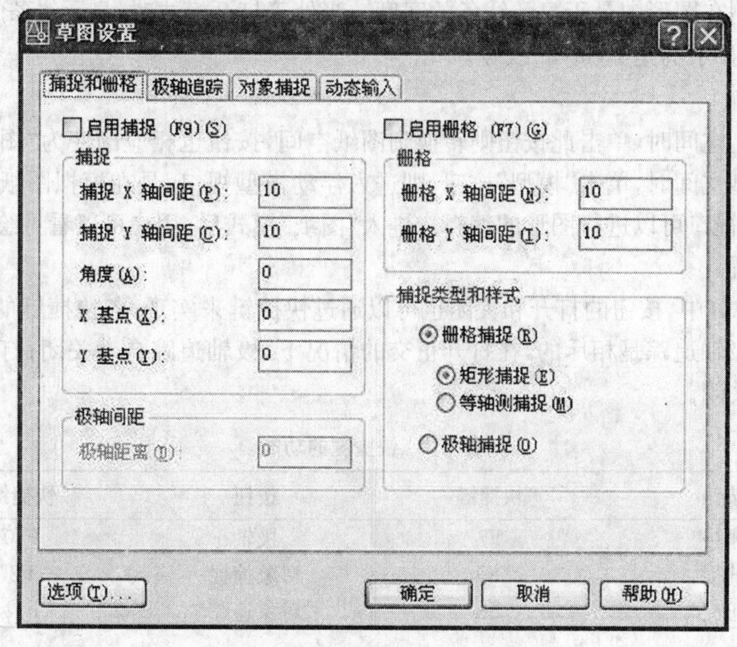

图 1.18　“草图设置”对话框

2）栅格

点击该按钮能控制“栅格”的打开和关闭。当打开时，屏幕上将布满小点，且沿“X”、“Y”轴分布，相邻小点之间的距离可以右键单击“栅格”按钮，点击“设置”选项，可以在“草图设置”对话框中进行相应的设置。

3）正交

点击该按钮能控制“正交”的打开和关闭。利用“正交”模式可以控制是否采用正交方式绘图。在打开“正交”模式的情况下，只能绘制水平和垂直的直线。

4）极轴

在 AutoCAD 中极坐标的应用相当广泛，在打开“极轴”模式时，移动鼠标到适当的位置，光标的旁边会出现极坐标的坐标值。

5）对象捕捉

点击该按钮能控制“对象捕捉”的打开和关闭。若打开此模式，则在绘图过程中，光标会自动捕捉到圆心、端点、中点等几何点，在绘图过程中是必不可少的。

6）对象追踪

点击 栅格 按钮就能控制“对象追踪”的打开和关闭。在打开“对象追踪”模式的情况下，光标会自动追踪到几何点，特别在绘制相交直线的情况下相当有用。可以在“草图设置”对话框中进行相应的设置。

7）DYN

点击该按钮可控制“动态输入”的打开和关闭，在打开“动态输入”功能后可以在工具栏提示中输入坐标值，而不必在命令行中进行输入。光标旁边显示的工具栏提示信息将随着光标的移动而动态更新。当某个命令处于活动状态时，可以在工具栏提示中输入值。动态输入不会取代命令窗口。

8）线宽

该按钮控制在图形中是否显示线条的宽度。当处于打开模式时，显示线条的实际宽度，处于关闭模式时，显示的是 Bylayer 线宽。

9）模型

当处于模型空间时，单击此按钮则转换到图纸空间，按钮也相应的变为“图纸”图标；在绘图区域处于模型空间时，单击“模型”按钮，则进入浮动模型视口，是在模拟图纸上创建的可移动视口，通过该视口可以进行图形的编辑。进入“图纸”模式后，用户可以看见绘制的图形在实际图纸上的位置。

在 AutoCAD 中，按钮的打开和关闭也可以通过快捷键来实现，各快捷键的功能如表 1.1 所示。正交和极轴追踪是相斥的，在打开正交的情况下，极轴追踪自动关闭；打开极轴追踪则正交模式自动关闭。

表 1.1　快捷键的功能

按钮	快捷键	按钮	快捷键
栅格	F7	极轴	F10
捕捉	F9	对象捕捉	F3
正交	F8	对象追踪	F11

1.3　AutoCAD 2006 的基本操作

1.3.1　AutoCAD 2006 的配置环境

在安装 AutoCAD 2006 之前，用户必须查看计算机的配置环境。AutoCAD 2006 的配置环境如下：

(1) 操作系统　Windows XP。

(2) Web 浏览器　Microsoft Internet Explorer 6.0。

(3) CPU　Pentium Ⅲ或以上。

(4) 内存　256MB 或以上。

(5) 硬盘空间　400MB 或以上。

(6) 显示器　800×600 像素或以上。

1.3.2 AutoCAD 2006 的命令输入方法

AutoCAD 2006 的命令输入方法主要有：键盘输入、工具栏输入、下拉菜单输入。

1）键盘输入

键盘输入命令的方法通常有以下几种情况：

(1) 在“命令”提示状态下，从键盘直接输入用户所要执行的命令，按回车键或者空格键确认即可。

(2) 在“命令”提示下，按回车键或者空格键，则上一条命令会重复执行。

(3) 单击右键，则会出现如图 1.19 所示的对话框，用户可以在对话框中选择相应的命令进行操作。

(4) 点击键盘的向上或者向下键，再按回车键，用户可以重复向前或者向后的命令。

2）工具栏输入

工具栏由表示各命令的图标组成，单击某一个图标，可调用相应的命令，并根据对话框中的选项或命令提示执行该命令。

3）下拉菜单输入

(1) 选择一个菜单名，打开一个下拉菜单命令对话框，用户根据要求选择所需的命令。

(2) 使用快捷键，使用 Ctrl 加上有下划线的快捷键字母，就可以迅速输入命令。

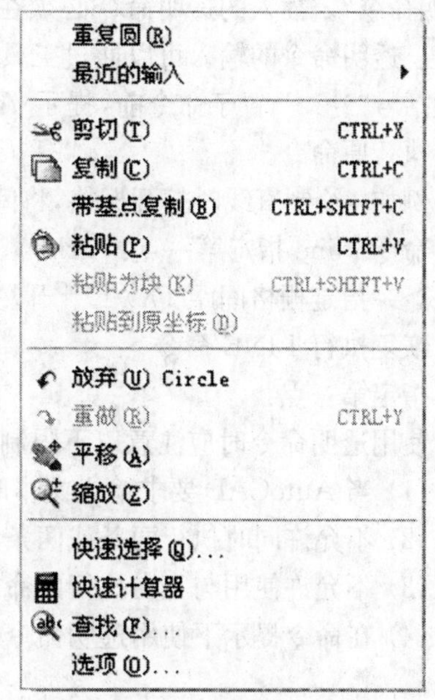

图 1.19 重复命令菜单

1.3.3 重复执行命令

在 AutoCAD 2006 的使用过程中，用户可以重复执行以前的命令，不需要在命令提示下再输入一次。重复执行命令的方式有如下几种：

(1) 在执行完一条命令后，用户还想重复进行，则按回车键即可。

(2) 在绘图区域中，单击右键，会出现如图 1.19 所示的窗口，用户可以选择该菜单最上方的选项进行重复操作。

(3) 在命令窗口的“命令”提示下，将光标移动到命令提示窗口中，单击鼠标右键，就会弹出如图 1.20 所示的对话框。在图中“近期使用的命令”选项的子菜单中，有 6 个曾经用过的命令，用户可以选择所需要的命令执行。

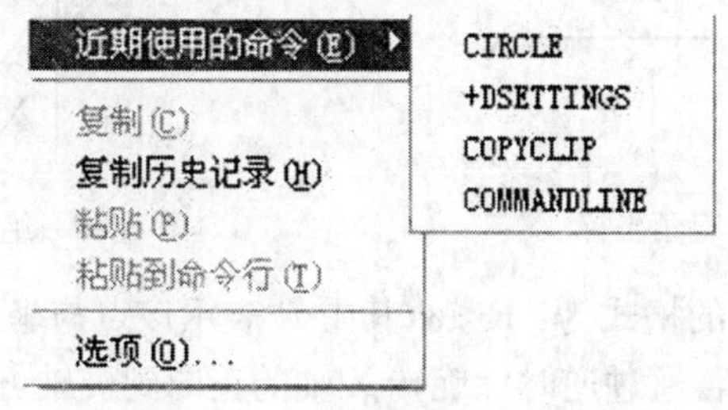

图 1.20 近期使用命令窗口

(4) 在命令提示栏中输入“MULTIPLE”命令，在命令提示窗口中就会显示“输入要重复的命令名”，输入要重复的命令名后，计算机会重复执行，直到按“ESC”键结束。

1.3.4 透明命令

在某一命令执行的过程中可以插入执行另一个命令，这个可以从中间插入执行的命令叫“透明命令”。插入的透明命令必须在其命令前面加一个“'”作为向导，例如 GRID 或 ZOOM 命令。透明命令的输入可以通过工具栏按钮或在任何提示下输入带“'”的命令。在命令行中，双尖括号“＞＞”置于命令前，提示 AutoCAD 执行透明命令。当透明命令执行完后，系统又恢复执行原命令。

例如：绘制直线时打开栅格，将间隔设置为一个单位，然后继续绘制直线。

命令：line 指定第一点：'grid

＞＞指定栅格间距 (X) 或［开/关/捕捉/方位］＜0.000＞：1

恢复执行 LINE 命令

指定第一点：

使用透明命令时应注意以下限制：

(1) 当 AutoCAD 要求输入文本时不能使用透明命令。

(2) 不允许同时执行两条或两条以上的透明命令。

(3) 不允许使用与正在执行的命令同名的透明命令。

(4) 在命令提示下使用透明命令，其效果等同于非透明命令。

1.4 数据的输入方法

在 AutoCAD 2006 中，执行命令的过程中，有时需要输入一些参数，例如点的坐标值、命令执行的对象等，这些参数可以从命令行提示区输入，也可以通过鼠标等定位设备指定。

1.4.1 绝对坐标

绝对坐标分为绝对直角坐标和绝对极坐标两种。

(1) 绝对直角坐标　坐标的格式为：“X,Y”，其中 X 表示该点的横坐标值，Y 表示该点的纵坐标值。例如：A(30,20)表示 A 点，B(−30,−20)表示 B 点，如图 1.21 所示。

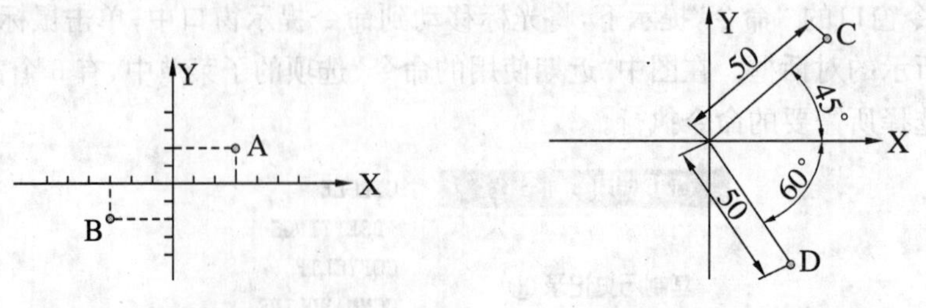

图 1.21　直角坐标　　　图 1.22　绝对极坐标

(2) 绝对极坐标　坐标的格式为：R＜α，其中 R 表示该点与坐标原点的距离；α 表示极轴方向与 X 轴正方向的夹角，若通过逆时针旋转 X 轴的正向到极轴方向，则 α 为正值，否则为负值。例如：50＜45 表示 C 点，50＜−60 表示 D 点，如图 1.22 所示。

1.4.2 相对坐标

要确定某一点的坐标位置,可能并不知道该点相对于坐标原点的坐标值,但是可以通过一个参考点得到,这种表示点的方式就是相对坐标表示法。相对坐标与绝对坐标的差别在于:相对坐标表示法是在坐标值前加一个@符号。

(1) 相对直角坐标　格式:@X,Y。X指该点的横坐标减去参考点的横坐标后所得到的值;Y指该点纵坐标减去参考点的纵坐标后所得到的值。例如:@20,30,表示图1.23中的E点。

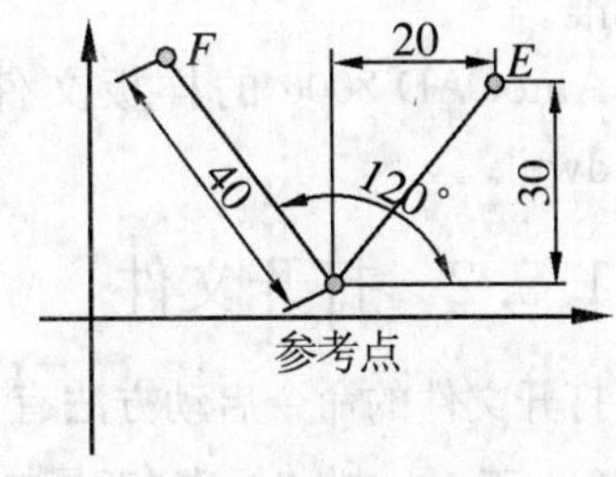

图 1.23　相对极坐标与相对直角坐标

(2) 相对极坐标　格式:@ R<α。R、@都是相对参考点而言的。例如:@40<120,表示图1.23中的F点。

1.5 文件操作命令

AutoCAD 2006 的文件操作包括新建文件、打开文件、保存文件以及浏览、搜索文件等。

1.5.1 新建文件

新建文件命令的启动方法有3种:

(1) 工具栏:"标准"工具栏 图标

(2) 菜单命令:文件→新建

(3) 键盘输入:NEW

输入新建文件命令后,在命令提示栏中可以看到NEW命令,同时AutoCAD 2006在屏幕上会出现选择样板的对话框,如图1.24所示。

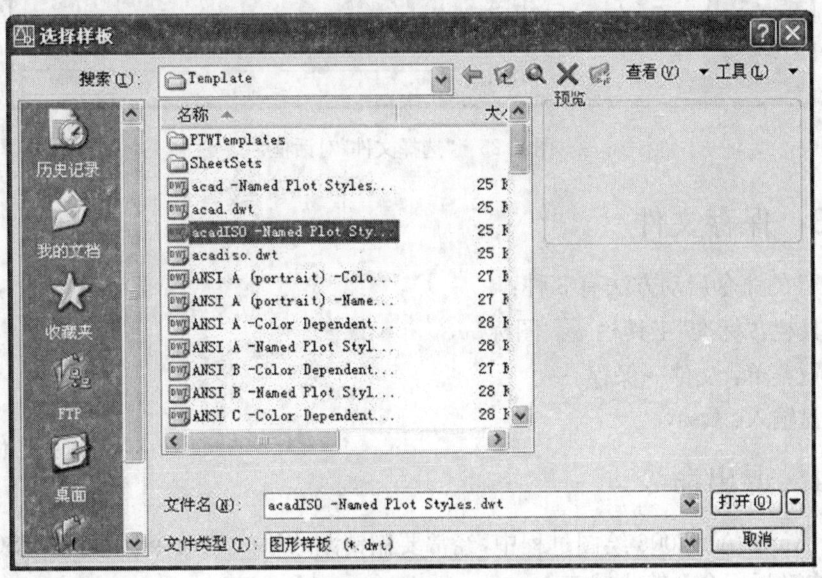

图 1.24　"选择样板"对话框

选择一个样板文件即可。选择样板文件的目的是由于样板图中已经保存了各种标准的设置，为了使设计的图纸规格统一，每次建立新文件时，就以样板文件作为原型文件，都使用相同的标准。

AutoCAD 2006 的样板文件都保存在安装目录中的 Template 文件夹中，其扩展名为“.dwt”。

1.5.2 打开文件

打开文件的命令启动方法有 3 种：

(1) 工 具 栏：“标准”工具栏 图标

(2) 菜单命令：文件→打开

(3) 键盘输入：Open

启动命令后，AutoCAD 2006 会弹出“选择文件”对话框，如图 1.25 所示。用户可以在对话框中直接选择需要打开的文件，也可以在“文件名”中直接输入要打开的文件的名称。

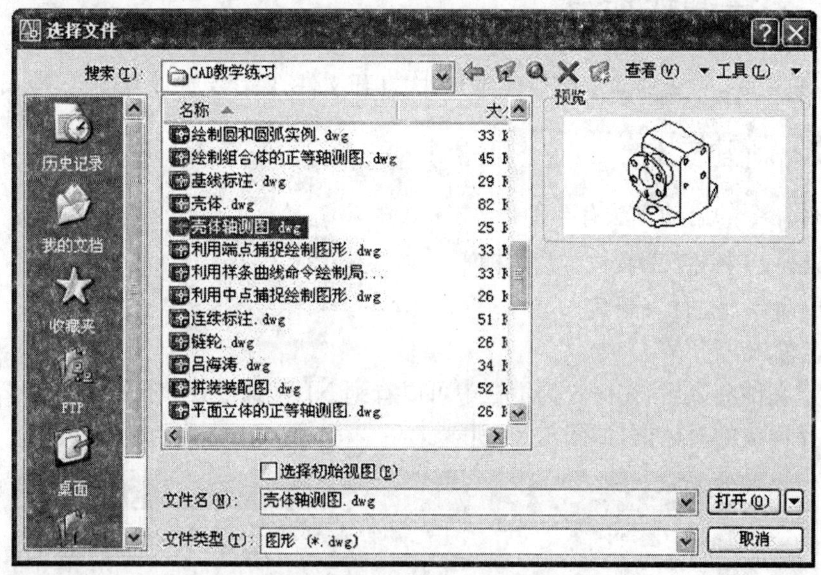

图 1.25 “选择文件”对话框

1.5.3 保存文件

保存文件的命令启动方法有 3 种：

(1) 工具栏：“标准”工具栏 图标

(2) 下拉菜单：文件→保存

(3) 键盘输入：Qsave

1.5.4 退出命令

在使用 AutoCAD 2006 绘图过程中，经常要撤销刚才输入的命令，则可按 ESC 键，AutoCAD 2006 自动返回命令输入状态。

若想退出系统，则在键盘输入 EXIT 或者 QUIT，则 AutoCAD 2006 自动关闭。

2　基本绘图命令

学习目标

◎ 熟练掌握基本图形绘图命令；

◎ 学会灵活运用绘图工具。

在手工绘图时，一般使用丁字尺、三角板、分规和圆规以及绘图板等工具绘制图形，不同的绘图者，由于个体差异，绘制的图形不尽相同，且绘图时间长。绘图是一项复杂的工作，但在AutoCAD中，用户只要掌握相应的绘图命令，就可绘制出规范图形，而且绘图效率高，绘图的质量也大大的提高。

2.1　直线(LINE)

LINE命令可以在二维和三维空间中创建直线，不但可以生成单条直线，还可以绘制连续的折线。绘制的折线，每一段都是一个单独的对象，可以进行编辑操作。

1）命令的启动方法

菜单命令：绘图→直线

工 具 栏："绘图"工具栏 ╱ 按钮

命 令 行：LINE

【例2.1】　练习LINE命令，结果如图2.1所示。

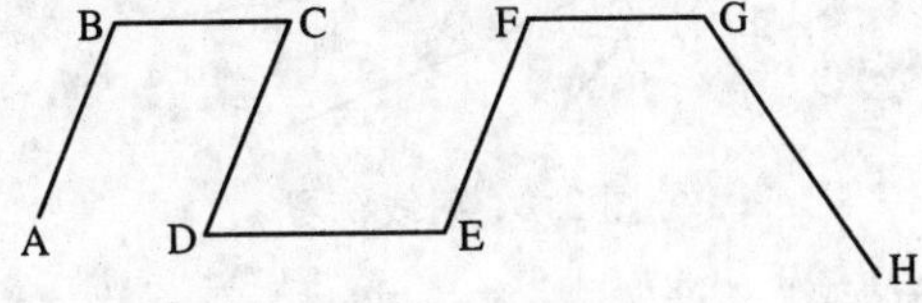

图2.1　直线练习

输入LINE命令，AutoCAD 2006提示如下：

命令：_line 指定第一点：　　　　　　(输入线段的起始点A)

指定下一点或[放弃(U)]：　　　　　　(输入线段的端点B)

指定下一点或[放弃(U)]：　　　　　　(输入线段的端点C)

指定下一点或[闭合(C)/放弃(U)]：　　(输入线段的端点D)

指定下一点或[闭合(C)/放弃(U)]：　　(输入线段的端点E)

指定下一点或[闭合(C)/放弃(U)]：　　(输入线段的端点F)

指定下一点或[闭合(C)/放弃(U)]：　　(输入线段的端点G)

指定下一点或[闭合(C)/放弃(U)]：　　(输入线段的端点H)

按 Enter 键结束。

2）命令选项

指定第一点：用户指定线段的起始点，可以是该点的坐标值，也可以用鼠标在屏幕上指定一点，若按 Enter 键，则将上一次所画的线段或圆弧的终点作为起始点。

指定下一点：用户指定直线的下一个端点，可以是该点的坐标值，也可以用鼠标在屏幕上指定一点，若按 Enter 键，则命令结束。

放弃(U)：若键盘输入 U，删除上一条直线，反复输入 U，则多次删除上一条直线。

闭合(C)：输入 C，则将连续的折线自动闭合。

2.2 射线(RAY)

RAY 命令是创建单向无限长的线。

命令的启动方法：

菜单命令：绘图→射线

命 令 行：RAY

【例 2.2】 练习 RAY 命令，结果如图 2.2 所示。

输入 ray 命令，AutoCAD 2006 提示如下：

命令：ray

指定起点： (指定射线的起点 A)

指定通过点： (指定射线所经过的点 B)

指定通过点： (指定射线所经过的点 C)

指定通过点： (指定射线所经过的点 D)

指定通过点： (指定射线所经过的点 E)

指定通过点： (按 Enter 键结束)

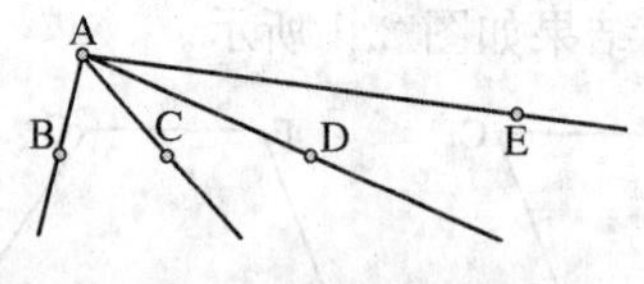

图 2.2 射线练习

2.3 构造线(XLINE)

构造线 XLINE 命令可以画无限长的构造线，可以画水平方向、垂直方向、任意角度、平行的直线。在绘图时利用此命令可以很方便地画出定位线、辅助线。

1）命令的启动方法

菜单命令：绘图→构造线

工 具 栏："绘图"工具栏 按钮

命 令 行：XLINE

【例 2.3】 练习 XLINE 命令，结果如图 2.3 所示。

输入 XLINE 命令，AutoCAD 2006 提示如下：

命令：_xline 指定点或［水平(H)/垂直(V)/角度(A)/二等分(B)/偏移(O)］：(指定A点)

指定通过点：　　　　　　　　　　　(指定B点)

指定通过点：　　　　　　　　　　　(按Enter键结束)

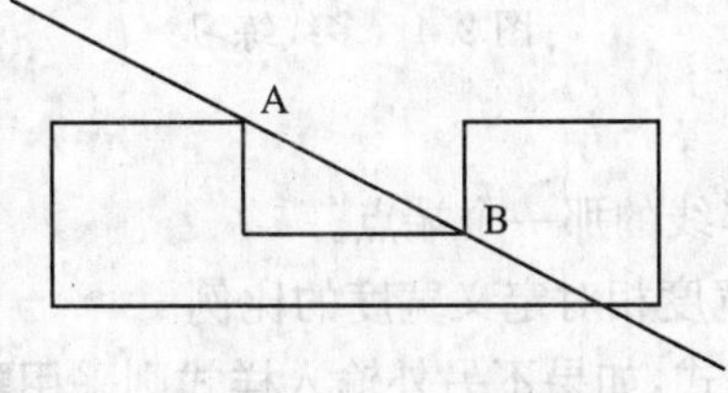

图2.3　构造线

2）命令选项

指定点：指定直线两点中的一点。

水平(H)：画水平方向的构造线。

垂直(V)：画垂直方向的构造线。

角度(A)：通过一点画预设角度的构造线或者画与已知直线成一定角度的构造线。

二等分(B)：绘制一条平分已知角度的直线。

偏移(O)：将一条已知的直线偏移输入的距离，或者指定点创建平行线。

2.4　多线(MLINE)

MLINE命令可以用来创建由多条平行直线组成的图形，且平行线间的距离、颜色、线型、线条的数量等都可以设置。该命令对创建墙体、路面等非常方便。

2.4.1　绘制多线

1）命令的启动方法

菜单命令：绘图→多线

命 令 行：MLINE

【例2.4】 练习MLINE命令，结果如图2.4所示。

命令：mline

当前设置：对正 = 上，比例 = 20.00，样式 = STANDARD

指定起点或［对正(J)/比例(S)/样式(ST)］：　　(指定起点A)

指定下一点：　　(指定B点)

指定下一点或［放弃(U)］：　　(指定C点)

指定下一点或［闭合(C)/放弃(U)］：　　(指定D点)

指定下一点或［闭合(C)/放弃(U)］：　　(指定E点)

指定下一点或［闭合(C)/放弃(U)］：　　(指定F点)

指定下一点或［闭合(C)/放弃(U)］：　　(按Enter键结束)

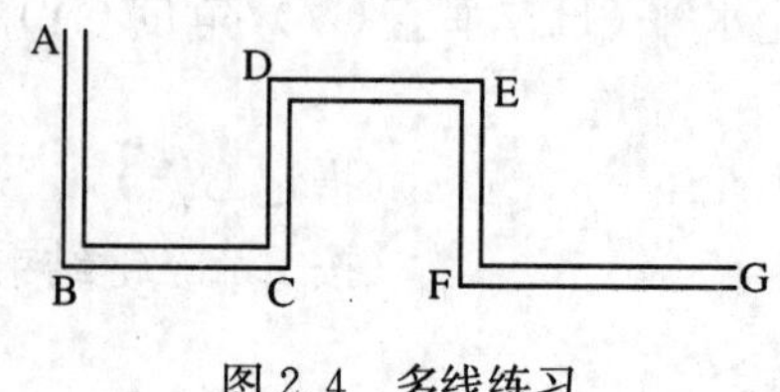

图 2.4　多线练习

2）命令选项

对正(J)：设定光标对准多线的那一个端点。

比例(S)：指定多线间的宽度相对定义宽度的比例。

样式(ST)：选择多线的样式，如果不另外输入样式则采用默认样式"STANDARD"。

2.4.2　多线样式

用户可以通过设定多线的样式来设定线条的数量、颜色、线条间距、多线端头的形状等。

1）命令的启动方法

菜单命令：格式→多线样式

命 令 行：MLSTYLE

2）练习多线样式命令

输入多线样式命令后，AutoCAD 2006 会弹出"多线样式"对话框，如图 2.5 所示。

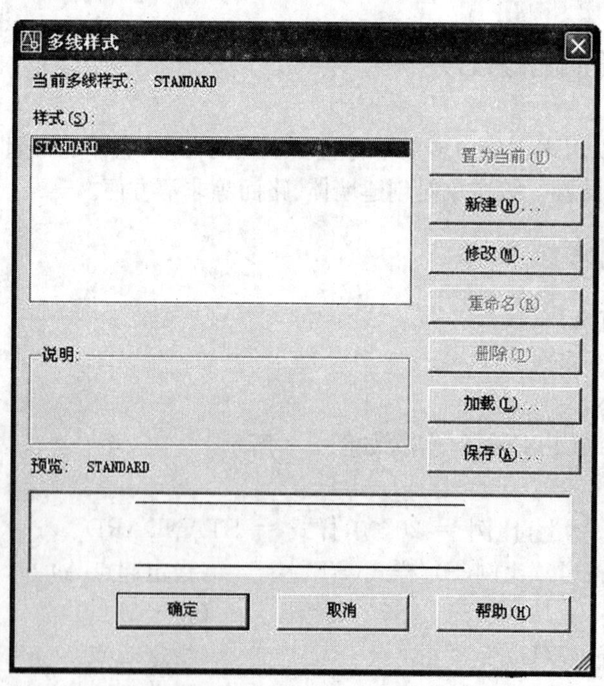

图 2.5　"多线样式"对话框

对话框中各项的功能如下：

(1) 当前：将标准或用户设定的多线样式其中的一种作为当前多线样式。

(2) 新建：点击此按钮弹出如图 2.6 所示对话框，用户可以创建新的多线样式。

(3) 修改：点击此按钮弹出如图 2.7 所示对话框，用户可以修改已有的多线样式。

(4) 重命名:改变多线样式名称。

(5) 删除:删除非当前多线样式。

(6) 加载:点击此按钮弹出如图 2.8 所示对话框,可以加载多线样式。

(7) 保存:将当前使用的文件样式保存,文件类型为“.mln”。

(8) 说明:多线样式的文字说明。

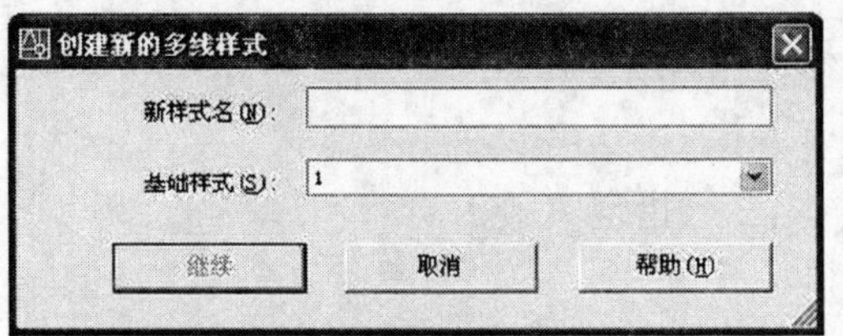

图 2.6 “加载多线样式”对话框

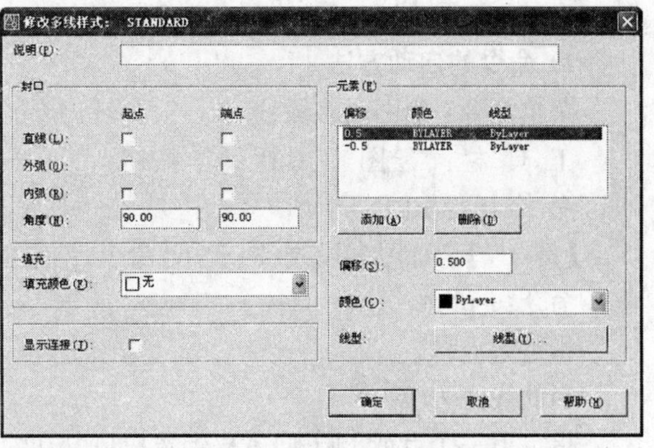

图 2.7 “元素特性”对话框

在图 2.7 对话框中“元素”下可以对多线的线条数目、颜色及线型进行定义。该对话框各选项的功能如下:

① 添加:单击该按钮,在多线中添加一条新的线条,该线偏移量在“偏移”对话框中输入。

② 颜色:选择线条的颜色。

③ 线型:单击该按钮,则会弹“选择线型”对话框,可进行线型的选择。

图 2.7 对话框中“封口”各选项的功能如下,显示效果如图 2.9 所示。

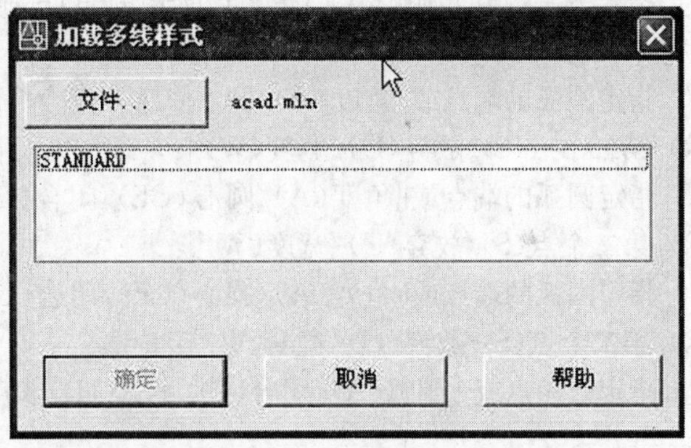

图 2.8 “多线特性”对话框

图 2.9 多线说明

显示连接:选中该选项,则多线在拐弯处所有的顶点连接起来。

直线:在多段线的两端采用直线封口的形式。

外弧:多段线的两端将外侧的直线用圆弧封口。

内弧:多段线的两端将内侧的直线用圆弧封口。

角度：指某一端最外侧直线的端点的连线与多段线的夹角。

2.5 多段线(PLINE)

输入 PLINE 命令可以创建多段线。多段线是由多段直线和圆弧连接而成的，它是一个单独的对象。

1）命令的启动方法

菜单命令：绘图→多段线

工 具 栏："绘图"工具栏 按钮

命 令 行：PLINE

【例 2.5】 练习多段线(PLINE)命令，结果如图 2.10 所示。

命令：_pline

指定起点： (指定 A 点)

当前线宽为 0.0000

指定下一个点或［圆弧(A)/半宽(H)/长度(L)/放弃(U)/宽度(W)］：
(指定 B 点)

指定下一点或［圆弧(A)/闭合(C)/半宽(H)/长度(L)/放弃(U)/宽度(W)］：a
(输入圆弧(A)画圆弧)

指定圆弧的端点或［角度(A)/圆心(CE)/闭合(CL)/方向(D)/半宽(H)/直线(L)/半径(R)/第二个点(S)/放弃(U)/宽度(W)］： (输入圆弧的端点 C 点)

指定圆弧的端点或［角度(A)/圆心(CE)/闭合(CL)/方向(D)/半宽(H)/直线(L)/半径(R)/第二个点(S)/放弃(U)/宽度(W)］： (输入圆弧的端点 C 点)

指定圆弧的端点或［角度(A)/圆心(CE)/闭合(CL)/方向(D)/半宽(H)/直线(L)/半径(R)/第二个点(S)/放弃(U)/宽度(W)］：l (输入(L)画直线)

指定下一点或［圆弧(A)/闭合(C)/半宽(H)/长度(L)/放弃(U)/宽度(W)］：
(指定线段的端点 E)

指定下一点或［圆弧(A)/闭合(C)/半宽(H)/长度(L)/放弃(U)/宽度(W)］：
(按 Enter 键结束)

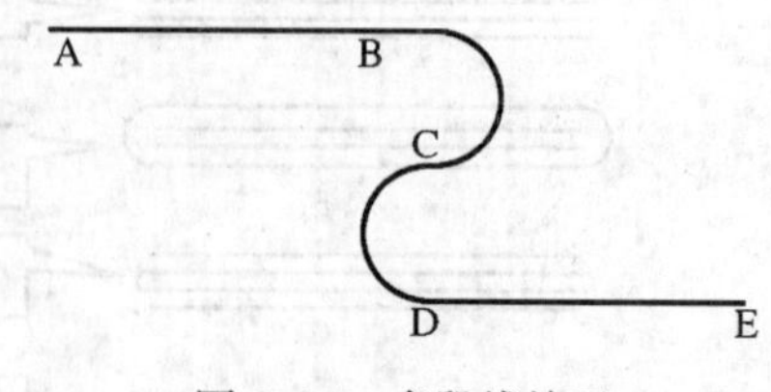

图 2.10 多段线练习

2）命令选项

(1) 圆弧 选用该选项画圆弧，AutoCAD 2006 提示：

［角度(A)/圆心(CE)/闭合(CL)/方向(D)/半宽(H)/直线(L)/半径(R)/第二个点(S)/放弃(U)/宽度(W)］：

角度(A)：指定圆弧的夹角，正值表示逆时针。

圆心(CE)：输入 CE，则要求用户指定圆弧的圆心。

闭合(CL)：输入 CL,则以多段线的起点和终点为圆弧的两个端点绘制圆弧。
方向(D)：设定圆弧在起始点的切线方向。
半宽(H)：设定圆弧线段起始端和终点端的宽度的一半。
直线(L)：输入 L 就切换到画直线的环境。
半径(R)：输入半径画圆。
第二个点(S)：输入三点画圆的另一个点。
宽度(W)：设定圆弧在起始点和终点的宽度。

(2) 闭合(C)　将多段线首尾闭合。

(3) 半宽(H)　指定多段线的线宽的一半。

(4) 长度(L)　指定多段线的长度,如果上一段是直线,则直线的方向与它的方向一致,如果是圆弧,则与它的切线方向一致。

(5) 宽度(W)　分别设定多段线起点和终点的宽度。

2.6　样条曲线(SPLINE)

输入 SPLINE 命令可以绘制光滑的曲线,创建非一致有理 B 样条(NURBS)曲线。

1) 命令的启动方法

菜单命令：绘图→样条曲线
工 具 栏："绘图"工具栏 按钮
命 令 行：SPLINE

【例 2.6】　练习样条曲线(SPLINE),结果如图 2.11 所示。

命令：_spline
指定第一个点或［对象(O)］：　(输入 A 点)
指定下一点：　(输入 B 点)
指定下一点或［闭合(C)/拟合公差(F)］<起点切向>：　(输入 C 点)
指定下一点或［闭合(C)/拟合公差(F)］<起点切向>：　(输入 D 点)
指定下一点或［闭合(C)/拟合公差(F)］<起点切向>：　(输入 E 点)
指定下一点或［闭合(C)/拟合公差(F)］<起点切向>：
(按 Enter 键)
指定起点切向：　(点击 F 点)
指定端点切向：　(点击 G 点)

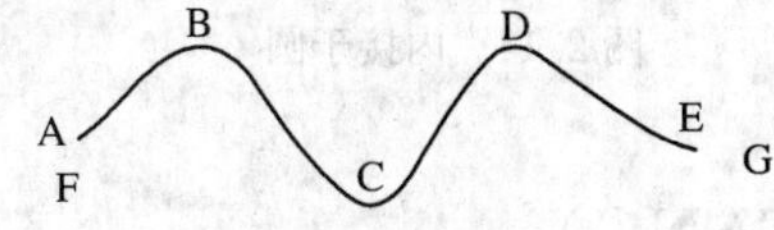

图 2.11　样条曲线练习

2) 命令选项

对象(O)：该选项把用 PEDIT 命令创建的近似样条曲线转化为真正的样条曲线。
闭合(C)：将样条曲线闭合。
拟合公差(F)：设置样条曲线与点的接近程度。

2.7 正多边形(POLYGON)

利用此命令,用户可以绘制 3～1024 条边的正多边形。

1) 命令的启动方法

菜单命令:绘图→正多边形

工 具 栏:“绘图”工具栏 按钮

命 令 行:POLYGON

【例 2.7】 练习正多边形(POLYGON)命令,结果如图 2.12 所示。

命令:_polygon 输入边的数目 ＜8＞:	(输入多边形边的数目)
指定正多边形的中心点或[边(E)]:	(指定多边形中心点 O)
输入选项[内接于圆(I)/外切于圆(C)]＜I＞:	(用内接于圆的方式画圆)
指定圆的半径:80	(输入圆的半径)

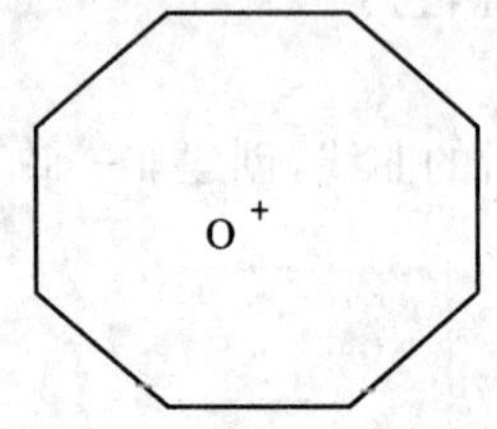

图 2.12 正多边形练习

2) 命令选项

指定正多边形的中心点:输入多边形的中心点。

边(E):给定多边形的一条边,即可绘制一个确定的多边形,如图 2.13 所示。

提示:在采用这种方式画圆时,用户只要输入多边形某条边上的两个端点 A、B,就可以画出正多边形。

内接于圆(I):采用内接于圆的方式画圆,如图 2.14 所示。

外切于圆(C):采用外切于圆的方式画圆,如图 2.15 所示。

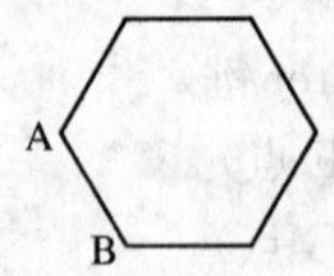

图 2.13 已知 AB 边

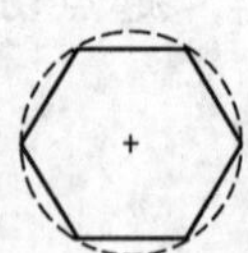

图 2.14 内接于圆

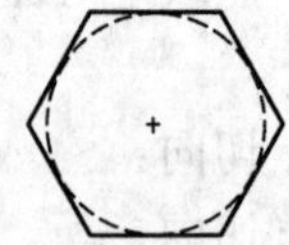

图 2.15 外切于圆

2.8 矩形(RECTANG)

输入矩形对角线上的两点,就可以绘制矩形,可以根据要求倒角或者倒圆角。

1) 命令的启动方法

菜单命令:绘图→矩形

工 具 栏:“绘图”工具栏 按钮

命 令 行：RECTANG

【例 2.8】 练习矩形(RECTANG)命令，结果如图 2.16 所示。

命令：_rectang

指定第一个角点或[倒角(C)/标高(E)/圆角(F)/厚度(T)/宽度(W)]：

(输入矩形对角线的一个端点)

指定另一个角点或[尺寸(D)]： (输入矩形对角线的另一个端点)

2）命令选项

指定第一个角点：在屏幕上输入对角线的第一个顶点。

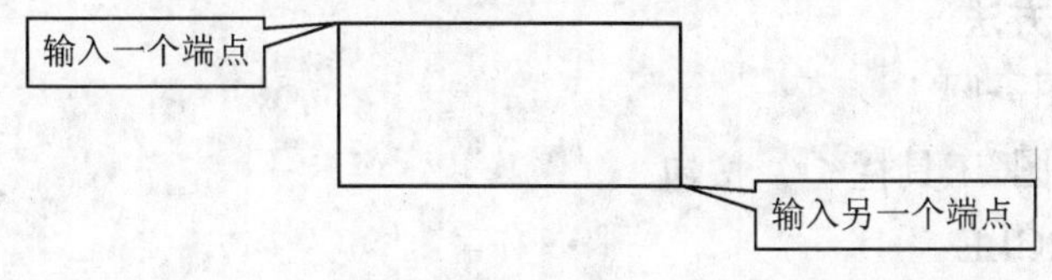

图 2.16 矩形练习

倒角(C)：在键盘上输入 C，用户可以按要求确定矩形各顶点倒角的大小，如图 2.17 所示。

圆角(F)：在键盘上输入 F，用户可以按要求确定矩形各顶点倒圆角的大小，如图 2.18 所示。

标高(E)：在键盘上输入 E，用户可以确定矩形所在的平面的高度。

厚度(T)：设置矩形的厚度，在三维制图中常使用。

宽度(W)：在键盘上输入 W，则用户可以按要求指定矩形的边的线宽，如图 2.19 所示。

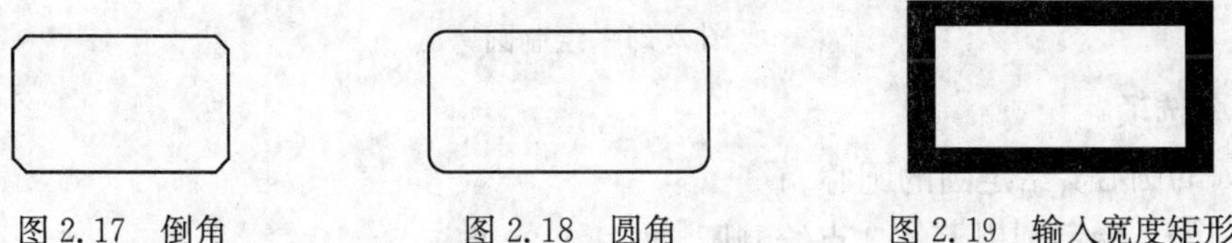

图 2.17 倒角　　图 2.18 圆角　　图 2.19 输入宽度矩形

2.9 圆弧(ARC)

用户可以通过该命令绘制各种不同的圆弧。

1）命令启动方法

菜单命令：绘图→圆弧

工 具 栏："绘图"工具栏 按钮

命 令 行：ARC

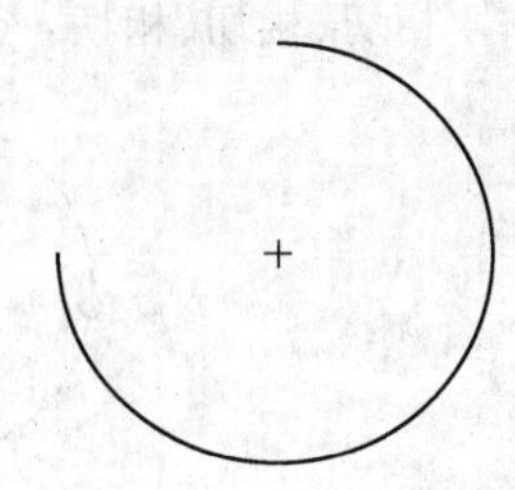

图 2.20 圆弧练习

【例 2.9】 练习圆弧(ARC)命令，结果如图 2.20 所示。

命令 ：_arc 指定圆弧的起点或[圆心(C)]： (指定圆弧上的一点)

指定圆弧的第二个点或[圆心(C)/端点(E)]：c (给定圆心画圆弧)

指定圆弧的圆心： (指定圆心)

指定圆弧的端点或[角度(A)/弦长(L)]：a (选择圆弧的角度画圆弧的选项)

指定包含角：270 (输入圆弧包含的角度)

2）命令选项

指定圆弧的起点：这种方法实际上就是给定圆弧上的三点画圆。

圆心(C)：给定圆弧的圆心。

角度(A)：给定圆弧包含的弧度角。

2.10 圆(CIRCLE)

使用该命令可以绘制圆以及相切圆等。

1）命令的启动方法

菜单命令：绘图→圆

工 具 栏："绘图"工具栏 按钮

命 令 行：CIRCLE

【例 2.10】 练习圆(CIRCLE)命令，结果如图 2.21 所示。

命令：_circle 指定圆的圆心或［三点(3P)/两点(2P)/相切、相切、半径(T)］：

（指定圆的圆心）

指定圆的半径或［直径(D)］<46.4047>：30 （输入圆的半径）

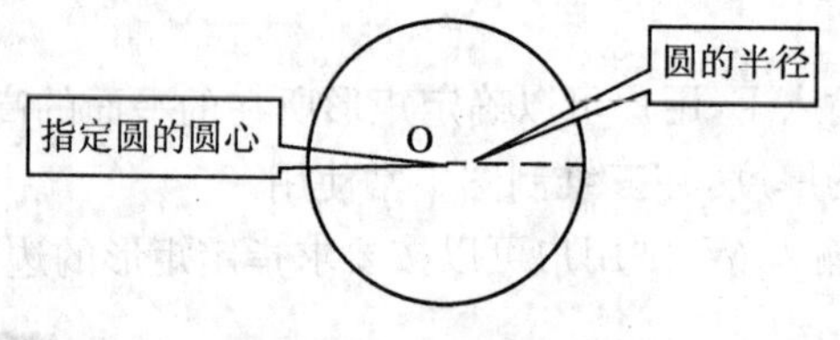

图 2.21 绘制圆

2）命令选项

指定圆的圆心：给定圆的圆心。

三点(3P)：给定圆周上的 3 点绘制圆，如图 2.22 所示。

两点(2P)：给定直径的两个端点绘制圆。

相切、相切、半径(T)：指定与绘制圆相切的两个圆，再输入半径，如图 2.23 所示。

相切、相切、相切：点击 "绘图"菜单，在下拉菜单中选择"相切 相切 相切"。

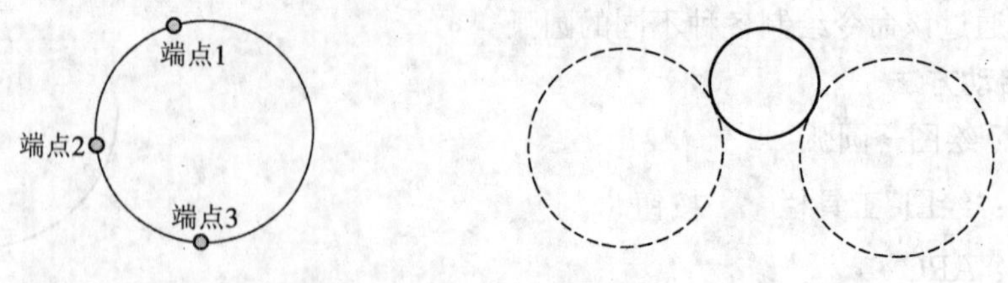

图.22 给定三点绘制圆　　图 2.23 已知两个切点和半径

2.11 椭圆和椭圆弧(ELLIPSE)

使用该命令可以很方便地画出椭圆以及椭圆弧，这是一个常用的命令。

1）命令的启动方法

菜单命令：绘图→椭圆

工 具 栏："绘图"工具栏 ⭕ 按钮

命 令 行：ELLIPSE

【例 2.11】 练习椭圆(ELLIPSE)命令，结果如图 2.24 所示。

输入椭圆命令，命令栏提示如下：

命令：_ellipse

指定椭圆的轴端点或[圆弧(A)/中心点(C)]： (指定椭圆轴上的一个端点)

指定轴的另一个端点： (指定轴的另一端点)

指定另一条半轴长度或[旋转(R)]： (输入另一条半轴的长度)

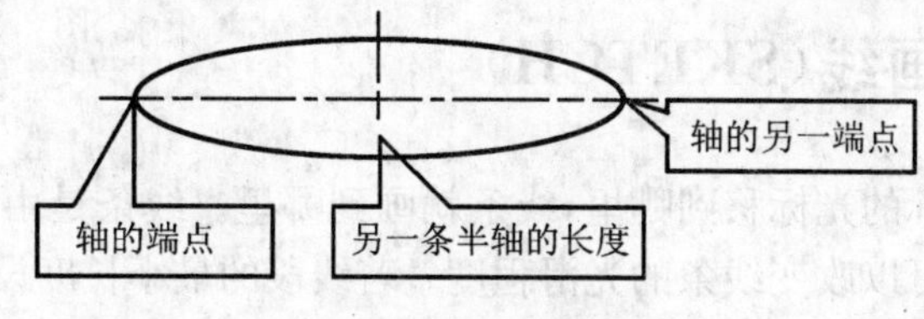

图 2.24 椭圆练习

2）命令选项

圆弧(A)：用户可以根据提示先画一个椭圆，然后再删除不要的部分，就可以绘制一段椭圆弧。

中心点(C)：用键盘输入 C，再输入一个中心点、两条轴的一个端点，就可以绘制一个圆。

旋转(R)：实际上就是将圆绕直径旋转指定的角度后，该圆在平面的投影就形成一个椭圆。

2.12 点(POINT)

在应用 AutoCAD 2006 中，经常要输入某一个特定的点。AutoCAD 2006 的点的形状、大小等都可以设置。

2.12.1 绘制点

点(POINT)命令的启动方法：

菜单命令：绘图→点

工 具 栏："绘图"工具栏 · 按钮

命 令 行：POINT

【例 2.12】 练习点(POINT)命令，结果如图 2.25 所示。

输入点(POINT)命令，系统提示如下：

命令：_point

当前点模式：PDMODE=2 PDSIZE=0.0000

指定点：(输入点的坐标或者直接在屏幕上给出点)

可以连续多次在屏幕上给点，如图 2.25 所示。

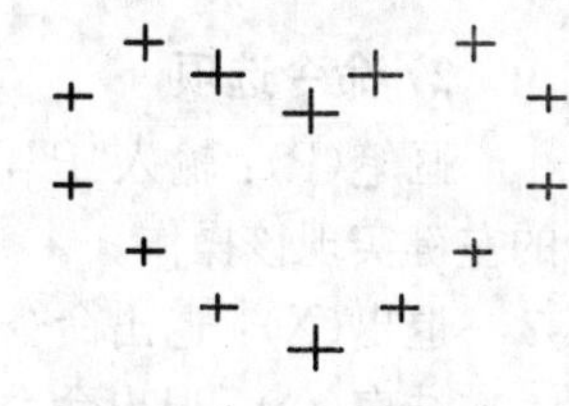

图 2.25 点的练习

2.12.2 点样式设置

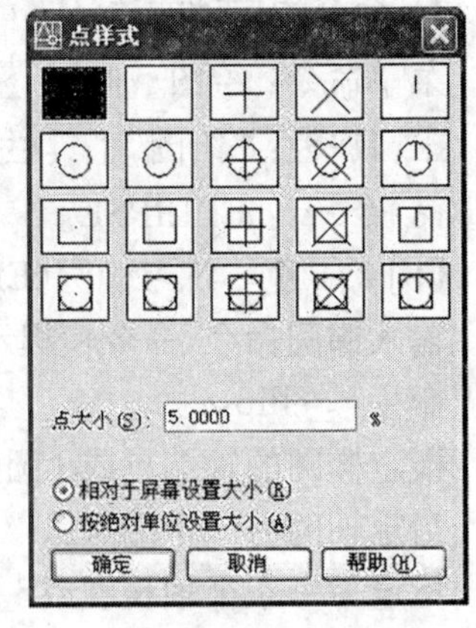

图 2.26 “点样式”对话框

用户可以通过点样式设置改变点的大小、形状等特性。

点击下拉菜单中的“格式”→“点样式”，AutoCAD 2006 弹出一个对话框，在该对话框中，AutoCAD 2006 提供了很多点的样式，用户可以根据要求选定点的形状。在“点大小”栏中输入数字，可以改变点的大小，如图 2.26 所示。

在图 2.26 中，若选定“按绝对单位设置大小”，则缩放图形后，点的大小会发生变化，而选定“相对于屏幕设置大小”，则点的大小不会发生变化。

2.13 徒手画线(SKETCH)

启动该命令后，鼠标的光标移到哪里，线条就画到哪里。线条是由很多的小线段组成的，设定线段的最小长度，可以改变线条的光滑程度。若线段的最小长度设置很大，则画出的线条就像折线，如图 2.27 所示。

1）命令的启动方法

命 令 行：SKETCH。

【例 2.13】 练习徒手画线(SKETCH)命令，结果如图 2.27 所示。

命令：SKETCH

记录增量 ＜3.0000＞：0.5　　　（输入最小线段的长度）

徒手画：画笔(P)/退出(X)/结束(Q)/记录(R)/删除(E)/连接(C) ＜笔 落＞：

（输入 P，则落下画笔，此时移动光标就可以画线段）

＜笔 提＞：　　　（再输入 P，则提起画笔，可将光标移到要画线的位置）

＜笔 落＞：　　　（输入 P，落下画笔，继续画线）

＜笔 提＞：　　　（输入 Enter 结束）

已记录 46 条直线。

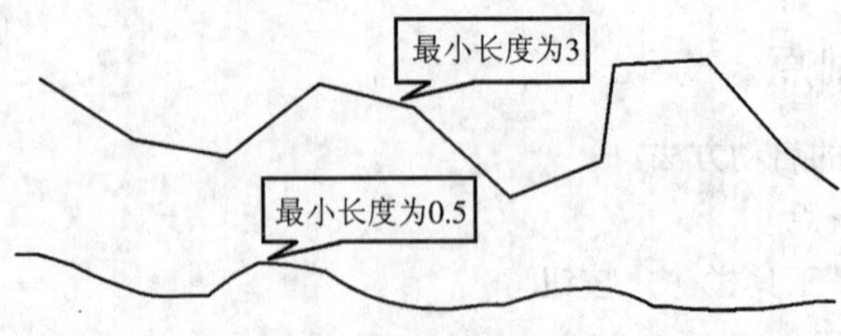

图 2.27 徒手绘图练习

2）命令选项

画笔(P)：输入“P”，可控制画笔的落下、提起，但是不能按 Enter 键。也可以通过按鼠标的左键实现该操作。

退出(X)：退出命令，并记录已经绘制的草图曲线。

结束(Q)：退出命令，但不保存已经绘制的草图曲线。

记录(R)：不退出命令，但是记录已经绘制的草图曲线。

删除(E)：删除未保存的草图曲线。

连接(C)：连接上一条曲线的末端继续画线。

2.14 圆环(DONUT)

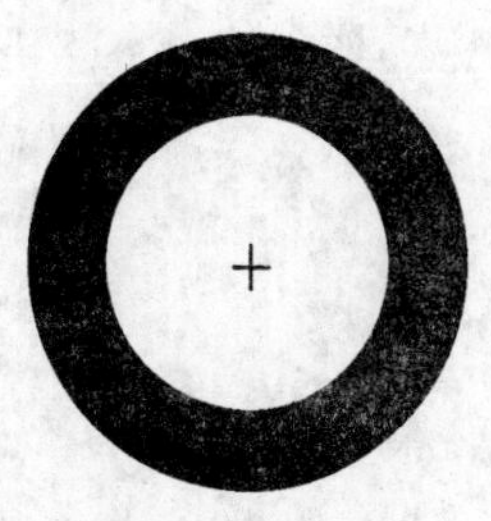

图 2.28 圆环练习

输入圆环(DONUT)命令，用户可以方便地画出各种圆环。

命令的启动方法：

菜单命令：绘图→圆环

【例 2.14】 练习圆环(DONUT)，结果如图 2.28 所示。

命令：_donut

指定圆环的内径 ＜10.0000＞： (输入圆环的内径)

指定圆环的外径 ＜15.0000＞： (输入圆环的外径)

指定圆环的中心点或 ＜退出＞： (给定圆环的圆心，即可画圆环)

指定圆环的中心点或 ＜退出＞： (若再次给定圆心，可继续画圆环)

按 Enter 键结束。

2.15 图案填充(BHATCH)

该命令可以对一个封闭的多边形区域进行填充。

1) 命令的启动方法

菜单命令：绘图→曲面→二维填充

工 具 栏：“绘图”工具栏 按钮

命 令 行：SOLID

2) 命令操作方式

(1) 输入命令 LID。

(2) 命令窗口提示

指定第一点： (输入第一点)

指定第二点： (输入第二点)

指定第三点： (输入第三点)

(3) 说明 当按提示输入一点后，系统接着提示

指定第二点： (输入一点)

指定第三点： (输入一点)

指定第四点或＜退出＞： (输入一点完成多边形或直接退出命令)

按上述操作即可完成填充多边形，但要注意输入点的顺序和位置很重要，如果顺序发生错误，将生成打结形状而不是多边形。如图 2.29 所示，点顺序为 A、B、C、D...，而 A 、C、E 应在多边形的同侧。

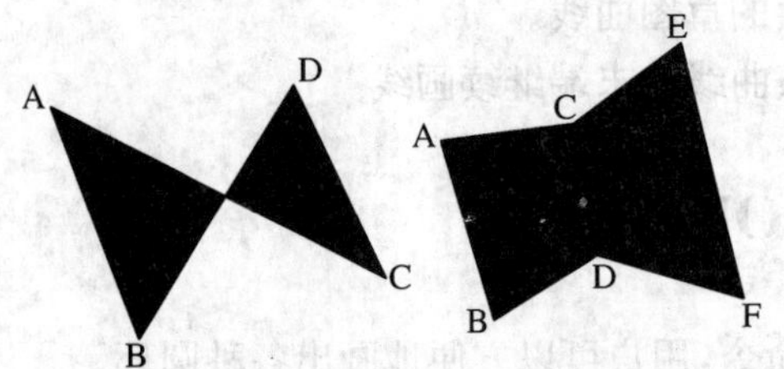

图 2.29　输入点的顺序对填充多边形的影响

2.16　面域(REGION)

由直线、圆、多段线、圆弧以及样条曲线组成的封闭区域,都可以创建面域。面域是一个单独对象,可以通过命令查询面积、周长等几何特性,还可以执行布尔运算等。

2.16.1　面域的创建

1)命令的启动方法

菜单命令:绘图→面域

工 具 栏:“绘图”工具栏 按钮

命 令 行:REGION

2)命令操作方式

【例 2.15】 练习面域(REGION)命令,结果如图 2.30 所示。

命令:_region

选择对象:找到 1 个(选择创建面域的对象,可以用点击对象的方法选择,也可以用框选的方法)

选择对象:找到 1 个,总计 2 个

选择对象:找到 1 个,总计 3 个

选择对象:找到 1 个,总计 4 个

选择对象:找到 1 个,总计 5 个

选择对象:找到 1 个,总计 6 个

选择对象:　　　　(按 Enter 键结束,下面显示创建的面域的数目)

已提取 3 个环。

已创建 3 个面域。

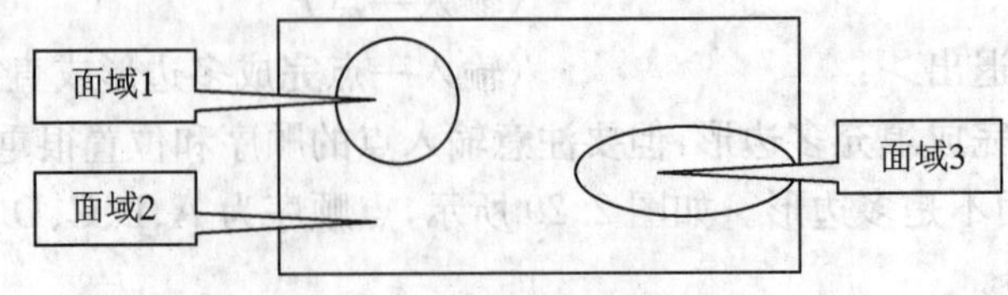

图 2.30　创建面域练习

在创建面域后若想分解面域,可以输入“EXPLODE”命令进行分解,将面域还原为单独的线条对象。

2.16.2 面域的布尔运算

在绘制比较复杂的图形时，经常要对面域进行并、差、交运算。

1）面域的“并”运算（UNION）

面域的“并”运算实际上就是将几个面域合并为一个面域。

【例 2.16】 练习面域的“并”运算（UNION）命令，结果如图 2.31 所示。

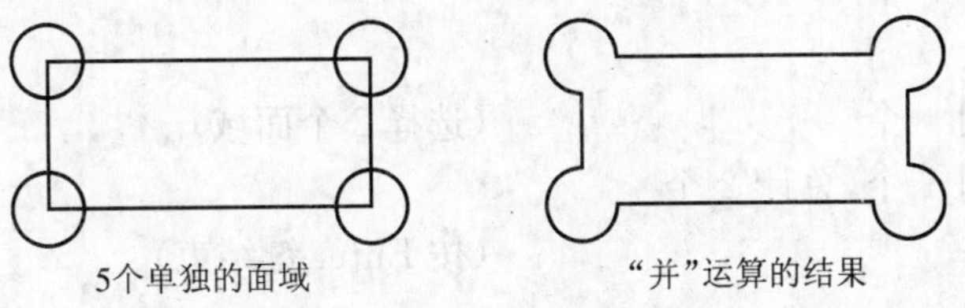

图 2.31 “并”运算练习

命令：UNION
选择对象：指定对角点：找到 5 个　　　（选择面域）
选择对象：　　　（按 Enter 键结束）

2）面域的“差”运算（SUBTRACT）

面域之间的相减，在选择对象的时候，先选择被减的面域，按回车键，再选择要减去的面域。

【例 2.17】 练习面域的“差”运算（SUBTRACT）命令，结果如图 2.32 所示。

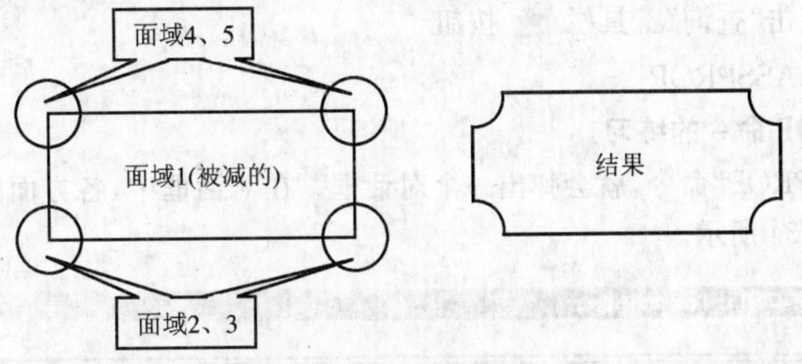

图 2.32 “差”运算练习

命令：SUBTRACT
选择要从中减去的实体或面域…
选择对象：找到 1 个　　　（选择被减的面域 1）
选择对象：　　　（按 Enter 键确认）
选择要减去的实体或面域…
选择对象：找到 1 个　　　（选择所有要减去面域 2、3、4、5）
选择对象：找到 1 个，总计 2 个
选择对象：找到 1 个，总计 3 个
选择对象：找到 1 个，总计 4 个
选择对象：　　　（按 Enter 键结束）

3）面域的“交”运算（INTERSECT）

面域的“交”运算实际上就是求出面域的公共部分。

【例 2.18】 练习面域的“交”运算(INTERSECT)命令,结果如图 2.33 所示。

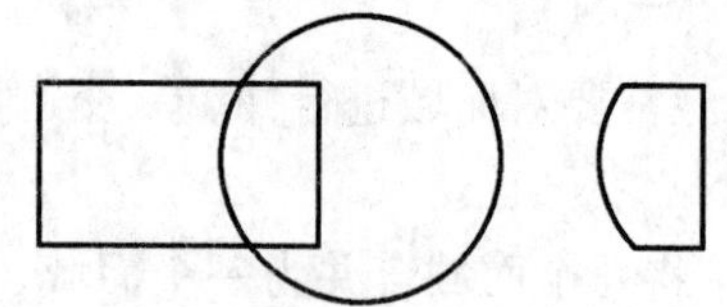

图 2.33 “交”运算练习

命令：intersect

选择对象：找到 1 个　　　　　　　　(选择 2 个面域)

选择对象：找到 1 个,总计 2 个

选择对象：　　　　　　　　　　　　(按 Enter 键结束)

2.16.3 从面域模型中抽取数据(MASSPROP)

MASSPROP 命令用于计算二维和三维对象的特性。这些特性在分析图形对象的特点时非常重要,在操作时,如果选择多个面域,则只有与第一个选定面域共面的面域被接受。MASSPROP 所显示的特性取决于选定的对象是面域(即选定的面域是否与当前 UCS 的 XY 平面共面)还是实体。

1) 命令的启动方法

下拉菜单：工具→查询→面域/质量特性

工 具 栏：点击“查询”工具栏 按钮

命 令 行：MASSPROP

2) MASSPROP 命令的练习

输入“MASSPROP”命令,就会弹出一个对话框。在对话框中,各方面的信息都清楚地显示出来了,如图 2.34 所示。

```
AutoCAD 文本窗口 - Drawing1.dwg
编辑(E)
选择对象: 找到 1 个
选择对象: 找到 1 个, 总计 2 个
选择对象:
 ----------------    面域    ----------------
面积:                   315628.6281
周长:                   3023.4650
边界框:              X: 563.1388  --  1354.3046
                     Y: 369.1974  --  855.9937
质心:                X: 983.3121
                     Y: 608.0265
惯性矩:              X: 1.2026E+11
                     Y: 3.1774E+11
惯性积:             XY: 1.8897E+11
旋转半径:            X: 617.2653
                     Y: 1003.3456
主力矩与质心的 X-Y 方向:
                     I: 3565215872.3260 沿 [0.9996 0.0294]
                     J: 12569677676.4549 沿 [-0.0294 0.9996]
是否将分析结果写入文件? [是(Y)/否(N)] <否>:
```

图 2.34 “查询”文本窗口

3　基本编辑命令

学习目标

◎ 熟练掌握图形的基本编辑修改命令；

◎ 灵活运用编辑命令构造图形，提高绘图效率。

用 AutoCAD 2006 绘图同手工绘图一样，也要先画出一张草图，然后进行反复修改、补充，直到最后完成符合要求的图形。在绘图过程中，对图形进行编辑是必不可少的。AutoCAD 2006 提供了强大的编辑图形的功能。

3.1　选择对象

AutoCAD 2006 提供了两种编辑方式，对图形中的一个或多个对象进行编辑。一种是先激活一个编辑命令，再选择编辑对象；另一种是先选择编辑对象，再激活编辑命令。无论是哪种方式，都必须选择编辑对象。

3.1.1　对象选择方法

当执行编辑命令后，命令行提示："选择对象"，十字光标将变成一个拾取框，移动拾取框可选择一个或多个对象。AutoCAD 2006 提供了多种选择方法。

1）单点选择方式

当光标变为拾取框后，用鼠标移动拾取框，使其覆盖在被选对象上，然后单击鼠标左键，对象变为虚线，表示已被选中。这种方法适合选择少量或分散的对象。

2）窗口方式

该方式通过对角线的两个端点来定义一个矩形窗口，凡完全落在该矩形窗口内的图形对象均被选中。操作方法如下：

选择对象：W↓

第一角点：　　　　　　　　　　（指定矩形窗口对角线的第一点）

第二角点：　　　　　　　　　　（指定矩形窗口对角线的第二点）

3）窗交方式

该方式通过对角线的两个端点来定义一个矩形窗口，凡完全落在该矩形窗口内及与窗口线相交的图形对象均被选中。操作方法如下：

选择对象：C↓

第一角点：　　　　　　　　　　（指定矩形窗口对角线的第一点）

第二角点：　　　　　　　　　　（指定矩形窗口对角线的第二点）

4）BOX 方式

该方式通过对角线的两个端点来定义一个矩形窗口，凡完全落在该矩形窗口内及与窗口相交的图形对象均被选中，但指定两端点的顺序将会对对象的选择有影响，如对角线的两端点自左向右指定，则 BOX 方式等价于窗口方式；如对角线的两端点自右向左指定，则 BOX 方式等价于窗交方式，操作方法如下：

选择对象：BOX↓

第一角点：　　　　（指定矩形窗口对角线的第一点）

第二角点：　　　　（指定矩形窗口对角线的第二点）

5）最后方式

选择对象：L↓　　　　（选择最后画出的图形对象）

6）全部方式

选择对象：ALL↓　　　　（选择除冻结层以外的所有图形对象）

7）栏选方式

选择所有与栏选线（一条多点折线）相交的图形对象，操作方法如下：

选择对象：F↓

栏选第一点：　　　　（指定栏选线的第一点）

指出直线端点或[放弃(V)]：　　　　（指定栏选线的下一点或选解）

指出直线段点或[放弃(V)]：↓

8）不规则窗口方式

选择对象：WP↓　　　　（选择落在多边形内的对象）

多边形第一点：　　　　（指定多边形的第一个顶点）

指出直线端点或[放弃(V)]：　　　　（指定多边形的下一个顶点或……）

指出直线段点或[放弃(V)]：↓

9）不规则交叉窗口方式

选择对象：CP↓（选择落在多边形内及与该多边形相交的对象，操作方法同 WP 方式）

10）组方式

选择对象：G↓　　　　（选择已命名的对象组）

输入编组名：　　　　（键入组名列表）

11）添加模式

选择对象：—↓　　　　（将对象添加到选择集中）

12）删除方式

选择对象：R↓　　　　（从已选择的对象中删除部分对象）

13）多点选择方式

选择对象：M↓　　　　（键入 M 后，拾取多个对象，按回车键，以提高选择速度）

14）前一个方式

选择对象：P↓　　　　（将前一个选择集作为当前的选择集）

15）取消方式

选择对象：V↓　　　　（取消最后加入选择集的对象）

16）自动选择方式

选择对象：AV↓　　　　　　　　　　（自动选择，此方式同单点选择方式或BOX方式）

17）单一选择方式

选择方式：SI↓　　　　　　　　　　（输入SI后，可用其他任何方法选择对象，选中后不必按回车键）

3.1.2 循环选择对象

当图形比较密集，需修改的对象与不需修改的对象相距较近，使选择出现困难时，可使用循环选择对象的方法，操作如下：

(1) 在"选择对象"的提示下，按住Ctrl键，并把拾取框置于尽可能接近选择对象的位置，单击左键，拾取一点，此时被拾取框盖住的对象之一变为虚线，醒目显示被选中。

(2) 按住Ctrl键不放，保持光标在原位，重复单击左键，此时会依次选中被拾取框覆盖的对象，直到要选的对象变为虚线。

(3) 按Enter键确认该对象。

3.1.3 设置对象选择模式

1）功能

通过设置对象选择模式来控制选择对象时的操作方式。

2）输入方法

菜单命令：工具→选项→选择

命 令 行：OPTIONS↓

快捷菜单：在绘图区或命令行点击右键，激活快捷菜单。

上述操作都可以弹出"选项"对话框，如图3.1所示。点击其中的"选择"卡。

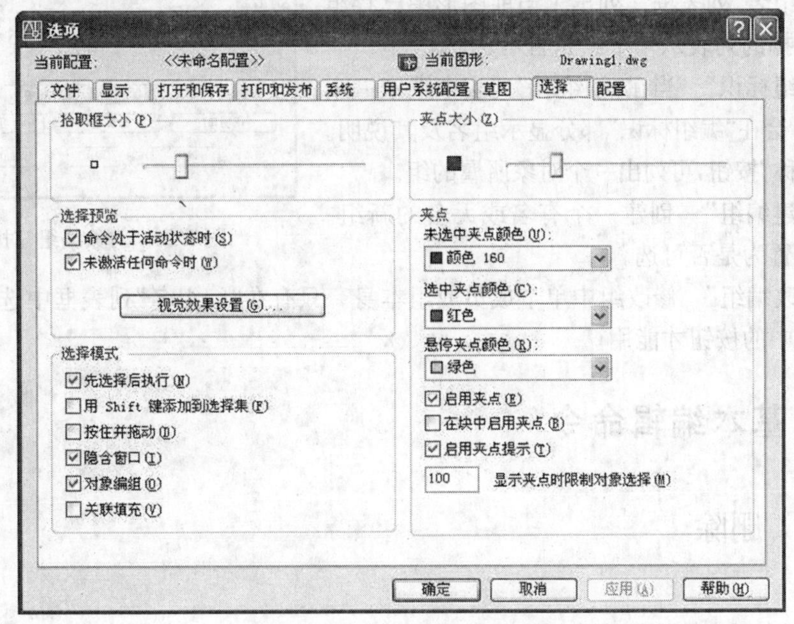

图3.1 "选项"对话框的"选择"卡

3）说明

(1) 选择集模式

①“先选择后执行(N)”：选中，则可先选择对象后输入命令；不选，则只能先输入命令后选择对象。

②“用 Shift 键添加到选择集(S)”：选中，向已有选择集添加或删除对象时，必须按住 Shift 键，否则只有最后选择的对象被选中；不选，则选中的对象会逐一添加到原选择集中。

③“按住并拖动(D)”：选中，则建立选择窗口时需拾取第一点，然后按住鼠标左键拖动鼠标，到窗口大小合适时放开左键即可；不选，则需拾取两个对角点来形成窗口。

④“隐含窗口(I)”：选中效果同本章 3.1.1“对象选择方法”。

⑤“对象编组(O)”：选中后“对象组”有效；否则失效。

⑥“关联填充(V)”：选中后当选择填充图案作对象时包括它的边界。

(2) 设置“拾取框大小” 移动滑动按钮来设定拾取框的大小。

(3)“选择预览” 可设置“选择预览效果”和“区域选择效果”。

3.1.4 对象编组命令

1）功能

对象编组命令把一些需多次进行相同操作的对象变成一个选择集（称为“组”）并命名，以便调用。

2）输入方法

命 令 行：GROUP↓

AutoCAD 2006 将弹出“对象编组”对话框，如图 3.2 所示。

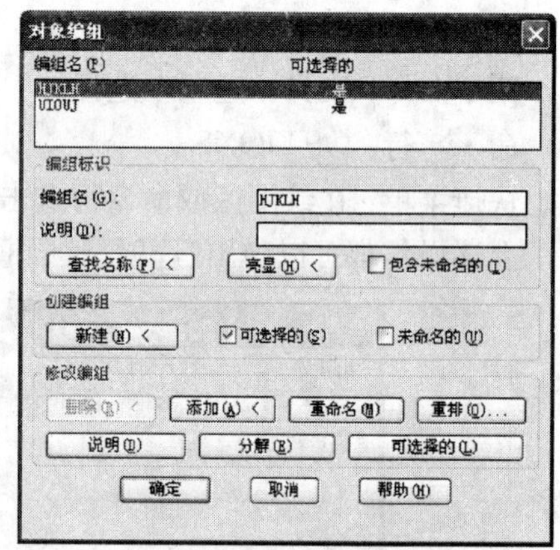

图 3.2 “对象编组”对话框

3）说明

(1)“编组名”列表框 列出了当前图形中已存组的名字，可选择的列表示一个组是否可选。

(2)“编组标识” 当在“编组名”列表中选定一个组，AutoCAD 会在“编组标识”部分显示组名及其说明。单击“查找名称”按钮，可列出一个对象所属的组。

(3)“创建编组” 创建一个有名或无名的新组。此外，还可设置为是否可选。

(4)“修改编组” 修改组中单个成员或组本身。只有在“编组名”列表框中选择了一个组名时，该选项中的按钮才能用。

3.2 基本编辑命令

3.2.1 删除

1）功能

“删除”命令用来擦除绘图中错误的线段或无用的辅助线。

2）调用方法

菜单命令：修改→删除

工 具 栏："修改"工具栏 按钮

命 令 行：ERASE↓

3）命令操作及提示

命令：ERASE↓

提示：选择对象：

按回车键结束选择，同时也擦除了选定的对象。

3.2.2 恢复

1）功能

"恢复"命令用于恢复最后一次删除的对象。

2）输入方法

命 令 行：OOPS↓

3）命令操作及提示

执行该命令后，便恢复最后一次删除的对象。

3.2.3 放弃和多重放弃

1）放弃

(1) 功能　取消上一次操作。可重复使用，依次向前取消完成的命令操作。

(2) 输入方法

菜单命令：编辑→放弃

命 令 行：U↓

工 具 栏："标准"工具栏 按钮

(3) 命令操作及提示

命令：U↓

执行该命令后，便取消了上一次操作。

2）多重放弃

(1) 功能　取消指定数量的前面几个命令或前面标注的一组命令。

(2) 输入方法

命 令 行：UNDO↓

(3) 命令操作及提示

命令：UNDO↓

提示：输入要放弃的操作数目或[自动(A)/控制(C)/开始(BE)/结束(E)/标记(M)/后退(B)]〈1〉。

(4) 说明

① 输入要放弃的操作数目或[自动(A)/控制(C)/开始(BE)/结束(E)/标记(M)/后退(B)]〈1〉：5↓，将放弃前5项操作，即使用了5次U命令。

② A↓：输入 UNDO 自动模式[开(ON)/关(OFF)]〈ON〉：将使一次菜单拾取所激活的多个操作被 U 或 UNDO 命令当作一个命令。

③ C↓：输入 UNDO 控制选项[全部(A)/无(N)/一个(O)]〈全部〉：A 选项允许所有 UNDO 命令，N 选项禁止 UNDO 命令，O 选项禁止多次使用 UNDO 命令。

④ E↓：UNDO 命令将 BE 和 E 之间的操作当成一个单一命令。

⑤ M↓和 B↓：UNDO 命令将删除 M 选项到 B 选项之间的部分。

3.2.4 重做

1）功能

“重做”命令取消上一个 U 或 UNDO 命令。该命令必须紧跟在 U 或 UNDO 命令之后。

2）输入方法

菜单命令：编辑→重做

工 具 栏：“标准”工具栏 按钮

命 令 行：REDO↓

3）命令操作及提示

命令：REDO↓

执行该命令后，便达到了重做的目的。

3.2.5 复制

1）功能

“复制”命令对选择的对象作一次或多次复制。

2）输入方法

菜单命令：修改→复制

工 具 栏：“修改”工具栏 按钮

命 令 行：COPY↓

3）命令操作及提示

命令：COPY↓

提示：选择对象：

⋮

选择对象：↓

指定基点或位移，或者[重复(M)]：

4）说明

命令输入后，窗口提示有不同的选项，选择不同选项会出现不同的结果。

(1) 指定基点或位移，或者[重复(M)]：选择第一点；

指定位移的第二点；

指定位移的第二点或〈用第一点作位移〉：选取第二点。

【例 3.1】 复制一组对象，结果如图 3.3 所示。

操作过程：

命令：COPY↓

选择对象：

⋮

选择对象：↓

指定基点或位移，或者[重复(M)]：　　　　（选取 P1 点）

指定位移的第二点或〈用第一点作位移〉：　（选取 P2 点）

(2) 指定基点或位移，或者[重复(M)]：M↓

指定基点：选取第一点；

指定位移的第二点或〈用第一点作位移〉：选取第二点（确定第一个复制对象）；

指定位移的第二点或〈用第一点作位移〉：选取第三点（确定第二个复制对象）；

⋮

指定位移的第二点或〈用第一点作位移〉：↓。

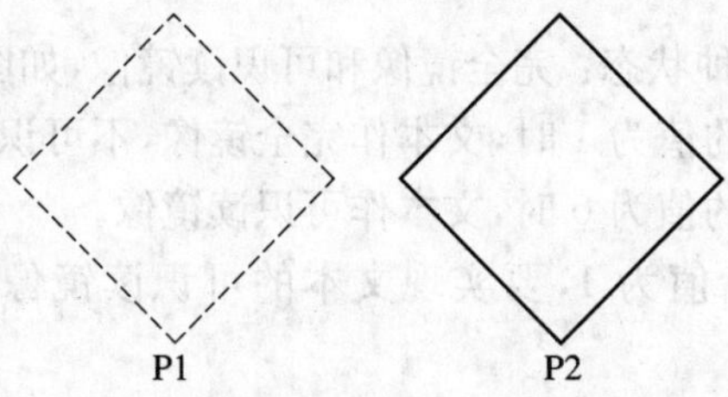

图 3.3　复制一组对象

【例 3.2】　多重复制一组对象，结果如图 3.4 所示。

操作过程：

命令：COPY↓

选择对象：

⋮

输入 M↓

指定基点：选取 P1 点；

指定位移的第二点或〈用第一点作位移〉：选取 P2 点（确定第一个复制对象）；

指定位移的第二点或〈用第一点作位移〉：选取 P3 点（确定第二个复制对象）；

指定位移的第二点或〈用第一点作位移〉：↓。

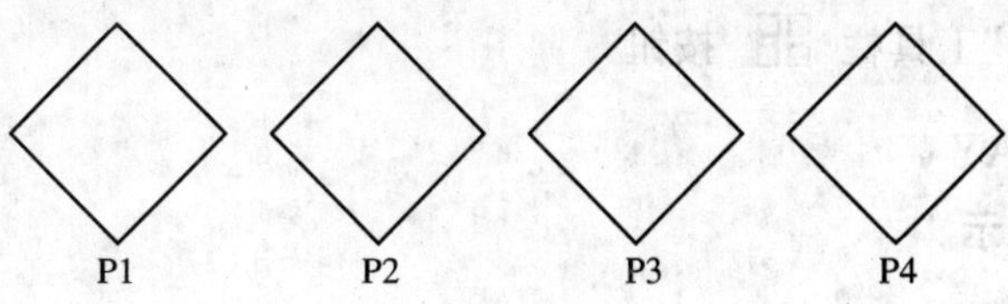

图 3.4　多重复制一组对象

3.2.6　镜像

1）功能

“镜像”命令用于将选定对象进行对称变换。

2）输入方法

菜单命令：修改→镜像

工 具 栏："修改"工具栏 按钮

命 令 行：MIRROR↓

3）命令操作及提示

命令：MIRROR↓

提示：选择对象　　　　　　　　（使用前述方法选择对象，使其变为虚线）

选择对象：↓

指定镜像线的第一点：　　　　　　（选取第一点）

指定镜像线的第二点：　　　　　　（选取第二点）

是否删除源对象[是(Y)/否(N)]：↓

4）说明

文本实体的镜像分为两种状态：完全镜像和可识读镜像，如图 3.5 所示。

(1) 变量 MIRRTEXT 的值为 1 时，文本作完全镜像，不可识读。

(2) 变量 MIRRTEXT 的值为 0 时，文本作可识读镜像。

一般该系统变量的初始值为 1，要实现文本的可识读镜像，应在镜像前设置系统变量 MIRRTEXT＝0，即：

命令：MIRRTEXT↓

输入新值〈1〉：0↓

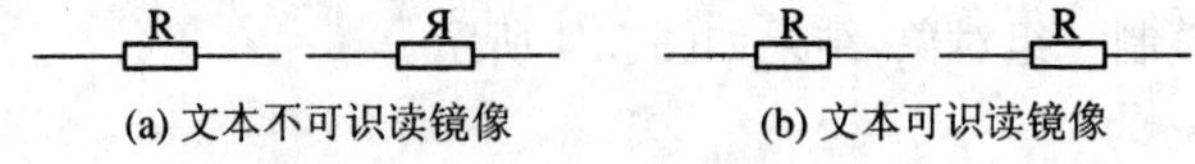

(a) 文本不可识读镜像　　(b) 文本可识读镜像

图 3.5　文本镜像

3.2.7　阵列

1）功能

"阵列"命令用于将选定的对象生成矩形或环形的多重复制。

2）输入方法

菜单命令：修改→阵列

工 具 栏："修改"工具栏 按钮

命 令 行：ARRAY↓

3）命令操作及提示

命令：ARRAY↓

提示：AutoCAD 2006 将弹出"阵列"对话框，如图 3.6 所示。

4）说明

(1) 矩形阵列　打开"矩形阵列"对话框，如图 3.6。

① 行、列：分别用于确定矩形的阵列行数和列数。

② 偏移距离和方向：用于确定矩形阵列的行间距、列间距及阵列旋转角度。

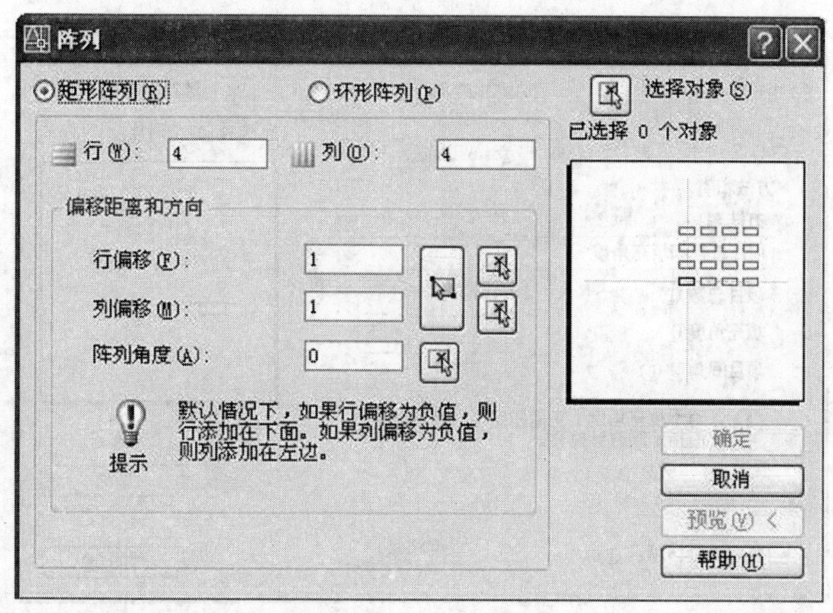

图 3.6 “矩形阵列”对话框

③ 选择对象：用于选择阵列对象。

④ 预览：用于预览阵列效果。

⑤ 确定、取消：“确定”用于指定设置阵列对象；“取消”用于取消当前的操作。

【例 3.3】 把一个矩形作矩形阵列，其行数为 3，列数为 3，行偏移为－100，列偏移为 200。

操作过程如下：

命令：ARRAY↓

AutoCAD 2006 将弹出“阵列”对话框，将其设置为矩形阵列，并设其行偏移和列偏移分别为－100 和 200，然后点击“确认”。结果如图 3.7 所示。

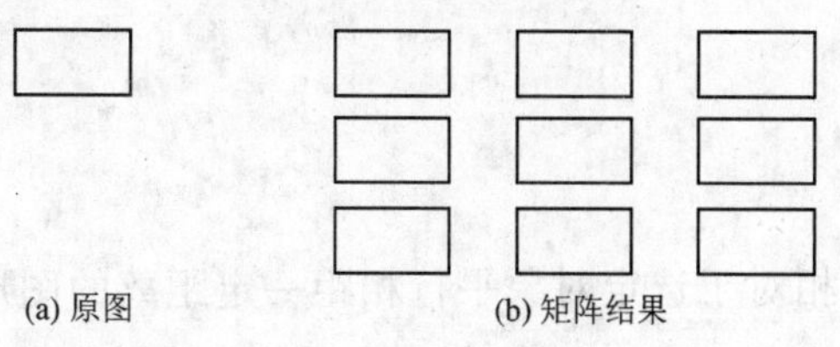

图 3.7 矩形阵列

(2) 环形阵列　打开“环形阵列”对话框，如图 3.8 所示。

① 中心点：用于确定环形阵列的阵列中心位置。

② 方法和值：用于确定环形阵列的具体方法和相应数值。

③ 复制时旋转项目：该选项决定复制时源对象是否绕阵列中心旋转，如图 3.9 所示。

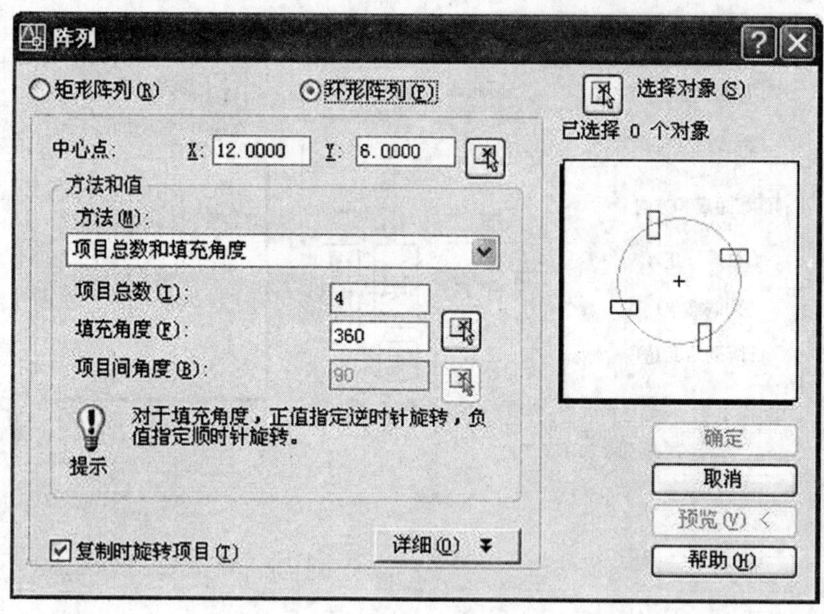

图 3.8 “环形阵列”对话框

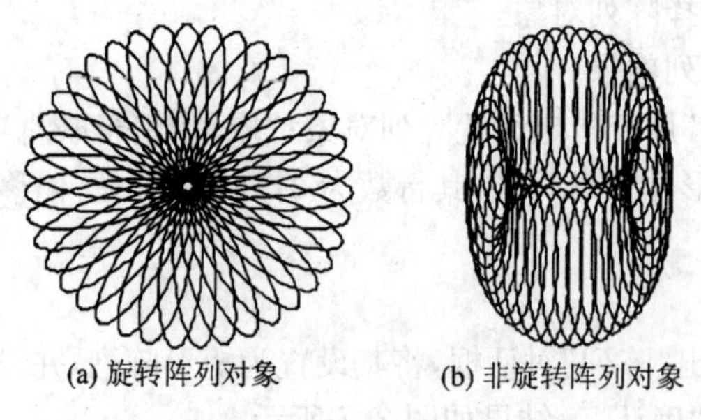

(a) 旋转阵列对象　(b) 非旋转阵列对象

图 3.9 环形矩阵

3.2.8 偏移

1）功能

“偏移”命令用于生成相对于选定对象平行相距一定距离的图形，可以偏移复制直线、圆弧、圆、二维多义线等。

2）输入方法

菜单命令：修改→偏移

工 具 栏：“修改”工具栏 按钮

命 令 行：OFFSET↓

3）命令操作及提示

命令：OFFSET↓

提示：指定偏移距离或[通过(T)]〈当前值〉:

4）说明

提示后选择不同项有不同的操作结果。

(1) 指定偏移距离或[通过(T)]〈通过〉:指定从已有对象到新对象之间的偏移距离;

选择要偏移的对象或〈退出〉:选取要偏移的对象;

指定点已确定偏移所在一侧:在新对象一侧选取一点以确定新对象的位置;

选择要偏移的对象或〈退出〉:↓。

【例 3.4】 将直线 AB 向上偏移 20。操作过程如下:

命令:OFFSET↓

指定偏移距离或[通过(T)]〈通过〉:20

选择要偏移的对象或〈退出〉: (选取直线 AB)

指定点已确定偏移所在一侧: (在新对象一侧选取 P 点以确定新对象的位置)

选择要偏移的对象或〈退出〉:↓

结果如图 3.10 所示。

(2) 指定偏移距离或[通过(T)]〈通过〉:↓

选择要偏移的对象或〈退出〉:选取要偏移的对象;

指定通过点:选取一点,过此点确定新对象的位置;

选择要偏移的对象或退出〈退出〉:↓。

【例 3.5】 将直线 AB 向左上偏移,并通过点 N。

操作过程:

命令:OFFSET↓

指定偏移距离或[通过(T)]〈通过〉:T↓

选择要偏移的对象或〈退出〉: (选取直线 AB)

指定通过点: (选取 N 点以确定新对象的位置)

结果如图 3.11 所示。

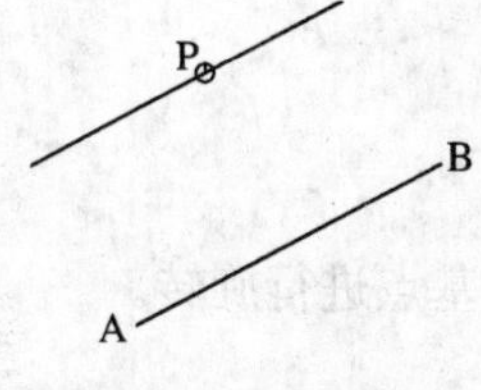

图 3.10 偏移直线

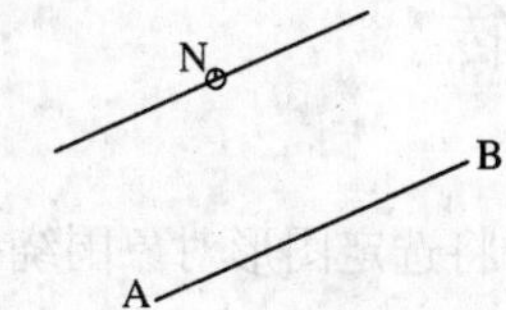

图 3.11 偏移直线

3.2.9 移动

1) 功能

"移动"命令用于将选定的对象从当前位置平移到一个新的指定位置,不改变对象的大小和方向。

2) 输入方法

菜单命令:修改→移动

工 具 栏:"修改"工具栏 按钮

命 令 行:MOVE↓

3) 命令操作及提示

命令:MOVE↓

提示：选择对象：

⋮

指定基点或位移：　　　　　　　　　　（选取一点）

指定位移的第二点或〈用第一点作位移〉：　（选取第二点）

4）说明

(1) 指定位移的第二点或〈用第一点作位移〉　确定第二点，则两点连线便是选定对象的位移向量。

(2) 指定位移的第二点或〈用第一点作位移〉　↓，是把第一点向量作为选定对象的位移向量。

【例 3.6】 请将下面图形移动到 B 点。

操作过程：

命令：MOVE↓

选择对象：　　　　　　　　　　　　　（使用前述方法选择对象，使其变为虚线）

选择对象：↓

指定基点或位移：　　　　　　　　　　（选取 A 点）

指定位移的第二点或〈用第一点作位移〉：　（选取 B 点）

结果如图 3.12 所示。

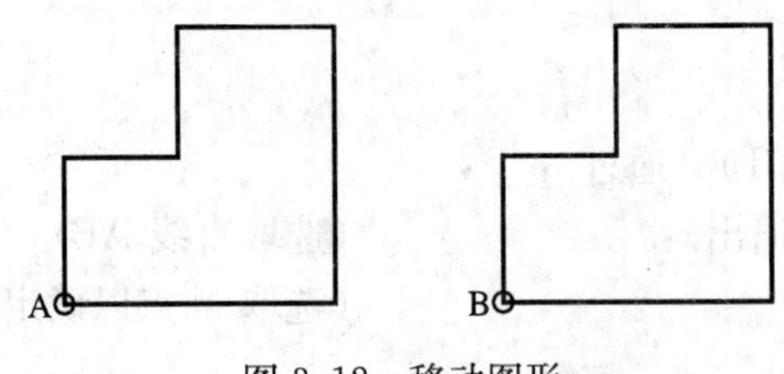

图 3.12　移动图形

3.2.10　旋转

1）功能

“旋转”命令用于将选定图形对象围绕一个指定的基点进行旋转。

2）输入方法

菜单命令：修改→旋转

工 具 栏：“修改”工具栏　按钮

命 令 行：ROTATE↓

3）命令操作及提示

命令：ROTATE↓

提示：VCS 当前的正角方向：ANGDIR=逆时针 ANGBASE=0

选择对象：

⋮

指定基点：（选取一点）

指定旋转角度或[参照(R)]：

4）说明

(1) 指定旋转角度或[参照(R)]：指定旋转角度。

(2) 指定旋转角度或[参照(R)]：R↓

① 指定参照角度：指定原始位置角度；

② 指定新角度：指定旋转到新位置的角度。

(3) 正角度值使对象按逆时针旋转，负角度值将使对象按顺时针方向旋转。图 3.13 所示为矩形绕 A 点旋转 45°。

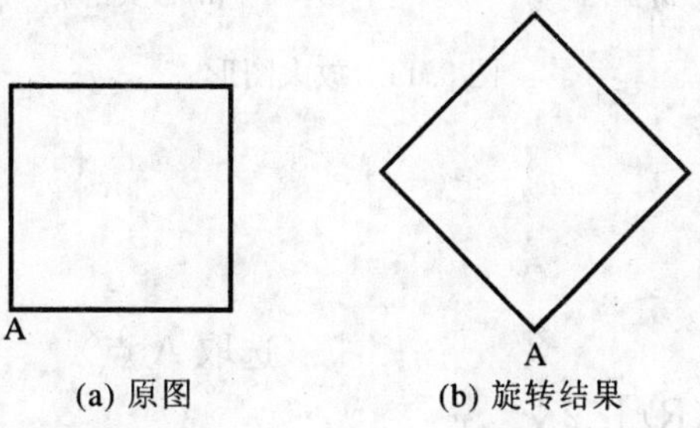

图 3.13　旋转图形

3.2.11　比例缩放

1）功能

“比例缩放”命令用于改变已有对象或整个图形的大小。

2）输入方法

菜单命令：修改→比例缩放

工 具 栏：“修改”工具栏按钮

命 令 行：SCALE↓

3）命令操作及提示

命令：SCALE↓

提示：选择对象：

⋮

选择对象：↓

指定基点：　　　　　　　　　　　　　（选取一点）

指定比例因子或[参照(R)]：

4）说明

(1) 指定比例因子或[参照(R)]　指定比例因子，X、Y、Z 方向采用统一比例因子，要放大一对象，可输入大于 1 的比例因子，要缩小一对象，可输入小于 1 的比例因子，比例因子必须大于零。

(2) 指定比例因子或[参照(R)]：R↓

① 指定参考长度：指定当前尺寸作为参考长度；

② 指定新长度：指定一段直线为新长度，AutoCAD 自动计算比例因子，并相应放大或缩小图形。

【例 3.7】　用 SCALE 命令将图形放大 2 倍，结果如图 3.14 所示。

操作过程如下：

命令：SCALE↓

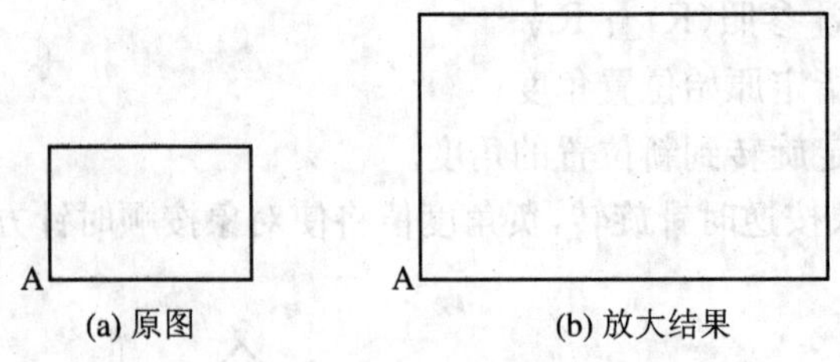

图 3.14　放大图形

选择对象：

⋮

选择对象：↓

指定基点：　　　　　　　　　　　　　　　　（选取 A 点）

指定比例因子或[参照(R)]：2↓

3.2.12　拉伸

1）功能

该命令用于拉伸所选定的图形对象，使其形状发生改变，而不会影响其他不作改变的部分。

2）输入方法

菜单命令：修改→拉伸

工 具 栏："修改"工具栏 [按钮图标] 按钮

命 令 行：STRETCH↓

3）命令操作及提示

命令：STRETCH↓

提示：用交叉窗口或多边形选择要拉伸的对象……

选择对象：　　　　　　　　　　　　　　　　（用交叉窗口或多边形选择要拉伸的对象）

⋮

选择对象：

指定基点或位移：　　　　　　　　　　　　　（指定第一点）

指定位移第二点：　　　　　　　　　　　　　（指定第二点）

3.2.13　修剪

1）功能

该命令用指定的切割边去裁所选定的对象。

2）输入方法

菜单命令：修改→修剪

工 具 栏："修改"工具栏 [按钮图标] 按钮

命 令 行：TRIM↓

3）命令操作及提示

命令：TRIM↓

提示：当前设置：投影＝UCS 边＝无

选择剪切边…

选择对象：

⋮

选择要修剪的对象，或按住 Shift 键选择要延伸的对象，或［投影(P)/边(E)/放弃(U)］：

4）说明

(1) 选择要修剪的对象，按住 Shift 键，选择要延伸的对象或［投影(P)/边(E)/放弃(U)］：直接选择待修剪的对象。

(2) P↓：输入投影选项［无(N)/USC(U)/视图(V)］：表示在当前的 UCS 的 *XY* 平面上进行修剪。

(3) E↓：输入隐含边延伸模式［延伸或不延伸］〈当前值〉：指定剪切边与修剪对象上直接相交还是延伸相交。

(4) 可使用各种方式选取剪切边，剪切边也可同时被作为修剪对象。而修剪对象只能用单点方式、栏选方式(F)或直接输入点坐标选取。

修剪图形的操作过程如图 3.15 所示。

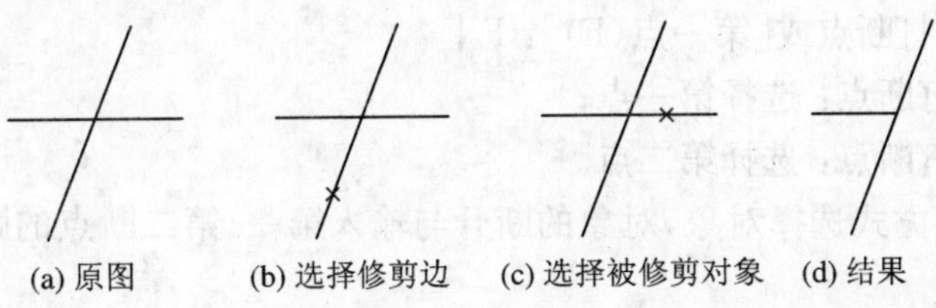

图 3.15　修剪图形

3.2.14　延伸

1）功能

该命令把选定的对象延伸到指定的边界上。

2）输入方法

菜单命令：修改→延伸

工 具 栏："修改"工具栏 --/ 按钮

命 令 行：EXTEND↓

3）命令操作及提示

命令：EXTEND↓

提示：当前设置：投影＝UCS，边界＝无

选择边界的边…

选择对象：

⋮

选择对象：(回车)

选择要延伸的对象，或按住 Shift 键选择要修剪的对象，或［投影(P)/边(E)/放弃(U)］：

3.2.15 打断

1）功能

该命令用于删除所选定对象的一部分。

2）输入方法

菜单命令：修改→打断

工 具 栏："修改"工具栏 [] 按钮

命 令 行：BREAK↓

3）命令操作及提示

命令：BREAK↓

提示：选择对象：

指定第二个打断点或[第一点(F)]：

4）说明

(1) 指定第二个打断点或[第一点(F)]：把选择对象的点作为第一点，现在直接选取第二点，打断第一、二点之间的部分。

(2) 指定第二个打断点或[第一点(F)]：F↓

① 指定第一个打断点：选择第一点；

② 指定第二个打断点：选择第二点。

(3) 只能用单点方式选择对象，对象的断开与输入第一、第二断点的顺序有关，第二断点不一定在对象上。

【例 3.8】 用打断命令断开圆形，结果如图 3.16 所示。

操作过程如下：

命令：BREAK↓

选择对象：(单点方式选取)

指定第二个打断点或[第一点(F)]：F↓

指定第一个打断点：　　　　　　　　　　(选取 P1 点)

指定第二个打断点：　　　　　　　　　　(选取 P2 点)

注意：圆弧的打断是按逆时针方向。

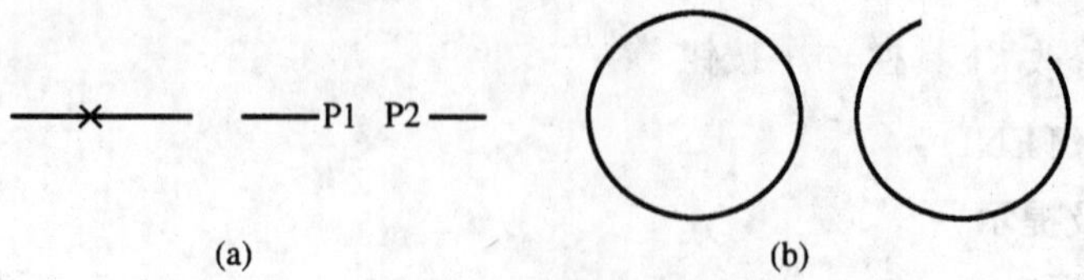

图 3.16 打断图线

3.2.16 点打断

1）功能

点打断命令用于将选定对象分为两部分。

2）输入方法

菜单命令：修改→断开

工 具 栏："修改"工具栏 □ 按钮

命令行：BREAK↓

3）命令操作及提示

命令：BREAK↓

提示：选择对象：

指定第二个打断点或[第一点(F)]：F

指定第一个打断点：　　　　　　　　　　（选取第一点）

指定第二个打断点：@

3.2.17 倒角

1）功能

倒角命令用于在两相交直线间产生倒角。

2）输入方法

菜单命令：修改→倒角

工 具 栏："修改"工具栏 ⌜ 按钮

命 令 行：CHAMFER↓

3）命令操作及提示

命令：CHAMFER↓

提示：当前倒角距离 1=〈当前值〉距离 2=〈当前值〉

选择第一条直线或[多段线(P)/距离(D)/角度(A)/修剪(T)/方法(M)]：

4）说明

(1) 选择第一条直线或[多段线(P)/距离(D)/角度(A)/修剪(T)/方法(M)]：选择一条直线。

选择第二条直线：选择需倒角的第二条直线，则按预先设定 D 距离倒角。

(2) P↓：选择二维多段线：则按预先设定距离倒角。

(3) D↓(设定倒角距离)：指定第一个倒角距离：〈当前值〉：输入新值。

(4) A↓：指定第一条直线的倒角长度〈当前值〉：输入新值。

指定第一条直线的倒角角度〈当前值〉：输入新值。

(5) T↓：输入修剪模式选项[修剪(T)/不修剪(N)]〈当前值〉：选择修剪模式，继续执行倒角命令。

(6) M↓：输入修剪方法[距离(D)/角度(A)]〈当前值〉：选择修剪方法，继续执行倒角命令。

【例 3.9】 请将图 3.17(a)中的图形倒角，其倒角距离为 10 和 15，结果如图 3.17(b)所示。

操作过程：

命令：CHAMFER↓

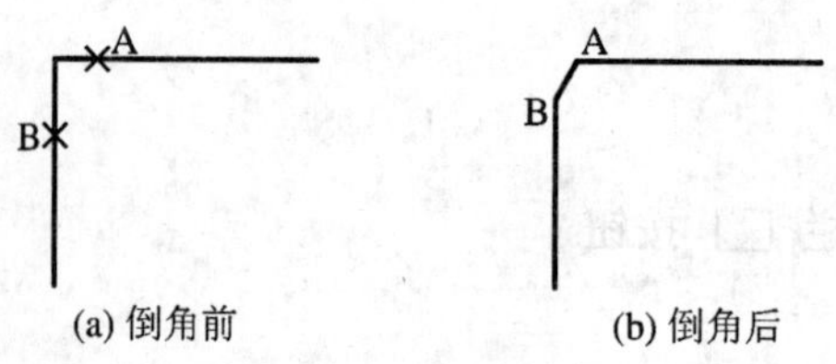

图 3.17　图形倒角

选择第一条直线或[多段线(P)/距离(D)/角度(A)/修剪(T)/方法(M)]：D↓
指定第一个倒角距离：〈当前值〉：10↓
指定第二个倒角距离：〈当前值〉：15↓
选择第一条直线或[多段线(P)/距离(D)/角度(A)/修剪(T)/方法(M)]：(选直线 A)
选择第二条直线：　　　　　　　　　　　(选直线 B)

3.2.18　圆角

1）功能

圆角命令用于将两直线、圆弧、椭圆弧等之间用指定半径的圆弧连接。

2）输入方法

菜单命令：修改→圆角

工具栏："修改"工具栏 按钮

命令行：FILLET↓

3）命令操作及提示

命令：FILLET↓
提示：当前设置：模式＝当前值半径＝当前值
选择第一个对象或[多段线(P)/半径(R)/修剪(T)]：

4）说明

(1) 选择第一个对象或[多段线(P)/半径(R)/修剪(T)]：选择第一条直线。
选择第二个对象：选择第二条直线。
(2) P↓：意义同倒角。
(3) R↓：指定圆角半径〈当前值〉：输入新值，继续执行倒圆角命令。
(4) T↓：意义同倒角。

3.2.19　分解

1）功能

分解命令用于分解一个复杂的图形对象。分解就是把单个的对象转换成它们下一个层次的组成对象，例如：可将多段线、矩形、圆环和多边形等转换成多个简单的直线和圆弧，把一个尺寸标注分解为线段、箭头和文本。

2）输入方法

菜单命令：修改→分解

工 具 栏："修改"工具栏 按钮

命 令 行：EXPLODE↓

3）命令操作及提示

命令：EXPLODE↓

提示：选择对象：

⋮

选择对象：↓

3.2.20 多段线编辑

1）功能

该命令用于编辑多段线。

2）输入方法

菜单命令：修改→多段线

工 具 栏："修改Ⅱ"工具栏 按钮

命 令 行：PEDIT↓

3）命令操作及提示

命令：PEDIT↓

提示：选择多段线或[多条(M)]：　　　　（选取一条或多条多段线）

4）说明

(1) 若选择的对象不是多段线，则提示：

所选对象不是多段线，是否将其转换为多段线：〈Y〉

若选择 Y，则将被选的直线或圆弧变为多段线，然后进行编辑。

(2) 如选择的对象是多段线，则提示：

输入选项[闭合(C)/合并(J)/宽度(W)/编辑顶点(E)/拟合(F)/样条曲线(S)/非曲线化(D)/线性生成(L)/放弃(U)]：　　　　（不同的选择，有不同的结果）

① C↓：闭合多段线。

② J↓：合并多段线。

③ W↓：为整条多段线指定新的宽度。

④ E↓：编辑顶点，改变多段线的多种性质。

⑤ F↓：用圆弧曲线拟合多段线，使它变成光滑曲线。

⑥ S↓：用近似的样条曲线拟合多段线。

⑦ D↓：将曲线化的多段线非曲线化。

⑧ L↓：控制具有非连续线形的多段线在各顶点处的绘线方式。

⑨ U↓：取消上一次多段线操作。

3.2.21 样条曲线编辑

1）功能

该命令用于编辑样条曲线。

2）输入方法

菜单命令：修改→样条曲线

工 具 栏："修改"工具栏 按钮

命 令 行：SPLINEDIT↓

3）命令操作及提示

命令：SPLINEDIT↓

提示：选择样条曲线：（选取一条样条曲线）

输入选项[拟和数据(F)/闭合(C)/移动顶点(M)/精度(R)/反转(E)/放弃(U)]：↓

4）说明

(1) F↓：编辑拟合数据，以生成新的样条曲线。

(2) C↓：封闭样条曲线。

(3) M↓：移动样条曲线的顶点位置。

(4) R↓：详细调整样条曲线。

精度(R)选项[添加控制点(A)/提高阶数(E)/权值(W)/退出(X)]〈退出〉：含义如下：

① A↓：在指定部位添加新的控制点。

② E↓：提高样条拟合所采用的多项式阶数。

③ W↓：改变指定控制点的权数。

(5) E↓：反转样条曲线的方向。

3.2.22 多线编辑

1）功能

该命令用于编辑多线，修改多线的交点及相交形式等。

2）输入方法

菜单命令：修改→多线

命 令 行：MLEDIT↓

3）命令操作及提示

命令：MLEDIT↓

提示：AutoCAD 将弹出"多线编辑工具"对话框，如图 3.18 所示。

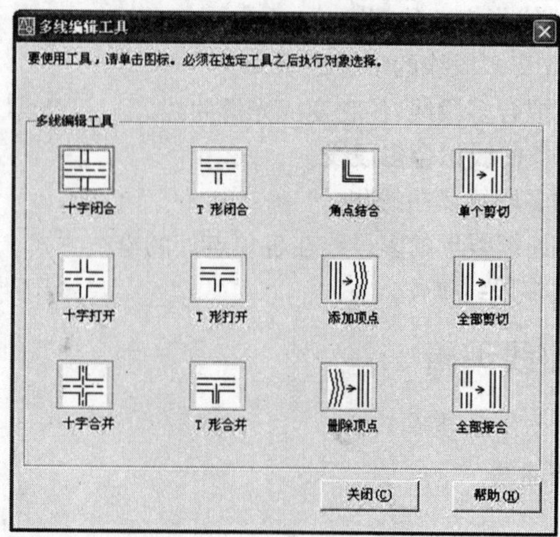

图 3.18 "多线编辑工具"对话框

在对话框中，第一列是用于处理十字相交多线的交点模式，第二列是用于处理 T 字形相交多线的交点模式，第三列是用于处理多线的角点和顶点的模式，第四列是用于处理要被断开或连接的多线的模式。

4）说明

(1) 若选中第一列和第二列及第三列的第一个图标，则提示为：

选择第一条多线：选中一条多线；

选择第二条多线：选中一条多线，生成新的图形；

选择第一条多线或[放弃(U)]：↓。

(2) 若选中第三列的第二、三个图标，则提示为：

选择多线或[放弃(U)]：选中一条多线。

(3) 若选中第四列的图标，则提示为：

指定多线：选中一条多线，并把拾取点作为第一个切断点；

选择第二点：拾取第二点；

选择多线或[放弃(U)]：↓。

3.3 利用夹点编辑

3.3.1 夹点的基本概念

AutoCAD 预先为每种对象定义了一些特征点，例如直线和圆弧的特征点是中点和端点；圆和椭圆的特征点是中心点和象限点，文字的特征点是它的定位点等，如图 3.19 所示。用光标拾取对象时，各特征点处显示出一些小方格，这就是夹点。AutoCAD 对图形的另一种编辑方法就是夹点编辑。

1）启用夹点命令方式

菜单命令：工具→选项

AutoCAD 将弹出“选项”对话框，选取“选择”选项卡，如图 3.1 所示。

2）对话框中夹点选区的内容

(1) 启用夹点　控制夹点的显示，若点中它，显示夹点；反之，关闭夹点的显示。

(2) 在块中启用夹点　控制块内对象上夹点的显示，若点中它，显示夹点；反之，关闭夹点的显示。

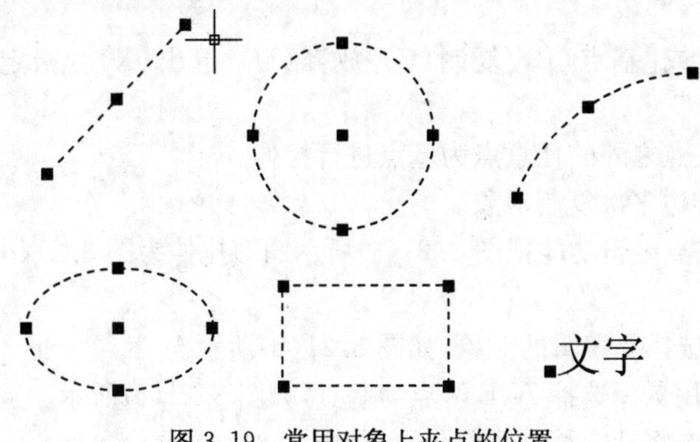

图 3.19　常用对象上夹点的位置

(3) 未选中夹点颜色　控制未选为基点的一般夹点的颜色。

(4) 选中夹点颜色　控制基点的颜色。

(5) 夹点大小　控制夹点框的大小。

3.3.2　夹点的编辑操作

使用夹点编辑的基本操作

(1) 用光标拾取待编辑的图形对象　被拾取的对象将显示出夹点，可以选取多个对象参与编辑。

(2) 在夹点中选取基点，作为操作时的夹持点　把光标移到夹点上，单击左键，空心夹点变成实心，它就可以作为基点了。如需选多个夹点作为基点时，可按住 Shift 键不放，然后用光标依次拾取需要的夹点，选择后放开该键。

(3) 激活夹点编辑模式　若只有一个基点，在选择它时已激活了夹点编辑模式，否则还需在多个基点中再选一个做基点。夹点模式被激活时，命令行提示“拉伸方式”。

(4) 选取所需的编辑模式

① 按空格键或回车键，以“拉伸、移动、旋转、比例缩放、镜像”的顺序切换。

② 键入命令名或命令的前两个字母直接切换。

③ 在夹点编辑状态下单击鼠标右键，将弹出“夹点编辑模式”快捷菜单，如图 3.20 所示。

(5) 进行各种编辑，如后面所述。

(6) 任何时候键入 X 或 ESC 键，都可退出夹点编辑操作。

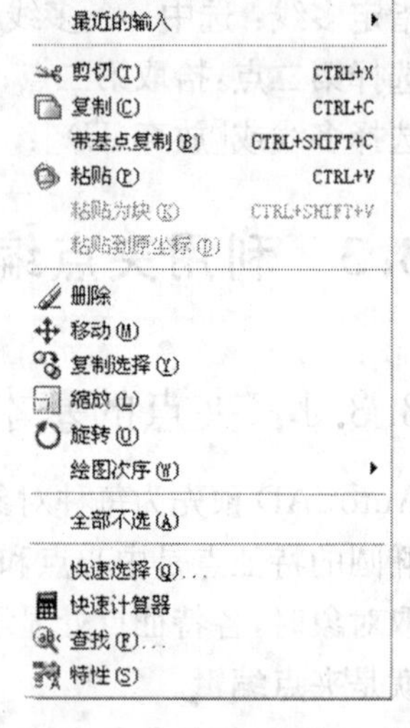

图 3.20　“夹点编辑模式”快捷菜单

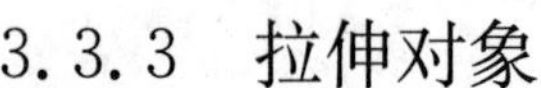

3.3.3　拉伸对象

1）功能

拉伸对象命令可将一个或多个基点连同其对象图形移动到新位置。

2）提示

* * 拉伸 * *

指定拉伸点或[基点(B)/复制(C)/放弃(U)/退出(Z)]：

3）说明

(1) 指定拉伸点或[基点(B)/复制(C)/放弃(U)/退出(X)]：指定基点被拉伸后的新位置。

(2) B↓：指定夹点之外的任意点为基点进行拉伸。

(3) C↓：边拉伸边多次复制对象。

【例 3.10】　用夹点编辑功能把图 3.21(a)所示图形拉伸为图 3.21(d)所示的图形。

操作过程：

(1) 用窗口方式选择要编辑的对象，如图 3.21(b)所示。

(2) 按 Shift 键，用鼠标选择 A、B 两点为基点，如图 3.21(c)所示。

(3) 放开 Shift 键，将基点移动到新位置，如图 3.21(d)所示。

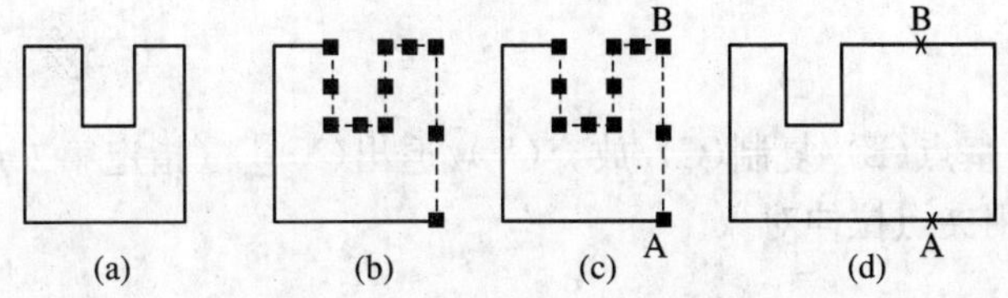

图 3.21　使用夹点拉伸图形

3.3.4　移动对象

1）功能

移动对象命令将对象从当前位置移动到新位置。

2）提示

＊＊位移＊＊

指定位移点或[基点(B)/复制(C)/放弃(V)/退出(X)]:(指定一个新的位置)

其他选项与利用夹点拉伸对象相同。

3.3.5　旋转对象

1）功能

该命令以基点为旋转中心使对象旋转一定角度。

2）提示

＊＊旋转＊＊

指定旋转角度或[基点(B)/复制(C)/放弃(V)/参照(R)/退出(X)]:

3）说明

(1) 指定旋转角度或[基点(B)/复制(C)/放弃(V)/参照(R)/退出(X)]: 指定旋转角。

(2) 指定旋转角度或[基点(B)/复制(C)/放弃(V)/参照(R)/退出(X)]: R↓,与利用编辑命令旋转对象相同。

(3) 其他选项与利用夹点拉伸对象相同。

3.3.6　比例缩放对象

1）功能

比例缩放对象命令用于按比例改变对象的大小。

2）提示

＊＊比例缩放＊＊

指定比例因子或[基点(B)/复制(C)/放弃(V)/参照(R)/退出(X)]:(指定比例因子)

其他选项同利用夹点拉伸对象。

3.3.7　镜像对象

1）功能

该命令镜像已存在的对象。

2）提示

＊＊镜像＊＊

指定第二点或[基点(B)/复制(C)/放弃(V)/退出(X)]：(指定第二点)

其他选项同利用夹点拉伸对象。

3.4 特性编辑

3.4.1 特性

1）功能

特性命令用于修改对象的特性。

2）输入方法

菜单命令：工具→特性管理器(或修改→特性)

工 具 栏："标准"工具栏 按钮

命 令 行：PROPERTIES↓

3）命令操作及提示

命令：PROPERTIES↓

提示：AutoCAD 将出现"特性"对话框，如图 3.22 所示。

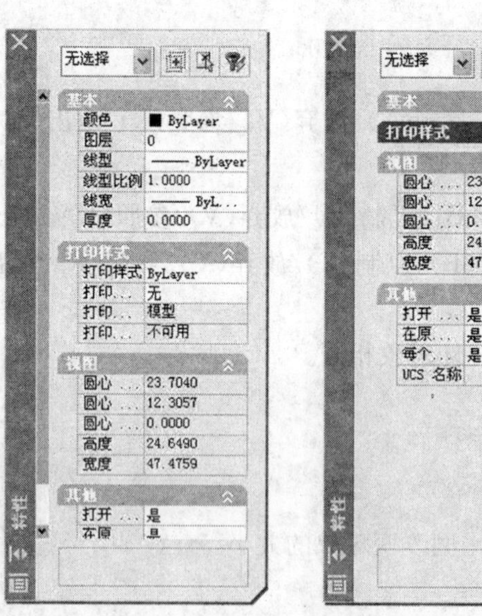

图 3.22 "特性"对话框

4）说明

对话框按字母和分类两种方法列出所选对象的各种特性，如没有选择对象，则显示整个图形的特性。如要修改某一特性，单击列表框左边的特性名称，然后改变其特性值，按 Enter 键确认。修改的结果将在图形中显示出来。

3.4.2 特性匹配

1）功能

该命令用于将选定特性从一个对象复制给另一个对象或其他更多的对象。

2）输入方法

菜单命令：修改→特性匹配

命 令 行：MATCHPROP↓

3）命令操作及提示

命令：MATCHPROP↓

提示：选择源对象： （选择一个特性要被复制的对象）

选择目标对象或[设置(S)]：

4）说明

(1) 选择目标对象或[设置(S)]：拾取目标对象，把源对象的指定特性复制给目标对象。

(2) 选择目标对象或[设置(S)]：S↓，AutoCAD将弹出“特性设置”对话框，如图3.23所示。

在其中选择源对象要被复制的特性项，选择完毕，单击“确定”按钮，关闭对话框。

选择目标对象或[设置(S)]：拾取目标对象，把源对象的指定特性复制给目标对象。

选择目标对象或[设置(S)]：↓。

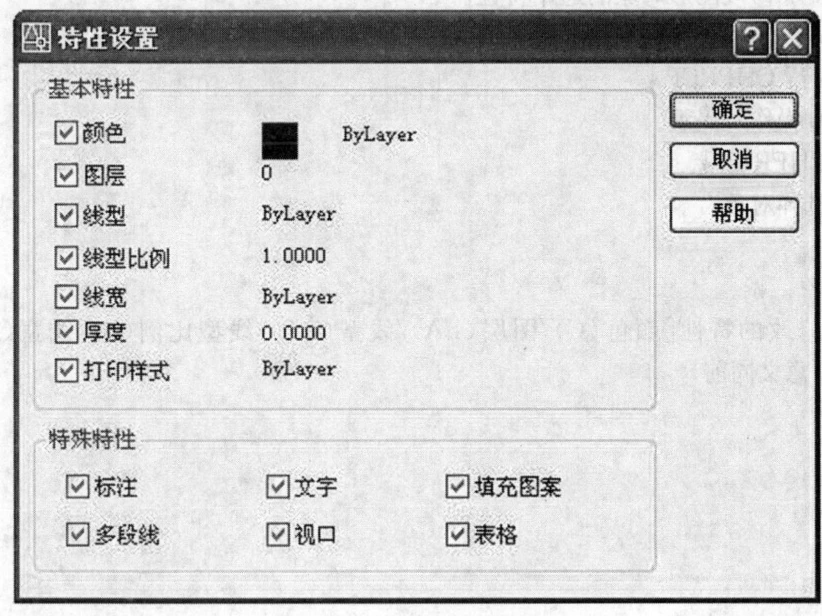

图3.23 “特性设置”对话框

3.4.3 特性修改命令

1）CHANGE 命令

(1) 功能 修改图形对象的通用特性及某些几何特性。

(2) 输入方法

命 令 行：CHANGE↓

(3) 命令操作及提示

命令：CHANGE↓

提示：选择对象：

⋮

选择对象：↓

指定修改点或[特性(P)]：

(4) 说明

① 指定修改点或[特性(P)]：指定修改点。

对于不同的修改对象，操作结果不同。

Ⅰ直线：将直线的端点移到输入点处。

Ⅱ圆：改变半径，使圆周通过输入点而圆心不变。

Ⅲ块：可重新确定块的插入点和旋转角度。

② 指定修改点或[特性(P)]：P↓

输入要修改的特性[颜色(C)/标高(E)/图层(LA)/线型(LT)/线型比例(S)/线宽(LW)/厚度(T)]：E选项可改变对象在三维空间的高度，T选项可改变对象的厚度，其他选项意义同前。

2）CHPRCP命令

(1) 功能　修改图形对象的通用特性。

(2) 输入方法

命 令 行：CHPRCP↓

(3) 命令操作及提示

命令：CHPRCP↓

提示：选择对象：

⋮

选择对象：↓

输入要修改的特性[颜色(C)/图层(LA)/线型(LT)/线型比例(S)/线宽(LW)/厚度(T)]：(选项意义同前)

4 绘图环境设置

学习目标

◎ 熟练掌握对象捕捉工具，提高绘图效率；

◎ 熟练掌握正交、极轴工具；

◎ 掌握创建图层方法，学会控制与管理图层。

4.1 设置绘图范围

用户可以将 AutoCAD 2006 的绘图区看做是一幅无穷大的图纸，在上面绘制任何尺寸的图形。而实际绘图过程中，任何对象都不可能是无穷大的，因此，用户可以根据自己要绘制的图形来设置绘图范围，其范围是通过左下、右上两个角点的坐标所确定的矩形区域来定义的，在这个绘图区域内栅格点可以显示，一般大于或等于整图的绝对尺寸。

1）调用命令方式

菜单命令：格式→图形界限，如图 4.1 所示。

命 令 行：LIMITS

LIMITS 命令的 OFF（默认设置）选项表示关闭图形界限检查，即图形界限不起作用。选择此选项后，用户可在图形界限之外拾取点画图。ON 选项表示打开图形界限检查，选择此选项后可以防止用户拾取点超出图形界限，从而确保绘图的准确性。通过上述方法随时改变作图范围或设置绘图界限的开关状态。

图形界限也可用于辅助栅格显示和图形缩放：

(1) 当单击状态栏的“栅格”(GRID)显示开关后，系统仅在图形界限内显示栅格；

(2) 当选择“视图”→“缩放”→“全部”菜单后，系统将按图形界限缩放图形。

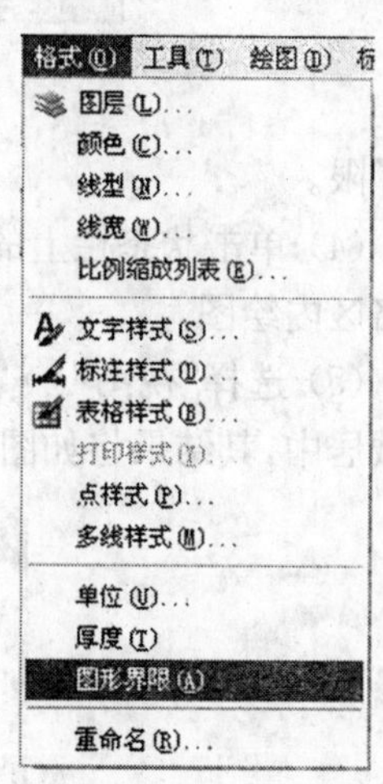

图 4.1 图形界限窗口

2）基本操作

【例 4.1】 为一幅新图设置图形界限。

操作步骤：

(1) 新建一幅图面。

(2) 选择菜单命令：“格式”→“图形界限”或输入 LIMITS 命令，则命令窗口提示如图 4.2 所示。

设置左下角点为(0,0)，右上角点为(210,297)的矩形，以此作为图纸幅面，则该图纸的边界大小是 210×297，如图 4.3 所示。

(3) 重新选择“格式”→“图形界限”菜单，发出 LIMITS 命令，在命令行输入 ON，打开图

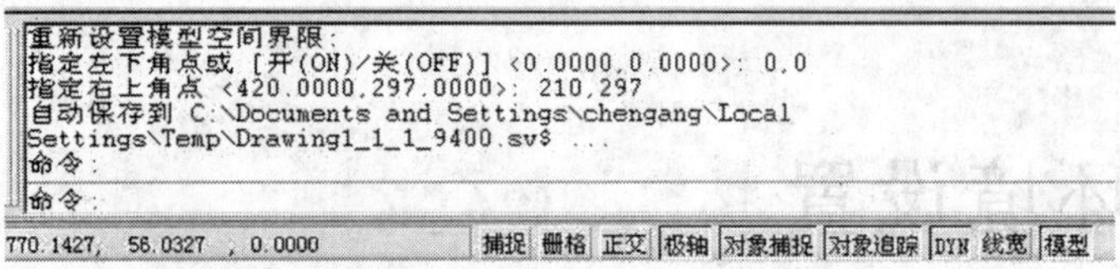

重新设置模型空间界限:
指定左下角点或 [开(ON)/关(OFF)] <0.0000,0.0000>: 0,0
指定右上角点 <420.0000,297.0000>: 210,297
自动保存到 C:\Documents and Settings\chengang\Local Settings\Temp\Drawing1_1_1_9400.sv$ ...
命令:
命令:
770.1427, 56.0327 , 0.0000
捕捉 栅格 正交 极轴 对象捕捉 对象追踪 DYN 线宽 模型

图 4.2　图形界限命令窗口

AutoCAD 2006 - [Drawing1.dwg]
Standard
ISO-25
ByLayer
模型 布局1 布局2 DIN A2 Title Block 布局3
捕捉 栅格 正交 极轴 对象捕捉 对象追踪 DYN 线宽 模型

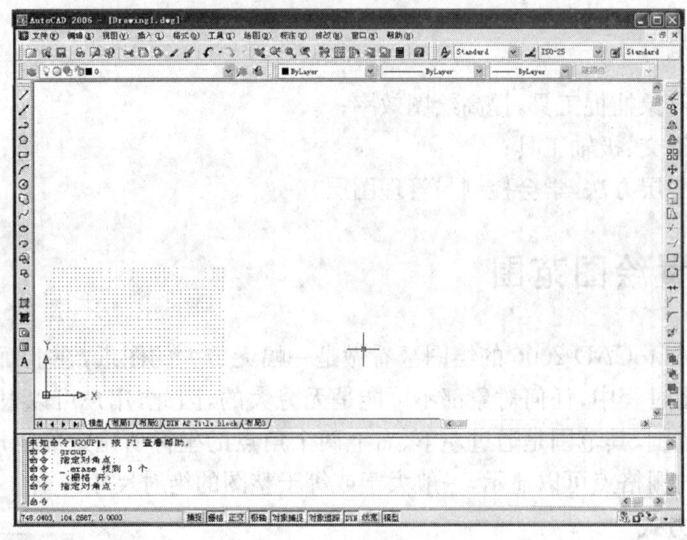

图 4.3　显示栅格

形界限。

(4) 单击状态栏上的“栅格”开关，打开栅格显示，此时图形界限起作用，限制用户只能在栅格区内绘图。

(5) 选择“视图” →“缩放”→ “全部”菜单，系统将按图形界限缩放图形，并使图形在所设区域居中，其结果将如图 4.4 所示。

Drawing6.dwg
模型 布局1 布局2

图 4.4　全部缩放图形界限

4.2 设置图形单位

AutoCAD 是使用笛卡儿坐标系来确定图形中点的位置的。两个点之间的距离以绘图单

位来度量，在图形尚未用绘图机输出时，它的长度单位是抽象的、无量纲的，用户可以把它看做是毫米(mm)、厘米(cm)或英寸(inch)。当然 AutoCAD 也是以这样的测量单位来存储尺寸数据的，而且提供的绘图精度选择范围很大。当用绘图机输出时，需要确定长度单位和比例，这时图形单位相对于图纸才有了具体的物理量。

1）命令调用方式

菜单命令：格式→单位

命 令 行：UNITS

通过上述操作可以打开“图形单位”对话框，如图 4.5 所示。

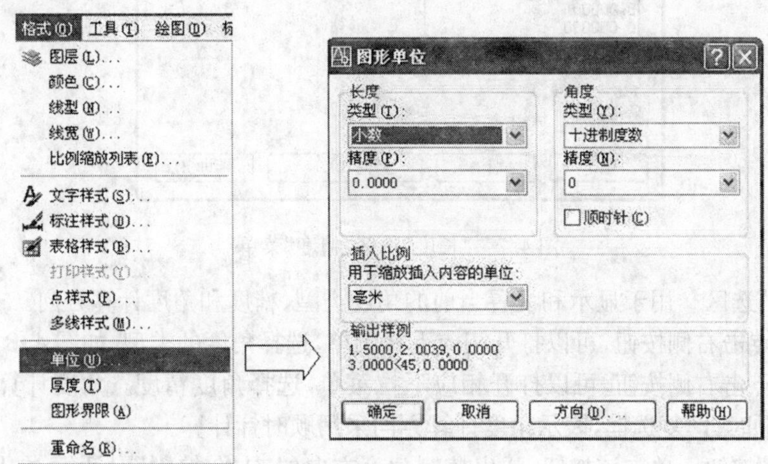

图 4.5 图形单位对话框

2）“图形单位”对话框各选项内容

用户在“图形单位”中可以设置当前长度和角度的测量单位格式及精度。

(1)“长度”选区 用于显示和设置当前长度的测量单位和精度。

① 类型：如图 4.6 所示，其中，如果用户选择工程和建筑单位格式，则单位将采用英制单位(如 5－8.0000″等)。

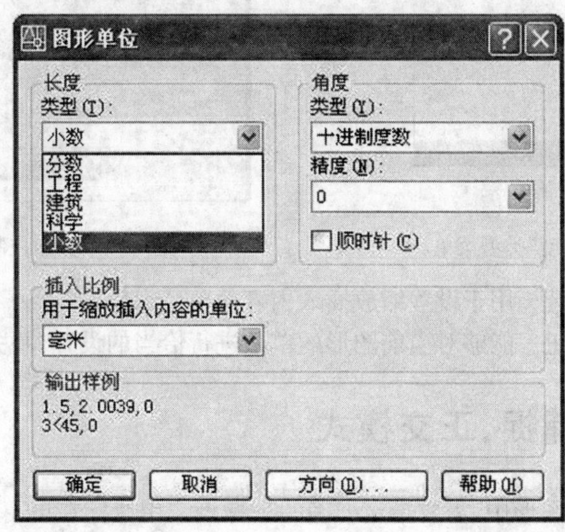

图 4.6 “长度”类型区

② 精度：点击右侧 ▼ 按钮，可以打开相应下拉菜单，用来选择绘图精度，如图 4.7 所示。

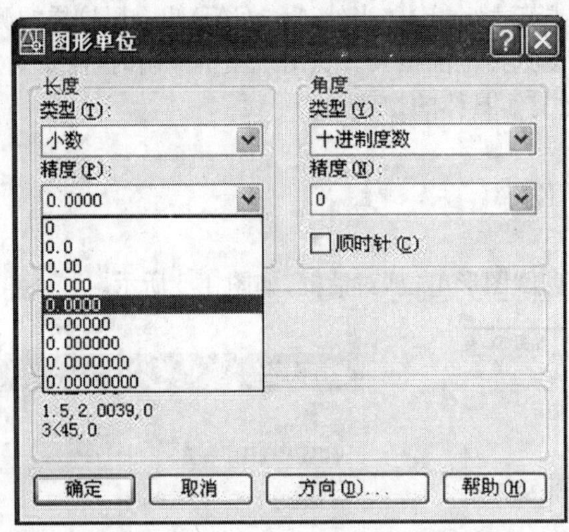

图 4.7 “长度”选区“精度”菜单

(2)“角度”选区　用于显示和设置当前的角度类型、精度和角度计算方向。

① 类型：点击右侧按钮，可以打开相应下拉菜单，选择角度的类型，如图 4.8 所示。

② 精度：点击右侧按钮，可以打开相应下拉菜单，选择角度精度。角度计算方向逆时针为正；若选中“顺时针”复选框，表示角度计算方向采用顺时针计算。

(3)“方向”按钮　单击该按钮，弹出控制角度方向的“方向控制”对话框，如图 4.9 所示。默认设置中 0 方向是为向东的方向。

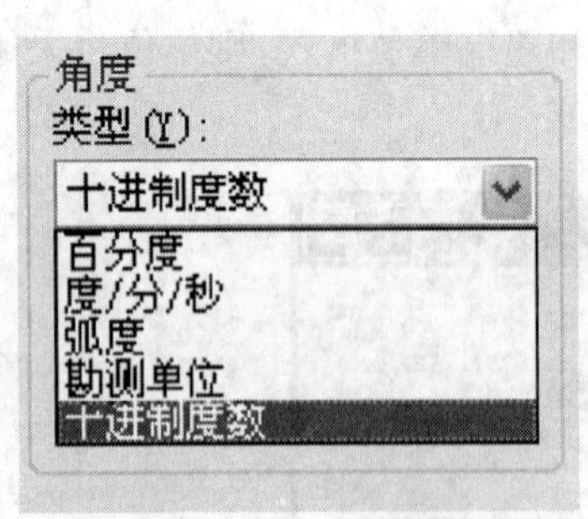

图 4.8 “角度”类型菜单

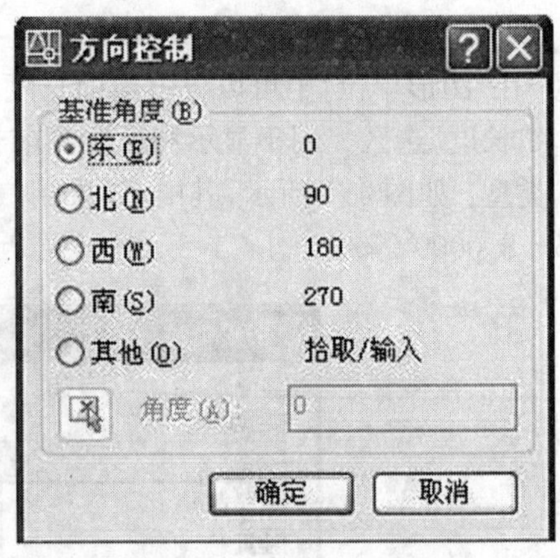

图 4.9 “方向控制”对话框

(4)“插入比例”选区　用于设置缩放插入内容的单位。

(5) 单击“确定”按钮　能够对当前图形的单位进行恰当的设置，并关闭此对话框。

4.3　栅格、捕捉、正交模式

在实际绘图和修改图形中，需要指定准确的坐标点。用鼠标在屏幕上定位拾取点方便快捷，但是精度不高，很难准确地指定某个位置，总会存在或多或少的误差。例如：如果想将光标定位在(200,350)坐标点上,移动光标时却总是不在此位置上,不是在(200.135,350.0153),就是在(199.996,350.123)等等。为了定位准确,AutoCAD 提供了大量的辅助工具,帮助用户精确定位及辅助绘图。

4.3.1 栅格

栅格是按用户指定间距显示的点,给用户提供直观的距离和位置参照。它类似于可自定义的坐标纸,帮助用户定位对象,显示图形界限,如图 4.10 所示。栅格只是一种视觉辅助工具,不是图形的一部分,所以不会被打印输出。在 AutoCAD 中,用户不但随时可以控制栅格的显示或隐藏,而且可以改变栅格的间距、样式和类型。

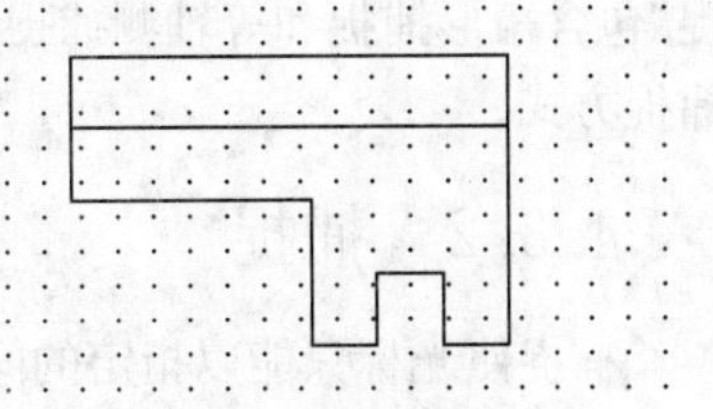

图 4.10 打开栅格显示

例如,如果图形界限为 42×36 个单位,栅格间距为 0.5 个单位,那么在 X、Y 方向分别有 84×72 个点。这可以很容易觉察到图样相对于界限的大小。其次,在画整数倍间距单位的对象时,方便输入点。

1) 调用栅格显示命令

状 态 栏:点击“栅格”按钮,控制栅格打开与关闭。

快 捷 键:F7

命 令 行:GRID

2) 栅格间距的调整

当要调整栅格间距时,用户在状态栏处点击右键,出现快捷菜单。在菜单中选择“设置”选项,出现“草图设置”对话框,如图 4.11 所示。

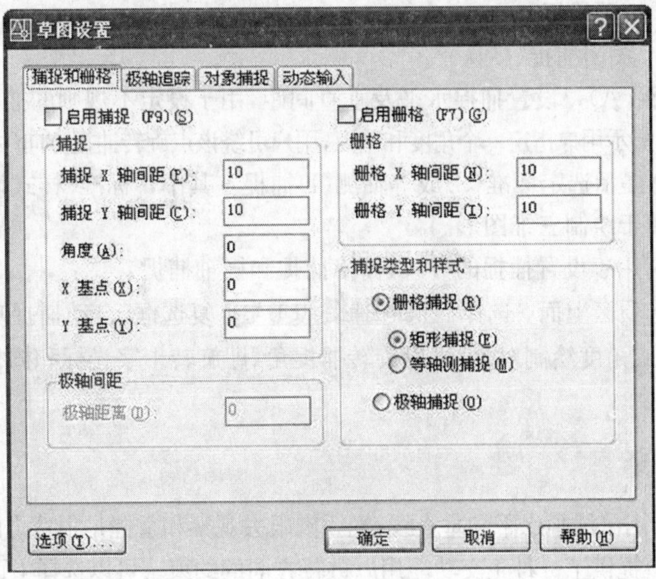

图 4.11 “草图设置”对话框

在“草图设置”对话框中点击“捕捉和栅格”选项卡,这里可以设置栅格的间距和开启状态。在该对话框的“栅格”选项区内有两个文本框,可在“栅格 X 轴间距(N)”文本框内输入栅格点阵在 X 轴方向的间距,在“栅格 Y 轴间距(I)”文本框内输入 Y 方向的间距。

注意：

① 设置栅格时，栅格间距不要太小，否则将导致图形模糊及屏幕重画太慢，甚至无法显示栅格。

② 栅格设置不一定限制于正方形，有时纵横比不是 1∶1 的栅格可能会更方便。

③ 如果用户设置了图形界限，则仅在图形界限区域内显示栅格。

3）栅格捕捉类型和样式

"捕捉类型和样式"选区用于设置捕捉类型，有"栅格捕捉"和"极轴捕捉"。其中"栅格捕捉"包含矩形捕捉和等轴测捕捉。矩形捕捉为平面图栅格捕捉方式，等轴测捕捉为轴测图栅格捕捉方式。

4.3.2 捕捉

捕捉使光标只能以指定的间距移动。打开"捕捉"模式时，光标只能在一定间距的坐标位置上移动，就好像这些位置能吸引光标一样。可以旋转捕捉和栅格对齐方式，或将捕捉和栅格设置为等轴测模式，以便在二维空间中画三维视图。捕捉和栅格有共同的基点和旋转角度，间距可以一样也可以设置为不同的值。

1）调用捕捉命令

菜单命令：工具→草图设置→"捕捉和栅格"选项卡

状 态 栏：点击"捕捉"按钮，控制捕捉的打开与关闭；点击右键在"设置"中打开"草图设置"。

快 捷 键：F9

命 令 行：SNAP

2）捕捉(SNAP)命令各选项意义

(1) 指定捕捉间距　设置捕捉增量。

(2) 开(ON)　打开捕捉。

(3) 关(OFF)　关闭捕捉(默认)。

(4) 纵横向间距(A)　设置捕捉水平及垂直间距，用于设定不规则的捕捉。

(5) 旋转(R)　提示用户指定一个角度和基点，用户可绕该点旋转捕捉方向(由十字光标指标)。

(6) 样式(S)　提示选定标准(S)或等轴测(I)捕捉。其中，"标准"样式设置通常的捕捉格式，"等轴测"模式用于绘制三维图形。

(7) 类型(T)　用于设置捕捉的方式(栅格捕捉和极轴捕捉)。

另外，在捕捉选项区上面，选择 ☑启用捕捉 (F9)(S) 复选框，自动捕捉功能被打开。要沿着特定的对齐方式或角度绘制对象，可以旋转捕捉角，即旋转十字光标和栅格。修改捕捉角度将同时改变栅格角度。

4.3.3 正交

当直线很长时，用鼠标画水平和垂直线，光凭肉眼去观察和掌握是很费力的。为了确保方向的精确性，AutoCAD 提供了一种正交功能用以进行方向的约束。可以选择下面任一操作完成。

正交命令调用方式：

状态栏：点击 正交 按钮，控制正交的打开与关闭。

快捷键：F8

命令行：ORTHO

4.4 对象捕捉

绘图过程中，一般情况下，无论用户怎样调整捕捉间距，都很难直接、准确地捕捉到圆、圆弧等图形对象上的大部分点。对象捕捉就是通过捕捉可见图形对象(包括对象延长线)上的一些几何特征点(如端点、交点、圆心、中点等)作为当前输入的点去定位新的点，画新的图形。AutoCAD 提供了“对象捕捉”功能，使用户可以准确地输入这些点，从而大大地提高了绘图的准确性与速度。

对象捕捉命令调用方式：

菜单命令：工具→草图设置→对象捕捉，如图 4.12 所示。

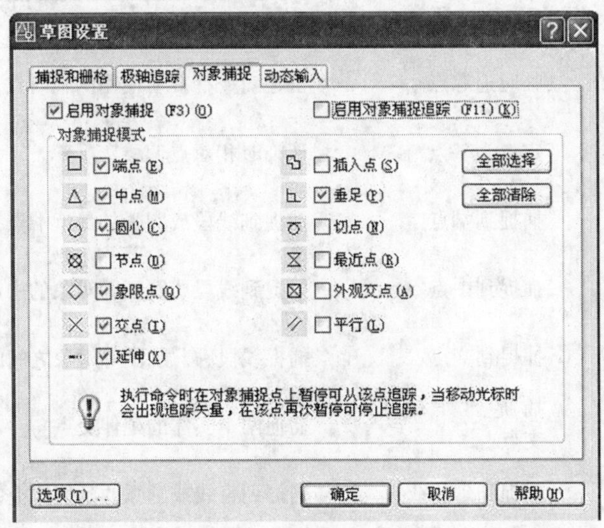

图 4.12 “对象捕捉”选项卡

工 具 栏：“标准”工具栏上点右键，下拉菜单上点击“对象捕捉”按钮，如图 4.13 所示。

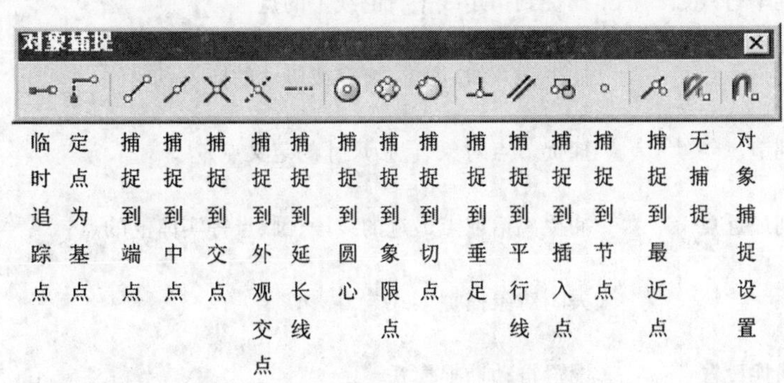

图 4.13 “对象捕捉”工具栏

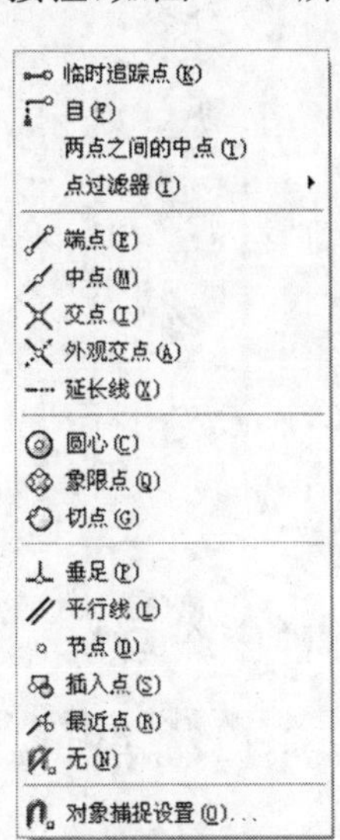

图 4.14 “对象捕捉”快捷菜单

状 态 栏:“对象捕捉”(或点右键,从“设置”中打开“草图设置”→“对象捕捉”)

快 捷 键: F3

快捷菜单: 按下 Shift 键或 Ctrl 键单击鼠标右键,打开对象捕捉快捷菜单,如图 4.14 所示。

4.4.1 对象捕捉模式

AutoCAD 的对象捕捉是选择图形连接点的几何过滤器,它辅助用户选取指定点(如交点、垂点等)。在标准工具栏处点击右键,打开下拉菜单,选择“对象捕捉”工具栏,如图 4.13 所示。工具栏中的各种对象捕捉工具及作用如表 4.1 所示。

表 4.1 对象捕捉工具及其作用

序号	图 标	名 称	作 用
1		临时追踪点	创建对象捕捉所使用的临时点
2		定点为基点	从临时相对点偏移
3		捕捉到端点	捕捉到线段或圆弧的最近端点
4		捕捉到中点	捕捉到线段或圆弧等对象的中点
5		捕捉到交点	捕捉线段、圆弧、圆等对象之间的交点
6		捕捉到外观交点	捕捉两个实体的延伸交点
7		捕捉到延长线	捕捉到直线或圆弧的延伸线上的点
8		捕捉到圆心	捕捉圆弧、圆或椭圆的中心
9		捕捉到象限点	捕捉圆弧、圆或椭圆上的象限点。
10		捕捉到切点	捕捉与圆、椭圆或圆弧相切的切点
11		捕捉到垂足	捕捉到垂直于直线、圆、圆弧或多段线上的一点
12		捕捉到平行线	捕捉到指定线平行的线上的点
13		捕捉到插入点	捕捉插入块、图形、文字或属性的插入点
14		捕捉到节点	捕捉节点对象(包括尺寸的定义点)
15		捕捉到最近点	捕捉离拾取点最近的线段、圆、点等实体上的点
16		无捕捉	关闭对象捕捉模式
17		对象捕捉设置	设置自动捕捉模式

其中端点、中点、交点、圆心、象限点、垂足、插入点、节点 8 种类型的特征点的共同特点是：它们在图形对象上的位置是固定的；最近点、切点、外观交点、平行点 4 种类型的特征点的共同特性是：它们在图形对象上的位置不是完全确定的，需要下一个输入才能确定其位置。

注意：在 AutoCAD 2006 中，当靶区捕捉到捕捉点时，便会在该点闪出一个带颜色的特定的小框，以提示用户捕捉到点了。

4.4.2 对象捕捉的运行状态

对象捕捉有两种方式：临时捕捉方式和自动捕捉方式。

1）临时捕捉方式

启动方式：

（1）在命令行输入捕捉类别的前 3 个字母，如 MID、CEN 等。

（2）单击“对象捕捉”工具栏中的“工具”按钮。

（3）在对象捕捉快捷菜单中选择相应命令。

（4）在工具栏上点击右键，出现菜单，在菜单中点击“对象捕捉”。

临时捕捉方式为最优先的方式。它将中断任何当前运行的目标捕捉方式，而执行临时捕捉方式的目标捕捉方式，捕捉到一个点后，临时目标捕捉方式就自动关闭了，因此，这种方式是一次性的。

2）自动捕捉方式

在绘图过程中，如果每捕捉一个对象特征点就选择一次捕捉方式，将会使工作效率大大下降。AutoCAD 提供了一种自动对象捕捉工具，就是当用户把光标放在一个对象上时，系统会自动捕捉到该对象上的所有符合条件的几何特征点，并显示出相应的标记。如果把光标放在目标上多停留一会，系统还会显示该捕捉的提示，当有多个符合条件的目标点时，就不会捕捉到错误的点。设置自动捕捉功能后，绘图中一直保持着目标捕捉状态，直至取消该功能为止。

自动捕捉功能通过“草图设置”对话框进行设置。选择图 4.12 所示的“对象捕捉”选项卡。在该选项卡中可以进行各种捕捉功能的设置。用鼠标在某一复选框中单击，便选择了该项捕捉功能，同时必须选中“启用对象捕捉”复选框，才能使捕捉功能处于开启状态。设置完毕后，单击“确定”按钮即可。

注意：对象捕捉功能与捕捉栅格方式不同，前者主要捕捉特定的目标；后者则捕捉栅格的点阵。

【例 4.2】 使用自动对象捕捉工具绘制如图 4.15 所示的平面图形。

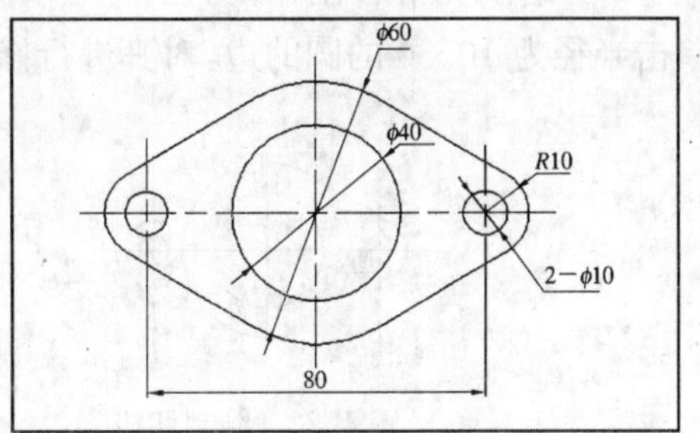

图 4.15 零件平面图

（1）选择“工具”→“草图设置”命令，打开“草图设置”对话框，在“对象捕捉”选项卡“对象捕捉模式”选项组中选“圆心”、“交点”以及“切点”3 个复选框，即选择这 3 种捕捉模式，然后单击“确定”。

（2）选择“绘图”→“构造线”命令，或在“绘图”工具栏中单击“构造线”按钮。然后在绘图窗口中绘制一条水平线和三条垂直构造线，如图 4.16 所示。

(3) 选择“绘图”→“圆”→“圆心、半径”命令，或在“绘图”工具栏中点击“圆”按钮 。将指针移到构造线之间的交点处，当显示“交点”标记时，单击拾取该点，绘制一个半径为 30 的圆形，如图 4.17 所示。

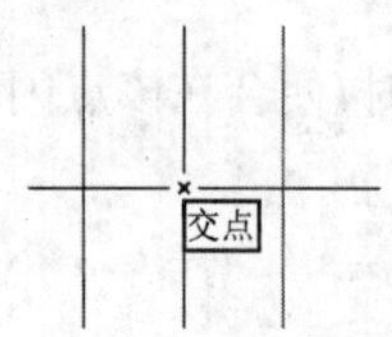

图 4.16　绘制中心线

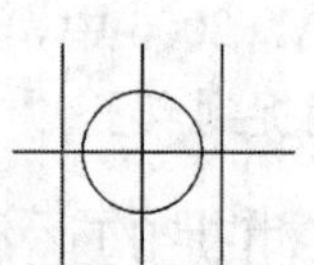

图 4.17　绘制圆

(4) 使用同样方法在另一交点上绘制两个半径为 5 的圆形，如图 4.18 所示。

(5) 再次选择“绘图”→“圆”→命令，将光标移到半径为 30 的圆形的圆心的位置，当显示“圆心”标记时，单击拾取点，绘制一个半径为 20 的圆形，如图 4.19 所示。

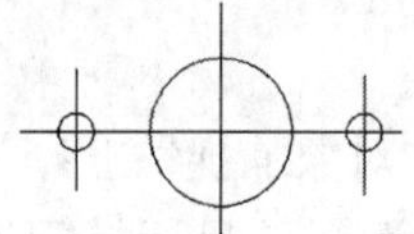

图 4.18　绘制小圆

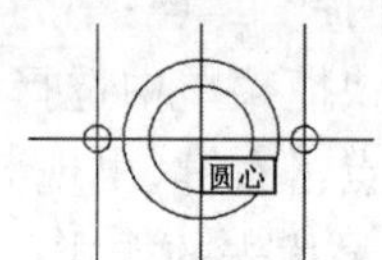

图 4.19　捕捉圆心

(6) 使用同样的方法在另两个圆的圆心位置绘制两个半径为 10 的圆，如图 4.20 所示。

(7) 在“绘图”工具栏中单击“直线”按钮 ，在半径为 30 与 10 的圆之间画切线，如图 4.21、图 4.22 所示。

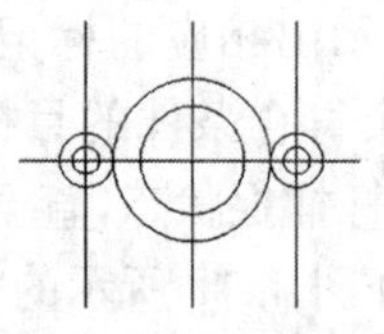

图 4.20　绘制圆

图 4.21　捕捉切点

(8) 使用同样的方法绘制其余的切线（或用镜像命令）。

(9) 绘制完毕后在“修改”工具栏中单击“修剪”按钮，选择两条切线为修剪边，然后分别单击半径为 10、30 的圆的边，对其进行修剪，同时去掉多余的线，结果如图 4.23 所示。

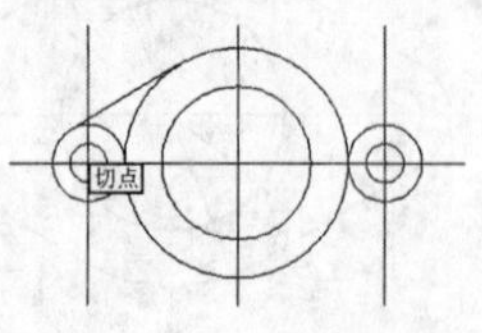

图 4.22　绘制切线

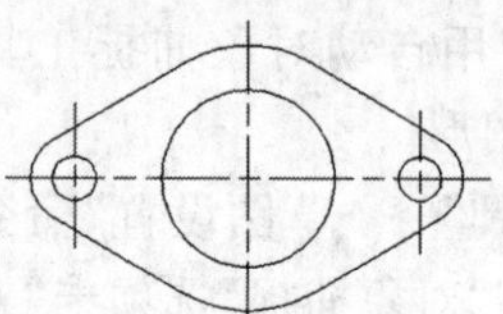

图 4.23　修正完善图形

4.5　自动追踪

自动追踪功能是一个非常有用的辅助绘图工具，使用它可按指定角度绘制对象，或者绘制与其他对象有特定关系的对象。当同时打开对象捕捉和对象追踪后，如果光标靠近某个捕捉点时，系统将在该捕捉点与光标当前位置之间拉出一条辅助线，并说明该辅助线与X轴正方向之间的夹角。沿着该辅助线拖动光标，即可精确定位。

自动追踪功能分极轴追踪和对象捕捉追踪。用户可以通过状态栏上的“极轴”或“对象追踪”按钮打开或关闭该功能。对象追踪应与对象捕捉配合使用。

4.5.1 极轴追踪

极轴追踪是按事先给定的角度增量来追踪特征点。用极轴追踪定位点时，需要先设置追踪角度间隔，启动极轴追踪后，移动鼠标，追踪线将定位在设定角度间隔的整数倍的某一极角上，如图4.24所示，由用户输入相对极半径确定点。

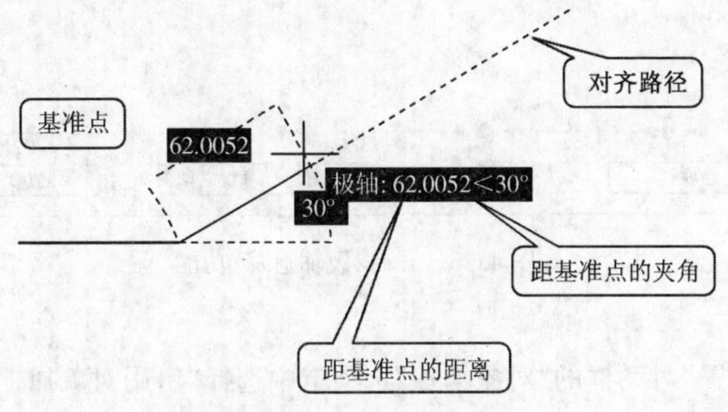

图4.24 距基准点的距离

注意：正交工具可以认为是角度增量为90°的一种极轴追踪。极轴追踪的原理和操作方法与正交工具相同，两者不能同时选用。

1）设置追踪角度间隔

(1) 选择“工具”→“草图设置”命令，此时系统打开“草图设置”对话框。单击“极轴追踪”选项卡使其显示在最前面。

(2) 从“增量角”下拉表中选择角度增量。角度增量可以选择5°,10°,15°,18°,22.5°,30°,45°,90°共8种。

(3) 单击“确定”，退出对话框，完成设置。

2）启动或关闭极轴追踪

(1) 单击屏幕下方状态栏上的 极轴 按钮，使其凹下，启动“极轴追踪”；再单击使其凸起，关闭“极轴追踪”。

(2) 按F10键在启动与关闭之间切换。

(3) 在“草图设置”对话框中单击“启动极轴追踪”复选框，如图4.25所示。

4.5.2 对象追踪

对象追踪与运行中的对象捕捉相同，调用后自动运行。对象追踪与运行中的对象捕捉配合使用，用以确定图线的长度和点的位置等，提高绘图效率。

1）对象追踪命令调用方式

(1) 单击状态栏上的“对象追踪”按钮，设置对象追踪。

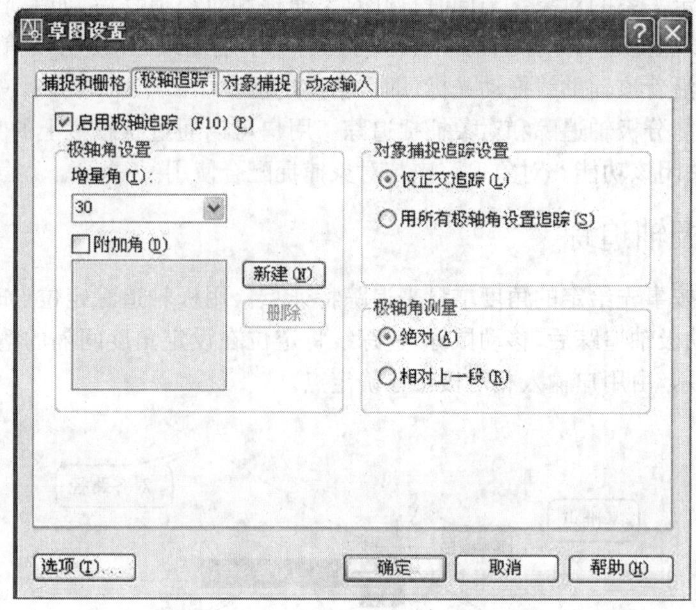

图 4.25　开启“极轴追踪”功能

(2) 按 F11 键。

(3) 在“草图设置”对话框的“对象捕捉”选项卡中选择“启用对象捕捉追踪”按钮。

2）使用对象捕捉追踪功能的步骤

(1) 单击状态栏上的“对象捕捉”按钮和“对象追踪”按钮，打开对象捕捉和对象追踪设置。

(2) 启动一个绘图或图形编辑命令。

(3) 将光标沿对齐路径移动，待找到满足条件的点后单击“确定”。

(4) 获取点之后，将光标沿正交方向或极轴移动打开对齐路径。

(5) 将光标沿对齐路径移动，待找到满足条件的点后单击“确定”。

【例 4.3】 过 A 点作线段 AB，AB 长 95 且延长后与圆相切。结果如图 4.26 所示。

操作步骤：

(1) 在“草图设置”对话框中设置对象捕捉模式为“切点”和“节点”。

(2) 在状态栏上打开“对象捕捉”和“对象追踪”。

(3) 按 命令，将光标移至 A 点，出现标记符号和捕捉提示“节点”，单击左键，拾取 A 点。

(4) 移动光标到圆周，出现标记符号和捕捉提示“切点”。输入“95”后回车，AB 线画出。

(5) 结束操作。

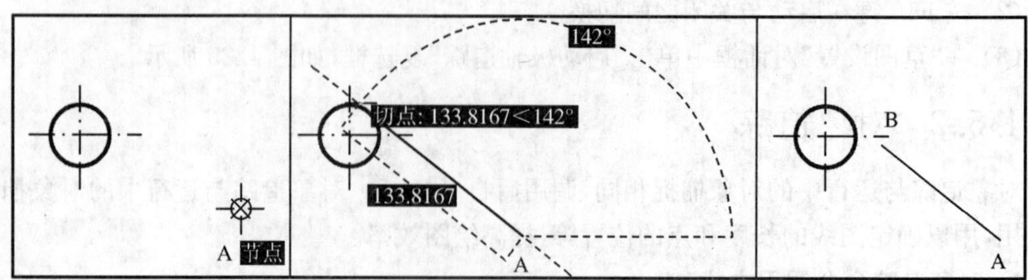

图 4.26　对象捕捉追踪和极轴追踪应用

【例 4.4】 用已知直线 CD 作为对角线画出一个矩形,以矩形为前面画一个宽度为 100 的长方形正等测图,如图 4.27 所示。

操作步骤:

(1) 在"草图设置"对话框中设置"极轴角增量"为 30oo 和"用所有极轴角设置追踪",对象捕捉模式为"端点"。

(2) 在状态栏中打开"对象捕捉"和"对象追踪"功能。

(3) 点击 按钮,将光标移至 C 点处,待出现符号及提示"端点"(如图 4.27(a)),将光标移到 D 点,也出现同样的符号和提示"端点"。沿追踪路径移动光标,在水平与垂直辅助线交点 A 处单击左键,拾取点 A,如图 4.27(b)所示。

(4) 用同样的方法追踪捕捉到 B 点,结束本命令,如图 4.27(c)所示。

(5) 关闭"对象追踪"功能。

(6) 继续调用 命令,从 B→C→A→D 画出 BC、CA、AD 线段。

(7) 在状态栏上打开"极轴"功能。

(8) 用极轴追踪功能继续从 D 点画直线 DE,如图 4.27(d)所示。

(9) 用同样的方法画出 AF、BG 线段,如图 4.27(e)所示。

(10) 关闭"极轴"功能。

(11) 画出 BD、GE、EF 线段。

(12) 结束操作。

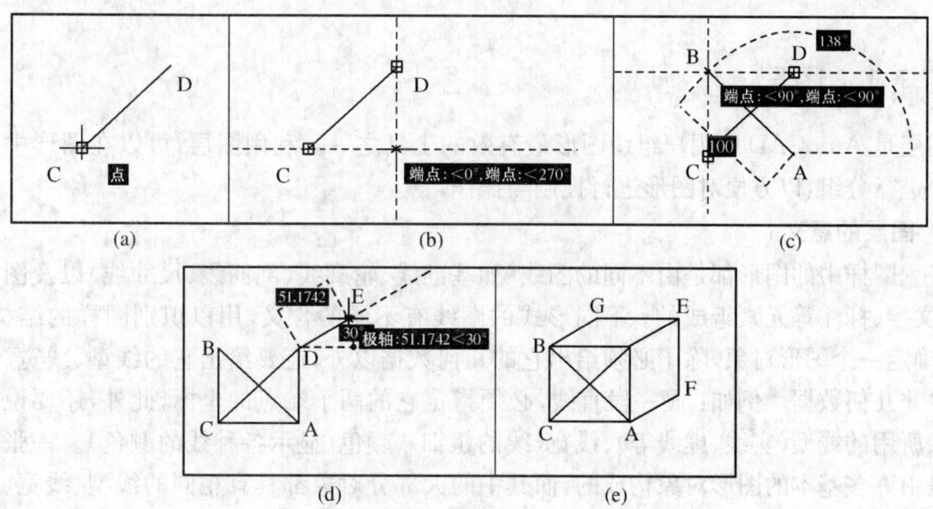

图 4.27 对象捕捉追踪和极轴追踪综合应用

4.5.3 临时追踪

利用临时追踪点,用户可在一次操作中创建对象追踪线,然后,根据这些追踪线确定所要定位的点。

【例 4.5】 用户已经绘制一个矩形,现在希望画一个以该矩形中心为圆心的圆,便可按如下步骤进行操作:

(1) 单击状态栏上的"对象捕捉"和"对象追踪"按钮,打开对象捕捉和对象追踪设置。

(2) 右击状态栏中的“对象捕捉”,从弹出的快捷菜单中选择“设置”,然后在打开的“草图设置”对话框中选中“中点”复选框。

(3) 选择“绘图”工具栏中的“圆”⊙按钮,将光标移至矩形下边线中点处捕捉该边线的中点,该点即被作为临时追踪点。

(4) 将光标向上移动,将出现对齐路径,如图 4.28(a)所示。

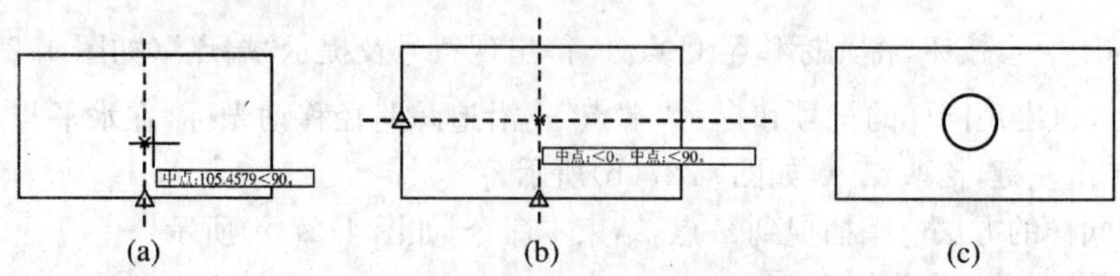

图 4.28 以矩形的中心点为圆心画图

(5) 将光标上下慢慢移动,当光标接近矩形中心位置时,将出现两条对齐路径,指示此时捕捉到的两个中心,如图 4.28(b)所示。

(6) 单击确定圆心,然后输入半径画圆。

(7) 结束操作,如图 4.28(c)所示。

4.6 图层特性

4.6.1 图层

图层是 AutoCAD 中用户组织图形最有效的工具之一。利用图层,可以在图形中对相关的对象进行分组,以方便对图形进行控制与操作。

1) 图层的意义

工程图样中的图形都是由不同的图线(如基准线、轮廓线、剖面线、尺寸线)以及图形几何对象、文字、标注等元素组成的。不同形式的图线有不同的含义,用以识别图样的结构特征。因此,确定一个图形对象,除了必须给出它的几何数据以外,还要给出它的线型、线宽、颜色和状态等非几何数据。例如:画一段直线,必须指定它的两个端点的坐标,此外,还要说明画这段直线所用的线型(实线、虚线等)、线宽(线的粗细)、颜色(显示各种线的颜色)。一张完整的图样是由许多基本的图形对象构成的,而其中的大部分对象都具有相同的线型、线宽、颜色或状态,如果对于绘制的每一条线、每一个图形对象都要进行非几何数据设置这项重复工作,则不仅浪费设计时间,而且浪费存储空间。

另外,在各种工程图样中,往往存在着各种专业上的共性,如建筑物的平面布置图、电路布置图、管线布置图等。为了使图纸表达的内容清晰,方便相关专业的用户相互提取信息并便于管理,在设计、绘图和施工中,最好能为区别这些内容提供方便。

AutoCAD 为用户组织图形提供了最有效的工具,根据图形的有关线型、线宽、颜色、状态和组合性等属性信息对图形对象进行分类,使具有相同性质的内容归为同一类,对同一类共有属性进行描述,这样就大大减少了重复性的工作和存储空间,方便对图形进行控制与操作,这就是所说的图层。更形象地说,图层就像透明的覆盖层,用户可以在上面组织和编组各种不同的图形信息，即把图形中具有相同的线型、线宽、颜色和状态等属性的图形放置于一层。当把各层画完后，再把这些层对齐重叠在一起，就构成了一张完整的图形，如图 4.29 所示。

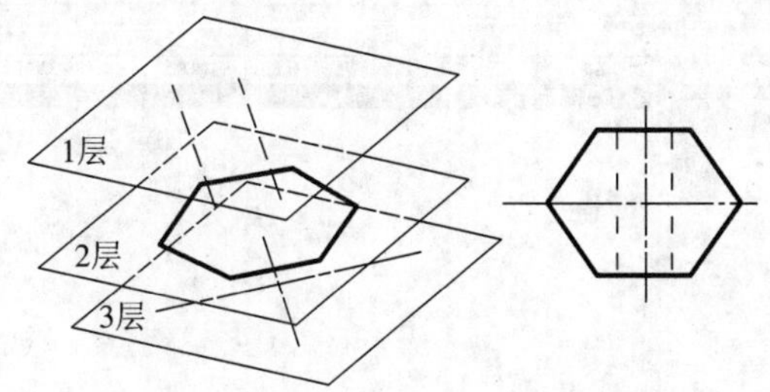

图 4.29　图层的假想和实际效果

2）图层的性质

（1）一幅图形可以包含许多图层，所有图层均采用相同的图限、坐标系统和缩放比例因子。每一图层上可以绘制的图形对象不受限制，因此足以满足绘图的需要。

（2）每一个图层都有一个图层名，以便在各种命令中引用某图层时使用。图层名最多可以由 255 个字符组成，这些字符可以是字母、数字、专用符号，例如："粗实线"、"点画线"等。

（3）每一图层被指定带有颜色号、线型名、线宽和打印式样。对于新的图层都有系统默认的颜色号(7 号)、线型名(实线)、线宽(0.25 mm)。

（4）在一幅工程图中包含多个图层，但是只能设置一个"当前层"。用户只能在当前层上绘图，并且使用当前层的颜色、线型、线宽。因此在绘图前首先要选择好相应的当前层。

（5）图层可以控制，可以被打开或关闭、冻结或解冻、锁定或解锁。

3）图层的控制

（1）打开或关闭　图层被打开后，图形才能在屏幕上显示，并且可以在绘图机上绘出。被关闭的图层上的图形，仍然是整个图形上的内容，但是它不能被显示出来或打印出来。因此合理地打开和关闭一些图层，可以方便绘图或看图。

（2）冻结或解冻　处于冻结层上的图形不被显示出来，并且也不能参与图形之间的运算；处于解冻层的图形则与之相反。

冻结的图层与关闭的图层的区别：被冻结图层上的图形对象不参加图形处理过程中的运算，而被关闭图层上的图形对象则要参加。因此在工程设计时，在复杂图样中冻结不需要的图层，可以大大加快系统重新生成图形的速度，但是当前层不能被冻结。

（3）锁定和解锁　锁定一个图层并不影响其上图形的现实状况。处于锁定层上的图形仍然可以显示出来，但是不能对图形进行编辑。

4）新图层的设置方式

（1）创建新图层方式

菜单命令：格式→图层

工 具 栏："对象特性"工具栏 按钮

命 令 行：LAYER

（2）新图层设置步骤　使用图层绘图时，系统自动创建的图层是 0 层，新对象的各种特性将默认随层。如果用户要使用图层重新绘制自己的图形，就需要先创建新图层。通过以上操作用户可以对图层特性重新设置，新设置的图形特性将覆盖原来的随层特性。

① 通过以上三种操作，屏幕上将显示“图层特性管理器”对话框，如图 4.30 所示。

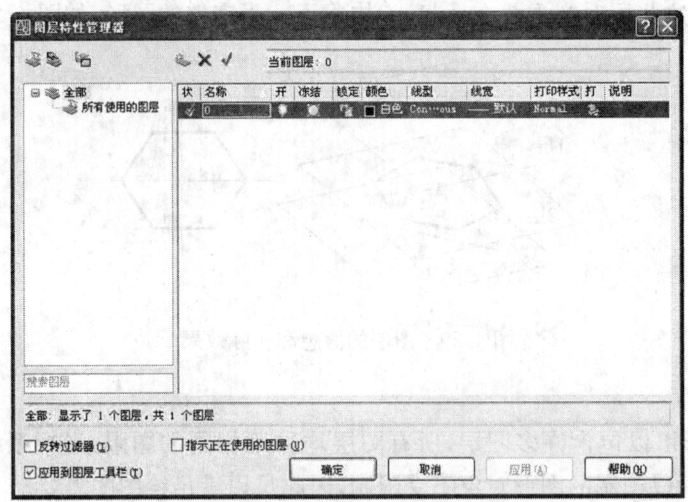

图 4.30 “图层特性管理器”对话框

② 在对话框中单击图标 可新建一个名称为“图层 1”的新图层或在“0”图层上单击右键弹出快捷菜单，选择“新建图层”。默认情况新图层与当前图层的状态、颜色、线型及线宽等设置相同。

③ 用户可以在“名称”列对应的文本框中输入新的图层名（如“粗实线”等），表示将要绘制的图形元素的特性。对图层的各类设置应符合我国的技术制图标准。

4.6.2 设置颜色

在 AutoCAD 2006 中，设置图层颜色的作用主要在于区分对象的类别，因此在同一图形中，不同的对象可以使用不同的颜色。

1）设置图层颜色的步骤

（1）在“图层特性管理器”对话框的图层列表中点击所需要设置的图层。

（2）在该图层中，点击颜色图标，打开“选择颜色”对话框，如图 4.31 所示。

图 4.31 “选择颜色”对话框

(3) 在"选择颜色"对话框中选择一种颜色,单击"确定"按钮。

2)"选择颜色"对话框选项卡说明

"选择颜色"对话框包含"索引颜色"、"真彩色"、"配色系统"三种选项卡。

(1)"索引颜色"选项卡　用户可以在颜色调色板中根据颜色的索引号来选择颜色。它包含了 240 多种颜色。标准颜色有 9 种。

① 灰度颜色:在该选区可以将图层的颜色设置为灰度色。

② 颜色:可以显示与编辑所选颜色的名称或编号。

③ ByLayer:单击该按钮,确定颜色为随层方式,即所绘制的图形实体的颜色总是与所在图层颜色一致。

④ ByBlock:单击该按钮,可以确定颜色为随块方式。

(2)"真彩色"和"配色系统"选项卡　如果还需要使用索引颜色以外的颜色,可使用"真彩色"和"配色系统"选项卡,如图 4.32 所示。

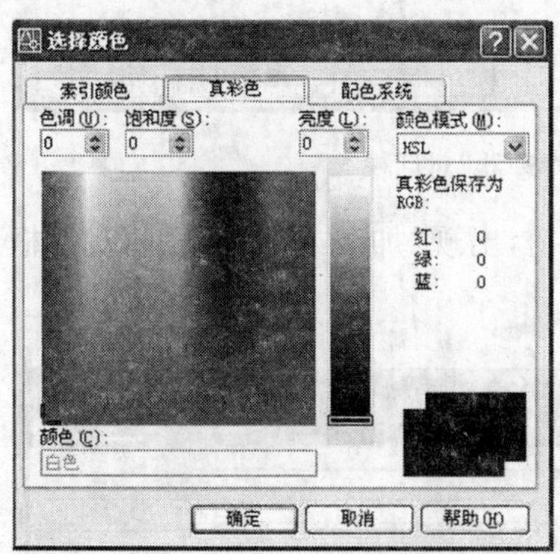

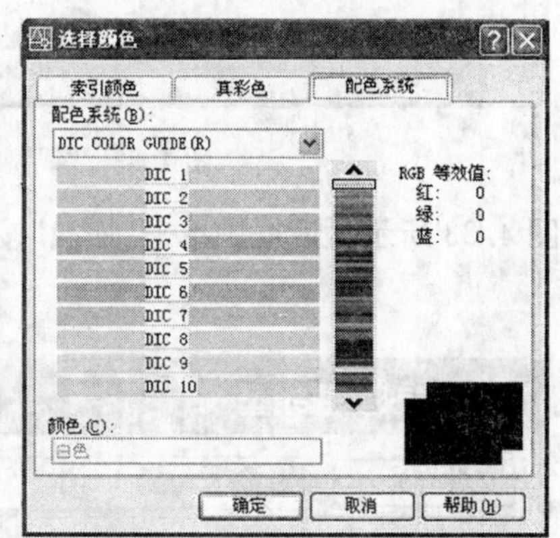

图 4.32　使用"真彩色"和"配色系统"选项卡设置颜色

4.6.3　线型设置

图形的基本元素线条的组成和显示方式称为线型,例如虚线、实线等。在 AutoCAD 2006 中,既有简单的线型,也有由一些特殊符号组成的复杂线型。利用这些线型基本可以满足不同国家和不同行业的绘图标准。

1)加载线型

绘制不同对象时,用户可以使用不同的线型。如果给一个图层制定一种线型,则绘制在该图层上的所有图线都使用该线型。AutoCAD 提供了多种线型,这些线型都存放在 acad.lin 和 acadiso.lin 文件中。在使用一种线型之前,如果用户还没有设置线型,系统默认的线型为"实线"。若要使用新线型必须先在"线型管理器"对话框中进行加载。

打开"线型管理器"对话框的方法:

菜单命令:格式→线型

工 具 栏:"对象特性"工具栏下拉列表中的"其他"。

命 令 行:Linetype

通过上述操作,打开"线型管理器"对话框后,如图 4.33 所示,即可加载线型。

操作步骤:

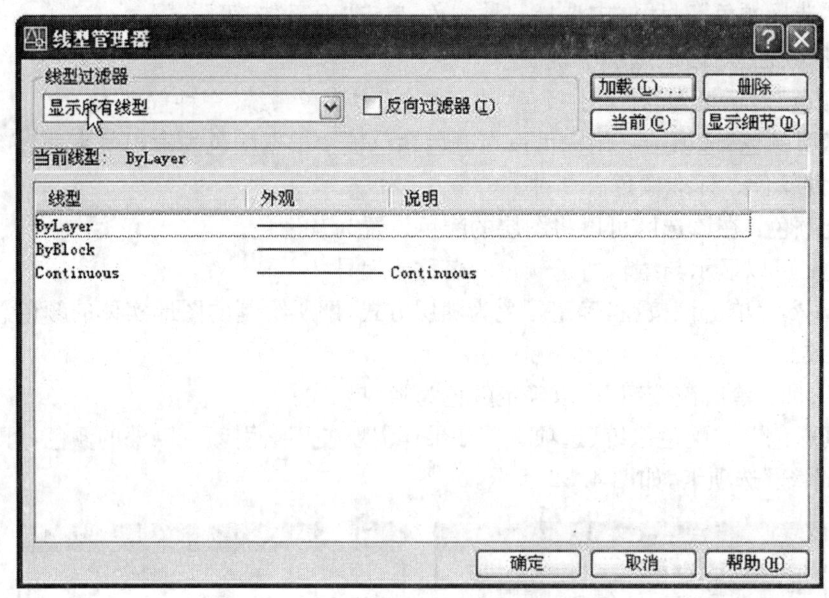

图 4.33 “线型管理器”对话框

(1) 在图 4.33 所示对话框中单击“加载”按钮，出现“加载或重载线型”对话框，如图 4.34 所示。

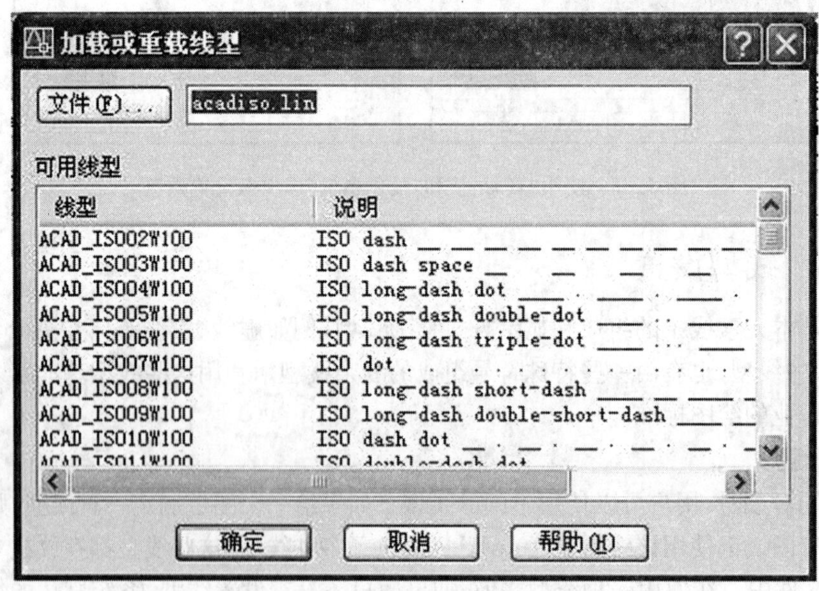

图 4.34 “加载或重载线型”对话框

(2) 在“加载或重载线型”对话框中单击所需线型名，单击“确定”。在“线型管理器”对话框的线型列表中就可以看到选择的线型已加载。

(3) 单击“确定”按钮，关闭线型管理器对话框，完成线型加载。

注意：要同时指定多个线型时，如果线型名是连续排列的，则可以按住 Shift 键，然后单击第一个和最后一个线型名；如果线型名是非连续排列的，则可以按住 Ctrl 键，分别单击要加载的线型名。被选中的线型名将高亮显示。

2）设置线型

加载线型后，可在“图层特性管理器”对话框中将其赋给某个图层。

操作步骤：

(1) 打开“图层特性管理器”，如图 4.30 所示。

(2) 在“图层特性管理器” 对话框中选择一个图层，单击该图层的初始线型名称，弹出“选择线型”对话框，图 4.35 所示。

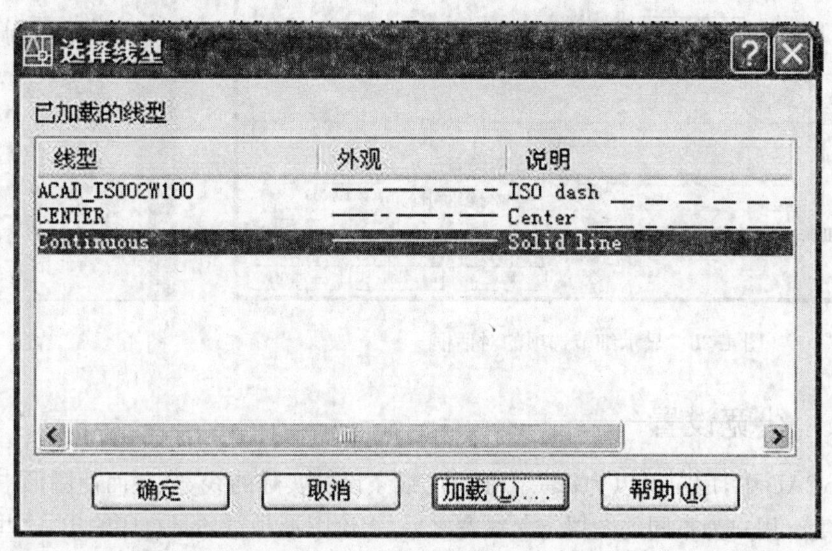

图 4.35 “选择线型”对话框

(3) 在此对话框中单击“加载”按钮，弹出“加载或重载线型”对话框，选择所需的线型，再单击“确定”按钮。

(4) 在“图层特性管理器”对话框中，单击“确定”按钮，完成线型设置。

3）线型比例

AutoCAD 除了提供实线线型外，还提供了大量的非连续线型。这些线型包括点画线、虚线、点。用户可以用 Ltscale 命令来更改线型的短线间隔和点的相对比例。线型比例的默认值为 1。一般情况下，线型比例和绘图比例相协调，如果绘图比例为 1∶20，则线型比例应设为 20。

设置线型比例的方法：

(1) 在“线型管理器”对话框中单击“显示细节”按钮，打开细节选项组，用户可以在“全部比例”文本框中输入线型比例值，如图 4.36 所示。

(2) 在命令提示符下输入 Ltscale 命令，命令窗口提示：

输入新线型比例因子＜XXX＞：

其中“XXX”表示原来的线型比例，输入新线型比例因子后，回车即可。

(3) 在“标准”工具栏中点击 按钮，在弹出的“特性”对话框中修改线型比例值，如图 4.37 所示(原值为 1)。

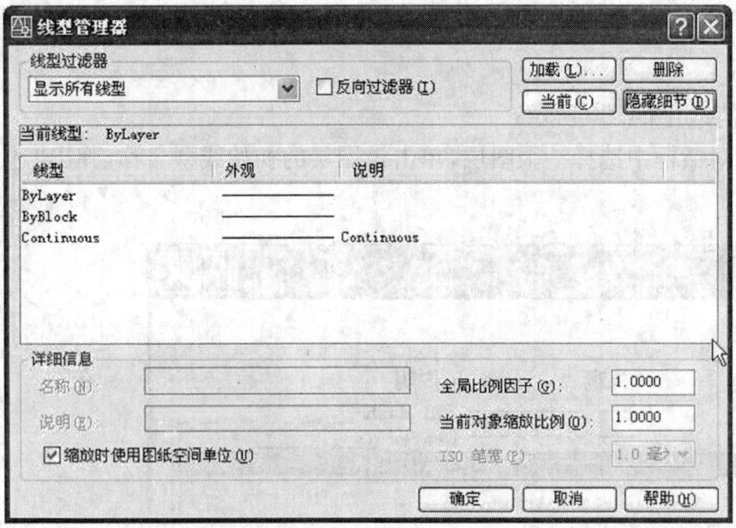

图 4.36 显示细节选项的对话框

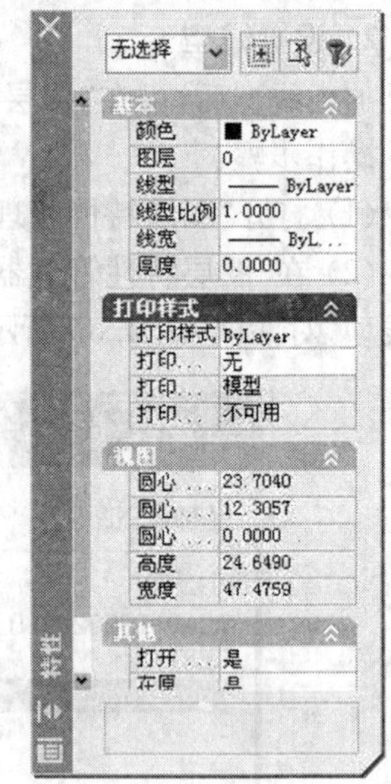

图 4.37 “特性”对话框

4.6.4 线宽设置

在 AutoCAD 中,用户可以为每一个图层的线条设置实际的线宽,从而使图形中的线条保持固定的宽度。用户为不同的图层定义线宽之后,无论图形预览还是打印输出,这些线宽均可以实际显示。

1）设置线宽的方式

菜单命令：格式→线宽(或格式→图层→图层特性管理器)

工 具 栏：“对象特性”工具栏下拉列表

2）设置线宽的步骤

方法一：

(1) 单击菜单的“格式”→“图层”,打开“图层特性管理器”对话框。

(2) 可在对话框中点击与层名相应的“线宽”标志,系统将打开“线宽设置”对话框,如图 4.38 所示。用户可以直接从该对话框的线宽列表中选择一种符合制图要求的线宽。

(3) 单击“确定”按钮,即可将线宽值赋给所选图层。

图 4.38 “线宽设置”对话框

方法二：

(1) 单击菜单的"格式"→"线宽"，打开"线宽设置"对话框。通过调整线宽比例，使图形中的线宽显示的更宽或更窄。

(2) "线宽设置"对话框中各主要选项

① 线宽：用于选择线条的宽度。AutoCAD 2006 中有 20 多种线宽可供选择。

② 调整显示比例：调整滑块，选择线宽显示比例。

③ 列出单位：设置线宽单位，可用"毫米"或"英寸"。

④ 显示线宽：用于设置是否在窗口中按照实际线宽来显示图形。

⑤ 默认：用于设置默认线宽值(即关闭显示线宽时，AutoCAD 所显示的线宽)。

4.6.5 "图层"、"对象特性"工具栏

通过"图层"、"对象特性"工具栏也可以更改图层或图层特性，是选择当前层最好的工具，如图 4.39 所示。

图 4.39 "图层"和"对象特性"对话框

1) 设置当前层

当建立多个图层时，在每一个图层上都可以绘制图形，要将图形画在哪一个图层上，就将该图层设置为当前层。设置当前层最简单的方法是利用"图层"工具栏。单击"图层"工具栏上按钮右边的，打开图层下拉表，如图 4.40 所示。单击要设置为当前层的图层名称。例如：单击点画线层为当前层，看一看画的线是否为点画线。

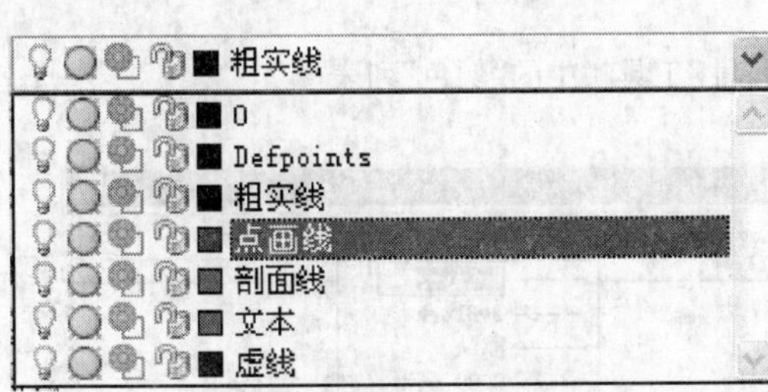

图 4.40 当前层练习

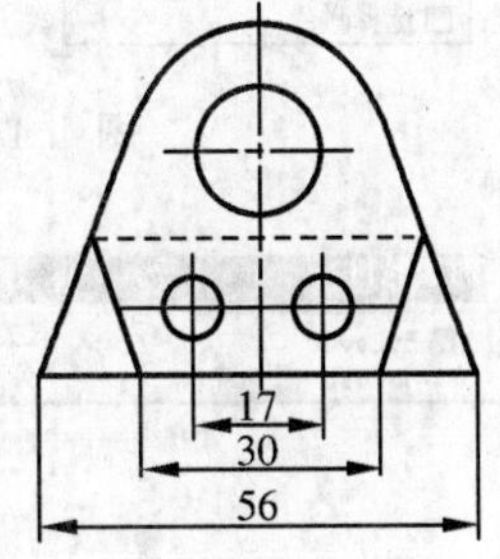

图 4.41 当前层练习

也可以用"将对象的图层置为当前" 按钮 设置当前层。

【例 4.6】 用"将对象的图层置为当前"命令，将"点画线"层变为当前层，如图 4.41 所示。

(1) 单击"将对象的图层置为当前"按钮 。

(2) 选择将要使其图层成为当前层的对象，单击任意点画线。

(3) 中心线为当前层。

(4) 此时画的线为点画线。

也可以在图层上直接点击需要的当前层。

2）管理图层

管理图层主要是控制图层的打开或关闭、冻结或解冻、锁定或解锁等特性。“图层”工具栏如图 4.42 所示。

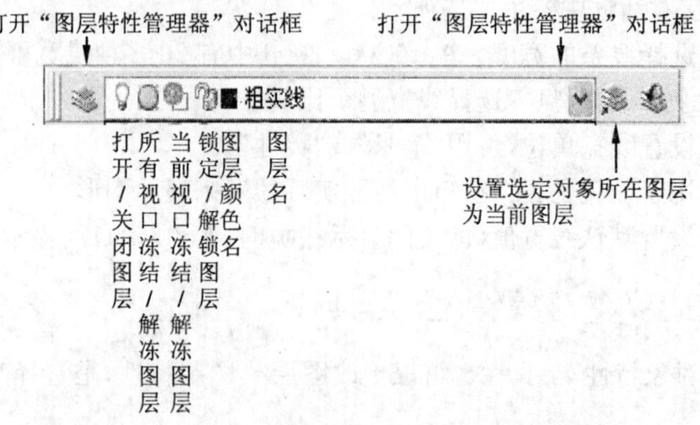

图 4.42 “图层”工具栏

3）“对象特性”工具栏

“对象特性”工具栏可以方便地修改图形中的颜色、线型、线宽。具体操作可在下拉列表中选择，如图 4.43、图 4.44、图 4.45 所示。

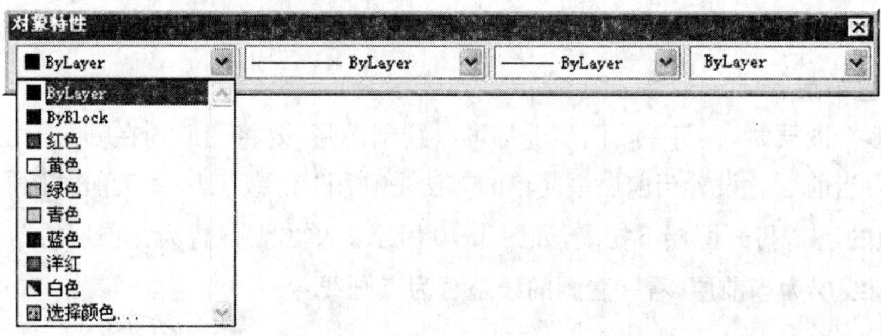

图 4.43 “对象特性”工具栏中的“颜色”列表

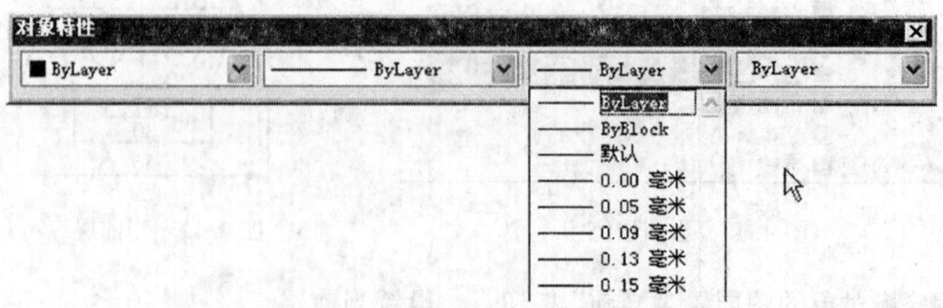

图 4.44 “对象特性”工具栏中的“线宽”列表

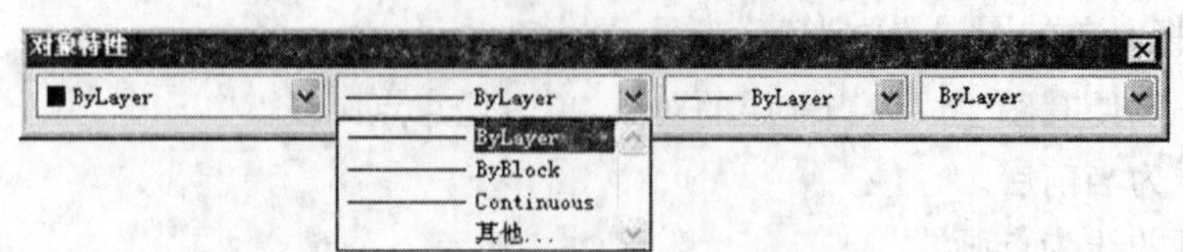

图 4.45 “对象特性”工具栏中的“线型”列表

【例 4.7】 练习关闭或打开“粗实线”层。

(1) 打开所要操作的图形。

① 在“图层”工具栏中单击 按钮，打开“图层特性管理器”对话框。

② 单击“图层”下拉列表右边的 按钮，打开图层下拉列表。

(2) 单击“粗实线”行中的 ，使之变为 ，在下拉列表外单击，粗实线从屏幕上消失。如果再单击一次，又使 变为 ，在下拉列表外单击，粗实线重新显示出来。

【例 4.8】 练习锁定或解锁“粗实线”层。

(1) 单击“粗实线”行中的 ，使之变为 ，锁定了粗实线层，可以看到被锁定图层上的粗实线仍然显示在屏幕上。

(2) 选择图形上的任意粗实线，单击 按钮，命令窗口提示：“一个在锁定的层上”。

这时可以看到删除命令结束后，选择的粗实线没有被删除。

(3) 在绘图区绘制粗实线，可以看到不仅能画上线，而且还能捕捉到线上的点。

5　图形显示控制

学习目标

◎ 掌握缩放、平移视图的方法；
◎ 灵活应用多种方法观察图形的整体效果与局部细节；
◎ 掌握刷新屏幕的方法。

5.1　缩放视图

在绘图过程中，常常需要把图形以任何比例放大或缩小，或需要在视口中重点显示图形的某一部位，以便更清晰、更容易地读图或编辑图样。AutoCAD 2006 显示控制功能在工程设计和绘图领域的应用极其广泛。它可以控制图形在屏幕上的显示方式，即放大和缩小某一个区域，但是实体对象的真实尺寸并不改变。灵活掌握和使用这些命令，对于提高绘图效率、绘图质量都是非常必要的。

缩放命令用来改变视图的显示比例，以便操作者在不同的比例下观察图形。

1）调用缩放命令的方法

菜单命令：视图→缩放，如图 5.1 所示。

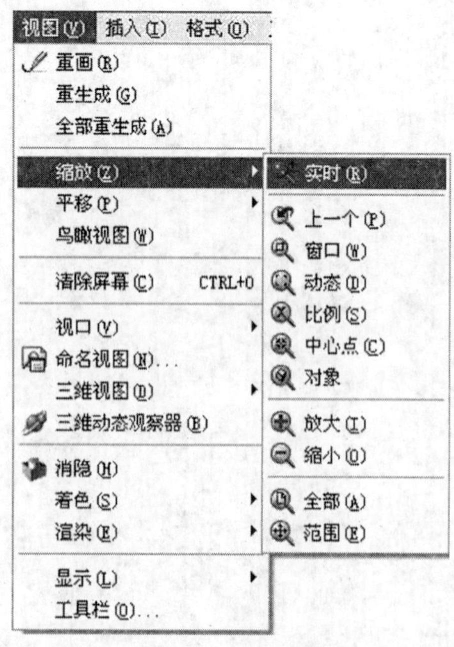

图 5.1　“缩放”子菜单

图 5.2　“缩放”标准工具栏

工 具 栏：“标准”工具栏，如图 5.2 所示。

工 具 栏：“缩放”工具栏，如图 5.3 所示。

命 令 行：ZOOM，如图 5.4 所示。

在绘制工程图样中，绘制图形的局部细节时，一般使用缩放工具放大该绘图区域，当绘制完后，再使用缩放工具缩小图形来观察整体图形的效果。

缩放

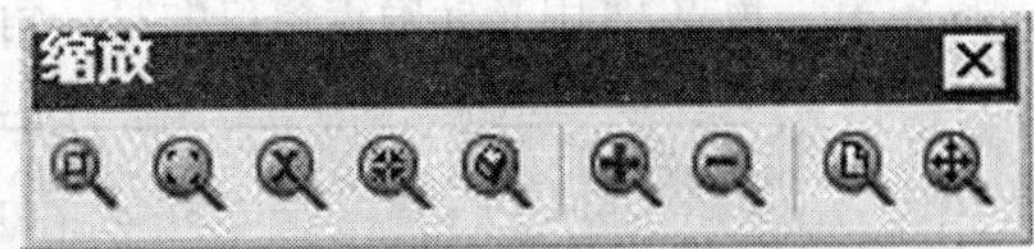

图 5.3 “缩放”工具栏

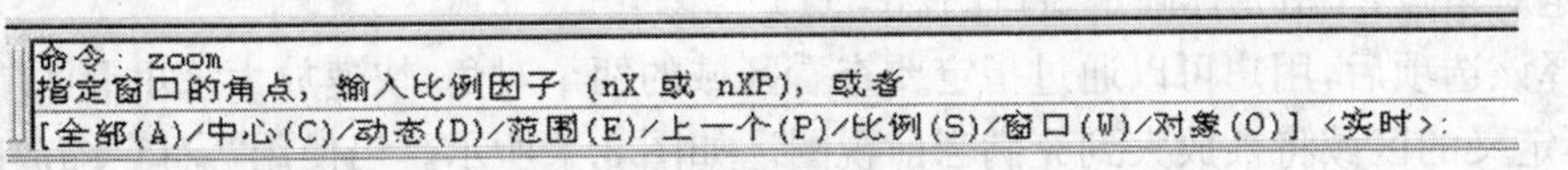

命令: zoom
指定窗口的角点，输入比例因子 (nX 或 nXP)，或者
[全部(A)/中心(C)/动态(D)/范围(E)/上一个(P)/比例(S)/窗口(W)/对象(O)] <实时>:

图 5.4 “缩放”命令窗口

2）缩放选项含义及具体操作

(1) 实时缩放

菜单命令：视图→缩放→实时

工 具 栏：“标准”工具栏 按钮

通过上述任意一种操作都可以进入实时缩放模式，此时鼠标变为放大镜 符号。按住鼠标左键向上拖动光标可放大整个图形，方便观察图形；向下拖动光标可以缩小整个图形；释放鼠标按键后将停止缩放，如图 5.5 所示。

E:\CAD\对齐.dwg
Y
X
模型
布局1
布局2

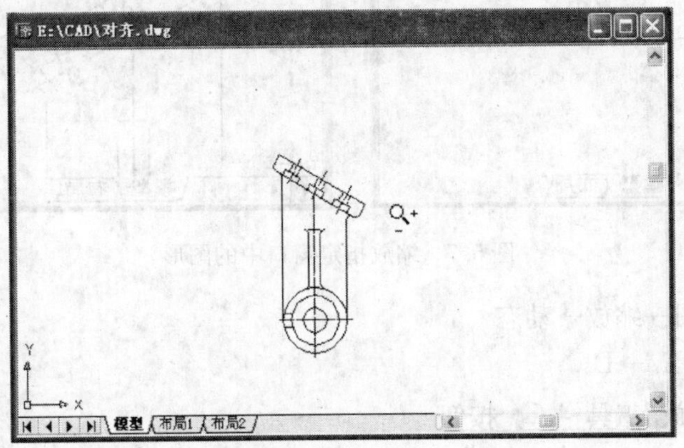

图 5.5 实时缩放

图形放大或缩小的限度是否到极限，可以观察放大镜符号的变化， 表示图形不能再放大； 表示图形不能再缩小。如果正在使用智能鼠标，可以向前旋转滑轮放大，向后旋转滑轮缩小。

按 Enter 或 Esc 键，也可随时退出实时缩放模式。

(2) 窗口缩放

菜单命令：视图→缩放→窗口

工 具 栏：“标准”工具栏 按钮

命 令 行：ZOOM→W

要求用户在屏幕上指定两个点，以确定矩形窗口的位置和大小。

键入命令后，命令窗口出现提示，如图 5.6 所示。

确定第一角点：(用光标确定窗口的第一角点)

```
命令: zoom
指定窗口的角点，输入比例因子 (nX 或 nXP)，或者
[全部(A)/中心(C)/动态(D)/范围(E)/上一个(P)/比例(S)/窗口(W)/对象(O)] <实时>: w
指定第一个角点: 指定对角点:
命令:
```

图 5.6　窗口缩放命令

确定对角点：(用光标确定窗口的对角点)

选择该选项后，用户可以通过指定要查看区域的两个对角，快速放大该矩形区域。在新视图中，所定义的区域将被放大到充满当前视图。如图 5.7 所示。当使用“窗口”缩放时，应尽量使所选矩形对角点与屏幕成一定比例，并非一定是正方形。

(3) 动态缩放

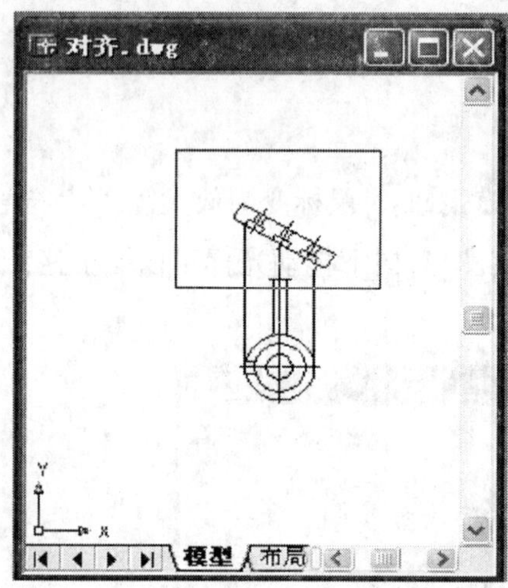

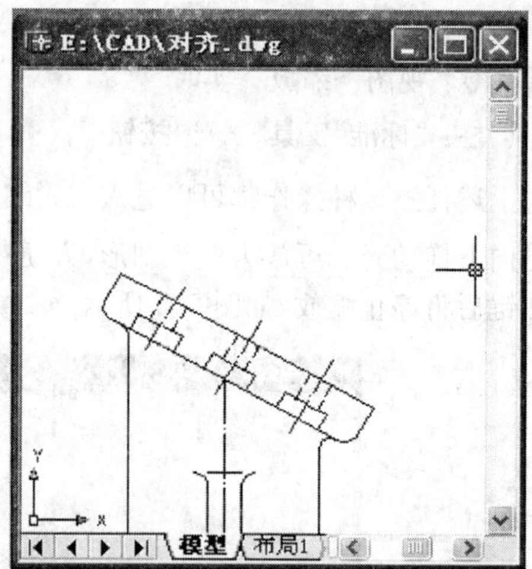

图 5.7　缩放指定窗口中的图形

菜单命令：视图→缩放→动态

命 令 行：ZOOM→D

工 具 栏：“缩放”工具栏 按钮

动态缩放是通过定义一个视图框显示选定的图形区域，而且用户可以移动视图框和改变视图框的大小。进入动态缩放模式时，在屏幕中将显示一个带“×”的矩形方框。该矩形框表示新的窗口，移动鼠标可以确定矩形框的大小。单击鼠标左键，此时选择窗口中心的“×”消失，显示一个位于右边框的方向箭头，拖动鼠标可改变选择窗口的大小，以确定选择区域大小，最后按下 Enter 键，既可缩放图形。

【例 5.1】　利用动态缩放功能，放大图 5.8 所示的区域。

选择“视图”→“缩放”→“动态”命令，AutoCAD 2006 将显示图形范围、当前视图指示框、视图框，如图 5.9 所示。

① 当前视图框中心显示“×”标记时，可在屏幕上拖动视图框以选择区域。

② 要缩放视图框，可以按下鼠标左键，视图框中心的“×”标记将变成一个指向视图框边界的箭头，如图 5.10 所示。左右移动指针调整图框尺寸，上下移动光标可调整图框位置，如果视图框较大，则显示出的图形较小；如果视图框较小，则显示出的图形较大。

③ 调整完毕，再次单击鼠标左键。

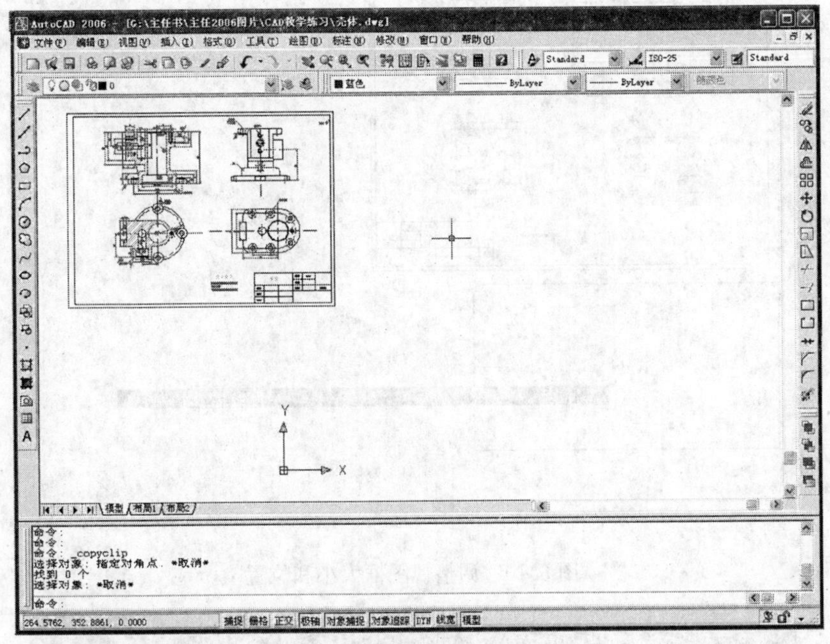

图 5.8 动态缩放功能放大图形

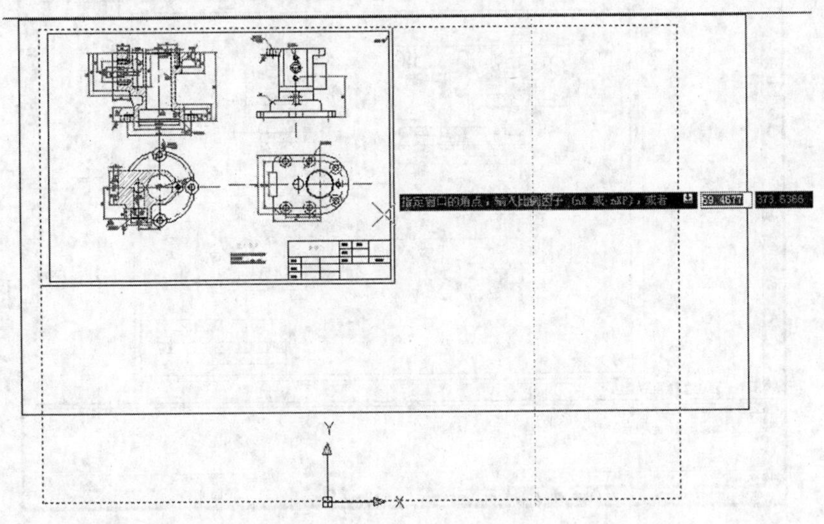

图 5.9 进入动态缩放状态

④ 如果当视图框指定的区域正是想要查看的区域，按 Enter 键确认（或点击右键，在快捷菜单上点击“确认”）。这时视图框所包围的图形就成为当前视图。最后调整结果如图 5.11 所示。

(4) 比例缩放

菜单命令：视图→缩放→比例

命 令 行：ZOOM→S

工 具 栏：“缩放”工具栏 按钮

在此命令的提示下，命令窗口如图 5.12 所示。用户可以通过以下几种方法来指定缩放比例：

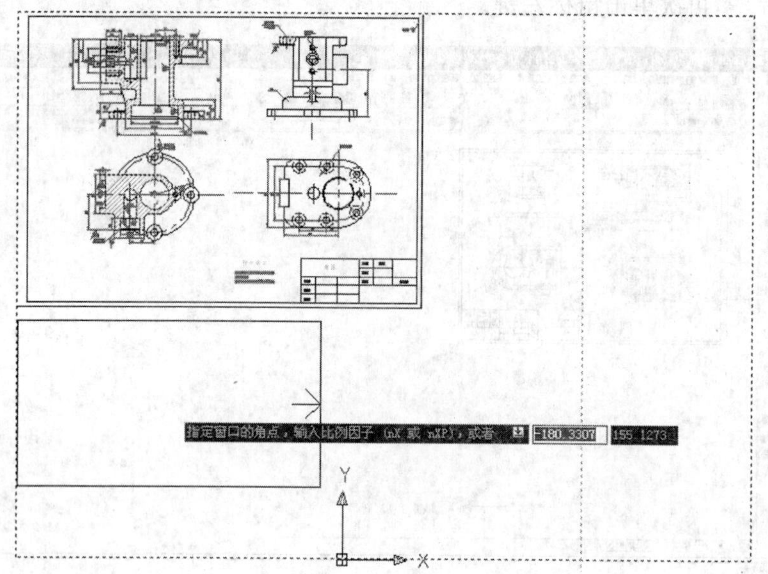

图 5.10　调整视图框大小和位置

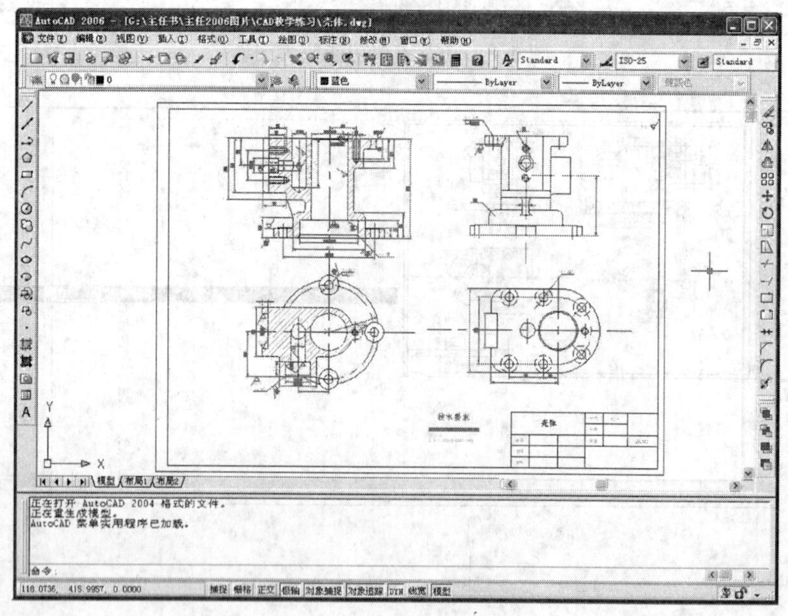

图 5.11　放大后的效果

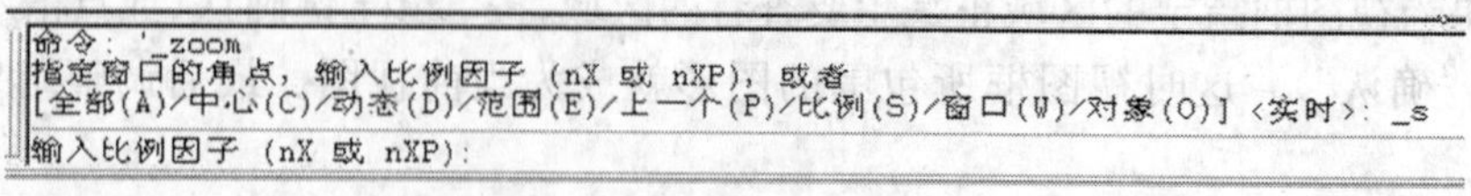

```
命令: '_zoom
指定窗口的角点, 输入比例因子 (nX 或 nXP), 或者
[全部(A)/中心(C)/动态(D)/范围(E)/上一个(P)/比例(S)/窗口(W)/对象(O)] <实时>: _s
输入比例因子 (nX 或 nXP):
```

图 5.12　“比例缩放”命令窗口

① 比例(S)缩放：以一定的比例来缩放视图，但显示中心不变。它要求用户输入一个数字作为缩放比例。

② 相对图形界限：可以输入不带任何后缀的比例值作为缩放比例因子，该比例因子适用

于整个图形。

当输入数值1时,将在绘图区域中以前一个视图的中点为中点,显示尽可能大的图形界限;

当输入数值大于1时,在输入数值为1时的图形基础上,放大图形;

当输入数值小于1时(必须大于0),在输入数值为1时的图形基础上缩小图形。

例如,输入"2"表示完全尺寸放大2倍;输入"0.5"表示完全尺寸缩小一半。

③ 相对当前视图:需要输入的比例值后加上"×"。例如,输入"2×"则以两倍的尺寸显示当前视图;输入"0.5×",则以一半的尺寸显示当前视图;输入"1×"时视图无变化。

④ 相对图纸空间单位:当工作在布局中时,要相对图纸空间单位按比例缩放视图,只需要在输入的比例值后加上"×p"。它指定相对当前图纸空间按比例缩放视图,并且可在打印前缩放视口。

(5) 中心点缩放

菜单命令:视图→缩放→中心点

工 具 栏:"缩放"工具栏 按钮

命 令 行:ZOOM→C

这一功能可以重新定义新视图的中心,从而平移视图。用户还可以在后面的提示中输入一个缩放比例因子,或者输入以图形单位为单位的指定高度值来缩放图形。

例如:输入"2×"将显示比当前视图大2倍的视图,如图5.13、图5.14所示。

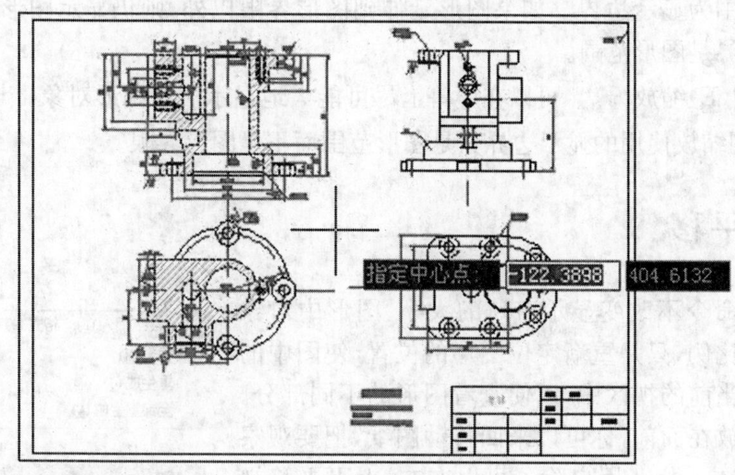

图5.13 当前视图

(6) 上一个视图缩放

菜单命令:视图→缩放→上一个

工 具 栏:"缩放"工具栏 按钮

命 令 行:ZOOM→P

在图样设计中,经常需要将图形放大或缩小以观察局部或总体布局,然后又希望重新显示前一个视图状态。AutoCAD 2006提供了显示上一个视图功能,快速回到最初的一个视图。

如果正处于实时缩放模式,则可单击右键,从快捷菜单中选择"缩放回原窗口"选项。按 按钮可逐步退回到前面10个显示过的视图。

(7) 缩小(O)缩放 系统将整个视图缩小1倍,即默认比例因子为0.5。

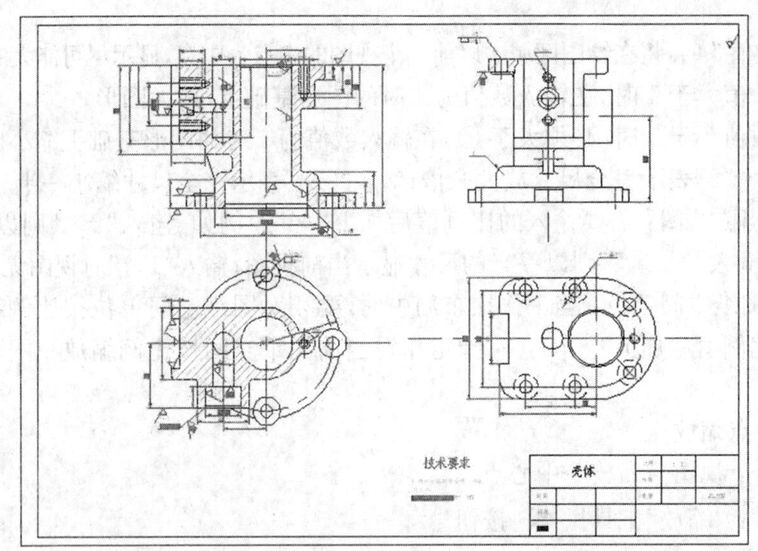

图 5.14　中心点缩放

(8) 放大(I)缩放　系统将整个视图放大 1 倍，即默认比例因子为 2。

(9) 全部(A)缩放　可以显示整个图形中的所有对象。在平面视图中，它以图形界限或当前图形范围为显示边界。如果图形延伸到图形界限以外，则仍显示图形中的所有对象。此时的显示边界是图形范围。

(10) 范围(E)缩放　可以在屏幕上尽可能大地显示所有图形对象。与全部缩放模式不同的是，范围缩放使用的显示边界只是图形范围而不是图形界限。

5.2　平移

平移视图命令不改变显示窗口的大小、图形中对象的相对位置和比例，只是重新定位图形的位置，使图中的特定部分位于当前的视区中，以便查看图形的不同部分。就像一张图纸放在面前，你可以来回移动图纸，把要观察的部分移到眼前一样。用户除了可以左右、上下平移视图外，还可以使用“实时”平移和“定点”平移两种模式。

平移菜单调用方式：

菜单命令：视图→平移，如图 5.15 所示。

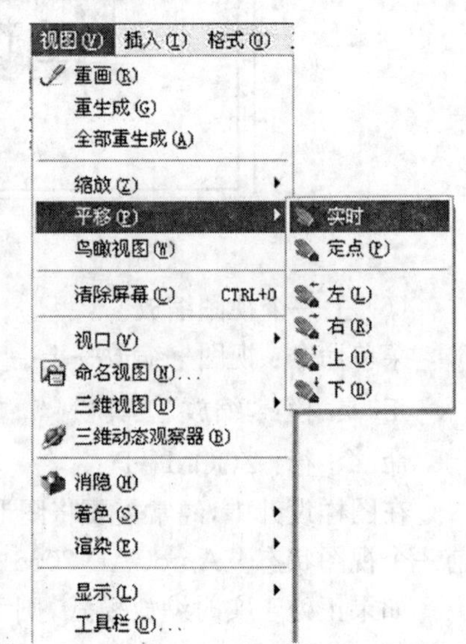

图 5.15　视图平移菜单

5.2.1　实时平移

命令调用方式：

菜单命令：视图→平移→实时

工 具 栏：“标注”工具栏　按钮

命 令 行：PAN

快捷菜单：点击右键，选中“平移”如图 5.16 所示。

激活该命令，光标变为小手形状 。按住鼠标左键同时移动光标，窗口中的图形将按光标移动的方向移动。当显示出所需要的部位释放拾取键则平移停止，如图 5.17 所示。

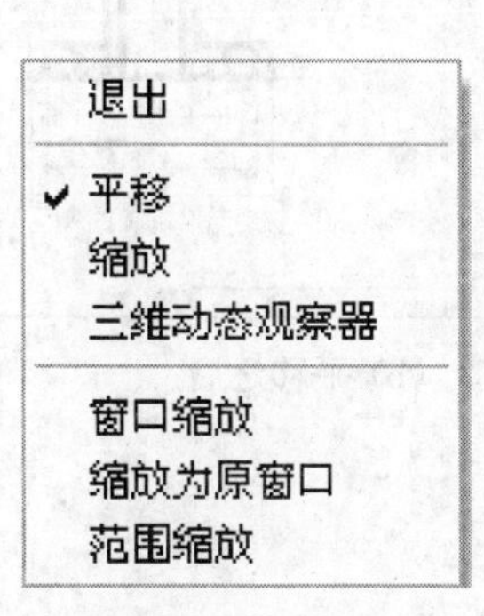

图 5.16　快捷菜单

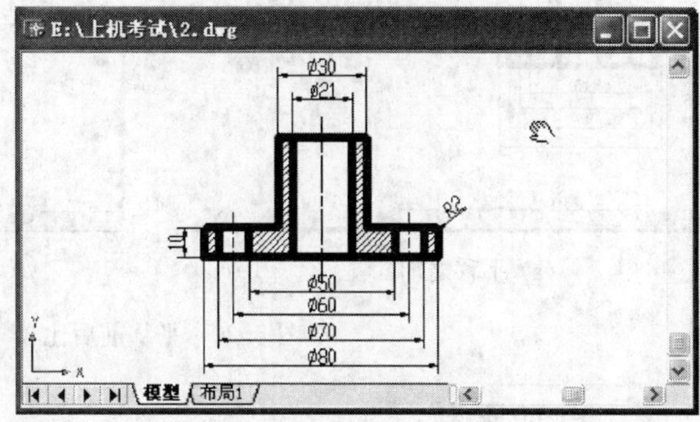

图 5.17　实时平移图形

用户可根据需要调整鼠标，以便继续平移图形，当到达逻辑范围(图纸空间的边缘)时，将在此边缘上的手形光标上显示边界栏，即逻辑范围处于图形顶部、底部还是两侧，相应的显示出水平(顶部或底部)或垂直(左侧或右侧)边界栏，如图 5.18 所示。

图 5.18　逻辑边界处的光标显示

要停止平移可按 Esc 键或 Enter 键结束操作。

5.2.2　定点平移

命令调用方式：

菜单命令：视图→平移→定点

该模式可通过指定基点和位移值来移动视图。按命令行上的提示，给定两个点的坐标或在屏幕上拾取两个点，AutoCAD 会计算出这两个点之间的距离和移动方向，相应的把图形移到指定的位置。如果以回车响应第二个点，则系统认为是相对于坐标原点的位移。命令窗口如图 5.19 所示。平移操作的前后比较如图 5.20 所示。

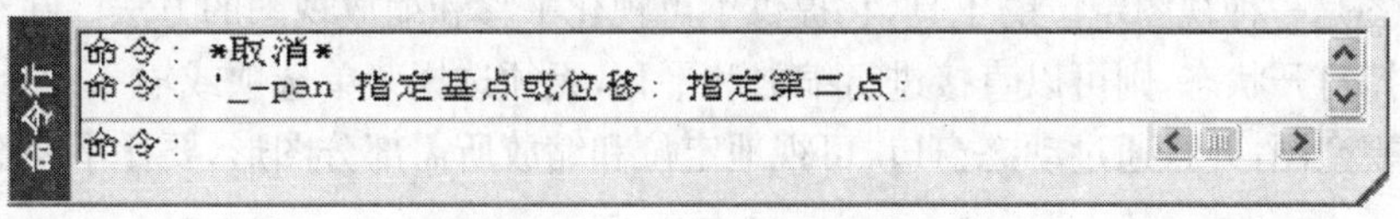

图 5.19　定点平移命令窗口

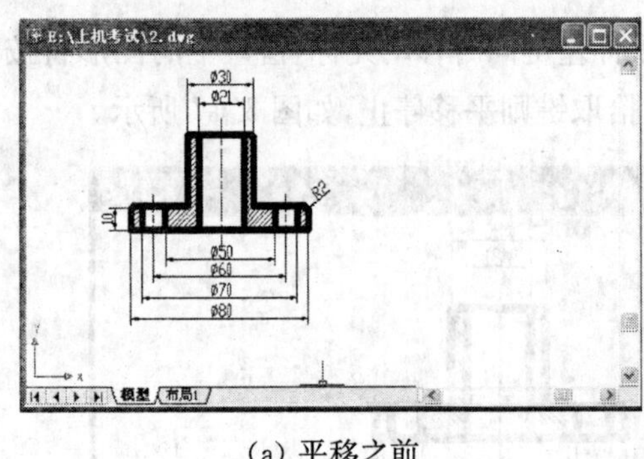

(a) 平移之前

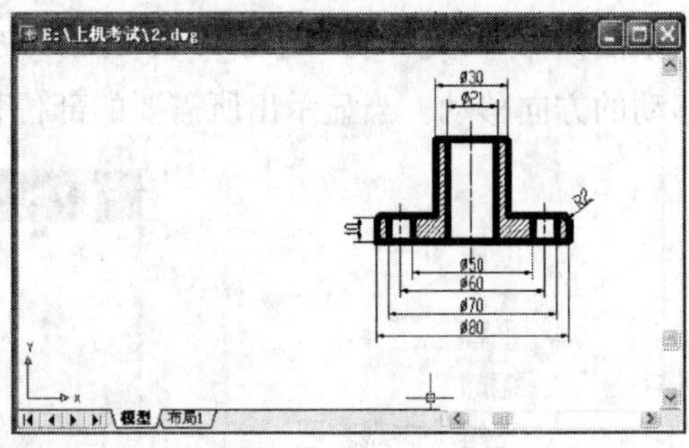

(b) 平移之后

图 5.20　平移前后比较

5.2.3　自动平移

1）自动向左平移

菜单命令：视图→平移→左

该命令使图形自动向左平移，位移量同当前图形的显示比例有关。

2）自动向右平移

菜单命令：视图→平移→右

该命令使图形自动向右平移，位移量同当前图形的显示比例有关。

3）自动向上平移

菜单命令：视图→平移→上

该命令使图形自动向上平移，位移量同当前图形的显示比例有关。

4）自动向下平移

菜单命令：视图→平移→下

该命令使图形自动向下平移，位移量同当前图形的显示比例有关。

【例 5.2】　通过"定点"方式以(0,0)为基点，向右平移 120 个单位。

具体操作如下：

选择"视图(V)→平移(P)→定点(P)"菜单命令，命令行出现提示：

命令：'_-pan 指定基点或位移：　　　　　//(表示以定点方式平移视图的命令形式)

指定基点或位移：0,0　　　　　　　　　//(表示平移操作的基点)

指定第二点：@120,0　　　　　　　　　//(指定视图平移距离)

5.3　鸟瞰视图

鸟瞰视图是一种视图定位的工具，它提供了可视化平移和缩放视图的方法。在绘图时，如果鸟瞰视图保持打开状态，则可以直接进行缩放和平移，无须选择菜单选项或输入命令。这项功能可让用户俯视全图，并且通过动态窗口，可视地定位和缩放所需部分图形，要比平移选项方便。

5.3.1　认识鸟瞰视图

打开方式：

菜单命令：视图→鸟瞰视图

命 令 行：DSVIEWER

打开一个能快速观察全图的鸟瞰视图对话框，如图 5.21 所示，在其中可视地定位和缩放所需要部分图形，便于快速确定显示区域。

关闭鸟瞰视图窗口，可以单击鸟瞰视图窗口右上角的"×"按钮。

图 5.21　鸟瞰视图

5.3.2　使用鸟瞰视图

在鸟瞰视图窗口中显示的是全部图形，其中粗线框内为当前视图。

1）平移图形

(1) 把光标移入鸟瞰视图中，单击左键，显示平移视图框，框中央有"×"符号。

(2) 移动鼠标将视图框平移至需要的位置。

(3) 单击鼠标右键结束操作。

可以看到对话框外的"当前视图"的区域与大小随着操作实时发生着变化。使用鸟瞰视图观察图形，如图 5.22 所示。

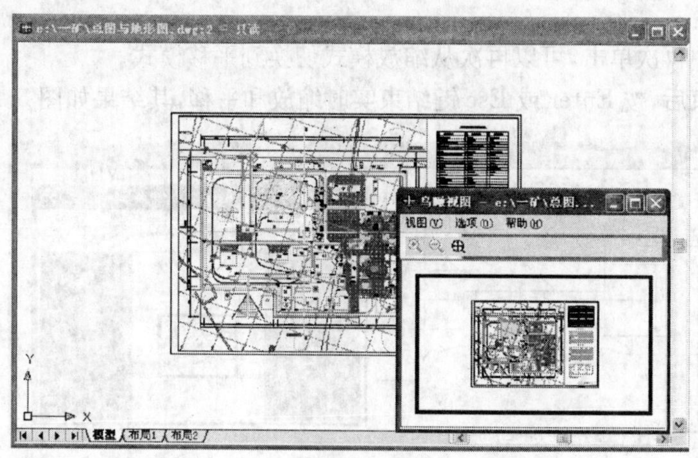

图 5.22　使用"鸟瞰视图"观察图形

2）实时缩放图形操作

可以通过在鸟瞰视图窗口建立一个新的视图框来改变视图。要放大图形，应该使视图框小一些;要缩小图形,应使视图框大一些。当放大或缩小图形时,在绘图区域内显示当前缩放位置的实时视图,如图 5.23、图 5.24 所示。

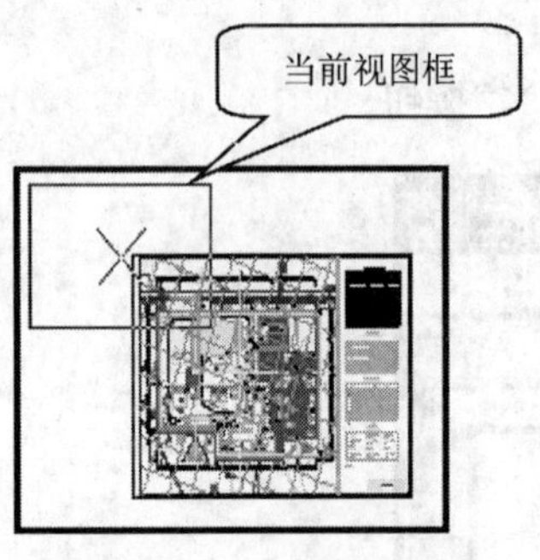

图 5.23 “鸟瞰视图”窗口

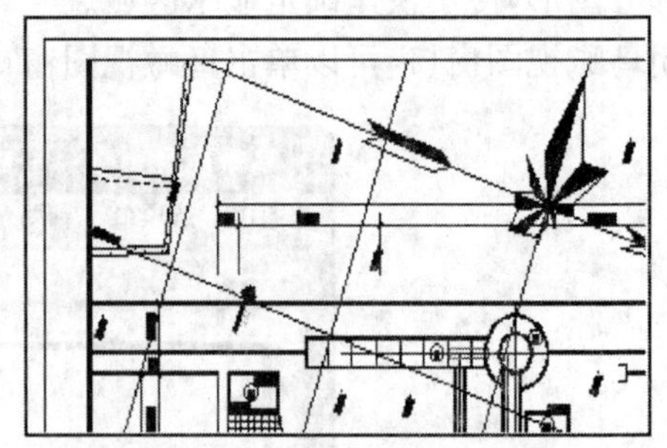

图 5.24 绘图区域中的新视图

【例 5.3】 放大图 5.25 所示零件图。

操作步骤如下:

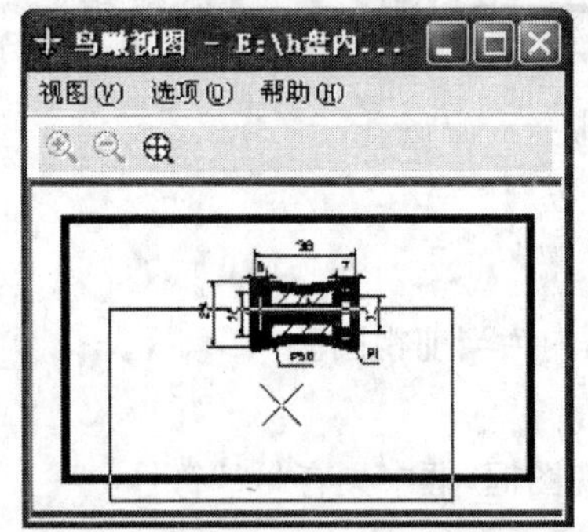

图 5.25 利用平移框调整视图框位置

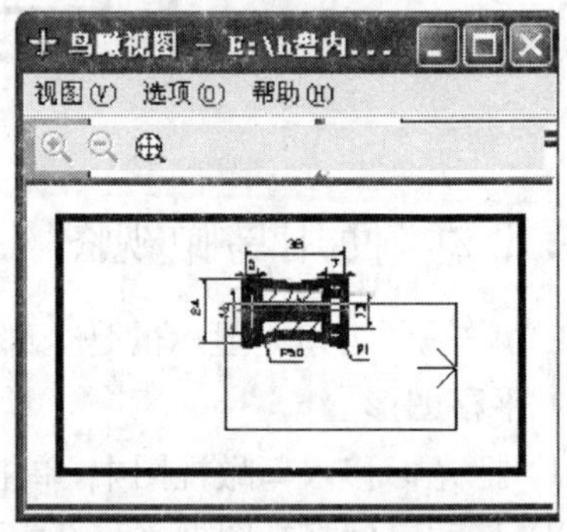

图 5.26 调整视图框大小

(1) 在“鸟瞰视图”窗口中单击,显示平移框。

(2) 单击鼠标并拖动,可以调整视图框大小,平移框右边线上出现的一个箭头如图 5.26 所示。

(3) 在窗口中再次单击,可以再次从缩放模式切换到平移模式。

(4) 调整结束后,按 Enter 或 Esc 键结束实时缩放和平移,其结果如图 5.27 所示。

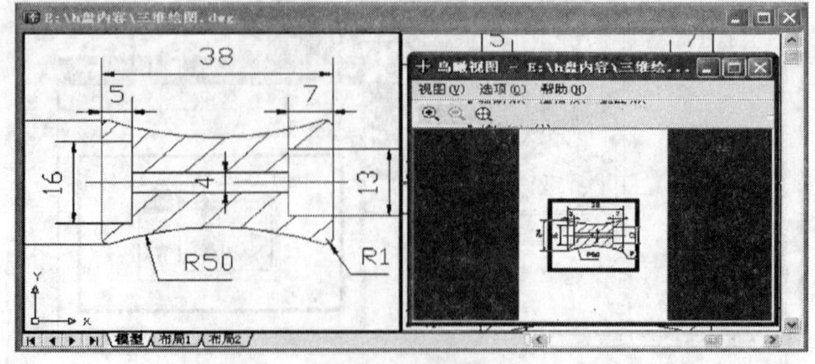

图 5.27 结束实时缩放与平移

3) 改变鸟瞰视图中更新状态

打开和关闭动态更新状态:在“鸟瞰视图”窗口,选择 “选项”(或点击右键,在快捷菜单中选择“选项”)。

当用户修改图形时,鸟瞰视图当然也应做出更新。默认情况下,AutoCAD 自动更新鸟瞰视图窗口,反映在图形中所做的修改。为了适应不同情况,在对话框的“选项”下拉菜单中提供了 3 个选项:

(1) 自动视口　用于自动地显示模型空间的当前有效视口。当该命令不被选中时,鸟瞰视图就不会随有效视口的变化而变化。

(2) 动态更新　当用户更新当前视口(如缩放、平移当前视图等)时,可打开或关闭此功能,决定是否自动更新鸟瞰视图窗口。绘制复杂的图形时,关闭此动态更新功能可以提高程序性能。

(3) 实时缩放　用户在鸟瞰视图窗口中定义视口边界过程中,可打开或关闭此功能,控制是否同步更新视口。当该命令被选中时,绘图区中的图形显示可以随鸟瞰视图实时变化。

4) 改变鸟瞰图形大小的操作

打开和关闭改变鸟瞰图形大小:在“鸟瞰视图”窗口选择“视图”(或点击右键在快捷菜单中选择“视图”)。

用户可以使用此功能选择显示整个图形或递增调整图形大小,改变“鸟瞰视图”窗口中图形的大小,但是这些改变不会影响绘图区域中的视图。

(1) 放大　拉近视图,将鸟瞰视图放大 1 倍,不影响 AutoCAD 绘图区域。

(2) 缩小　拉远视图,将鸟瞰视图缩小 1 倍,不影响 AutoCAD 绘图区域。

(3) 全局　在鸟瞰视图窗口中显示整个图形,不影响 AutoCAD 绘图区域。

当在鸟瞰视图窗口中显示整幅图形时,“放大”选项无效。当视图快要填满鸟瞰视图窗口时,“缩小”选项无效。这两个选项也有可能同时无效。

5.4 重画

重画是指根据帧缓冲区的当前数据刷新屏幕作图区。在图形编辑过程中,删除一个图形对象时,其他与之相交或重合的图形对象从表面上看也会受到影响,留下对象的拾取标记,或者在作图过程中可能会出现光标痕迹。用“重画”刷新可达到“图纸干净”的效果,清除这些临时标记,如图 5.28 所示。

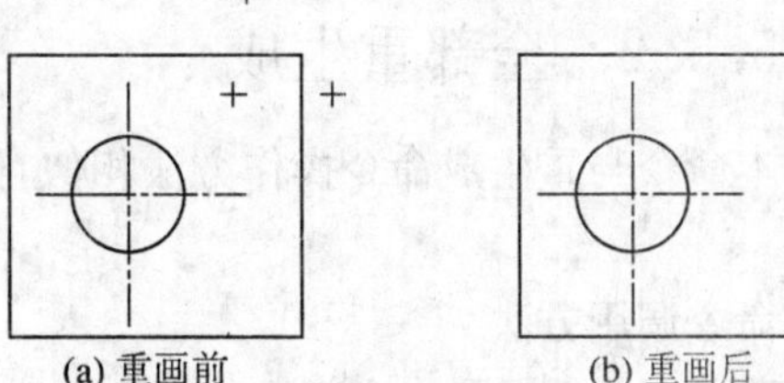
(a) 重画前　　(b) 重画后

图 5.28　重画命令前后比较

调用命令方式:

菜单命令:视图→重画

命 令 行:REDRAW

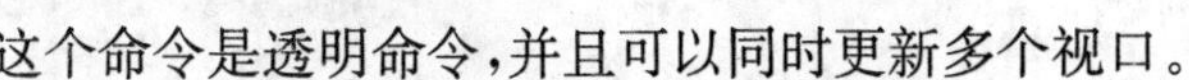
这个命令是透明命令,并且可以同时更新多个视口。

5.5 重生成和全部重生成

5.5.1 重生成

为了提高显示速度,AutoCAD 2006 图形系统采用虚拟屏幕技术保存了当前最大显示窗口的图形矢量信息。由于曲线和圆在显示时分别是用折线和正多边形矢量代替的,相对于屏幕较小的圆，多边形的边数也较少，因此放大之后就显得很不光滑。重生成即按当前的显示窗口对图形重新进行裁剪、变换运算，并刷新帧缓冲器，因此不但“图纸干净”，而且曲线也比较光滑，如图 5.29 所示。

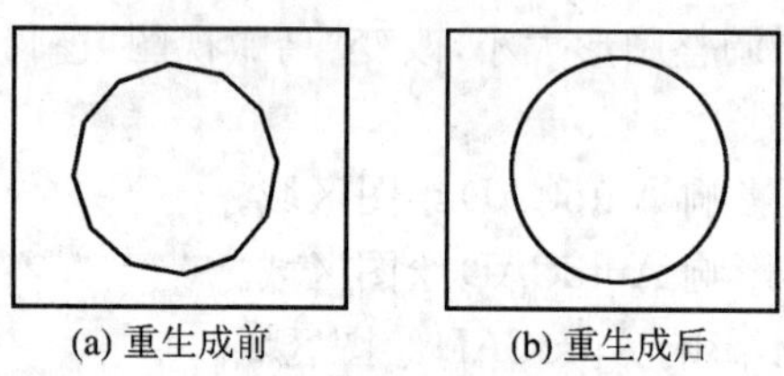

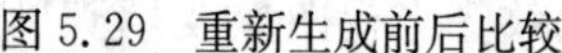
(a) 重生成前　(b) 重生成后

图 5.29　重新生成前后比较

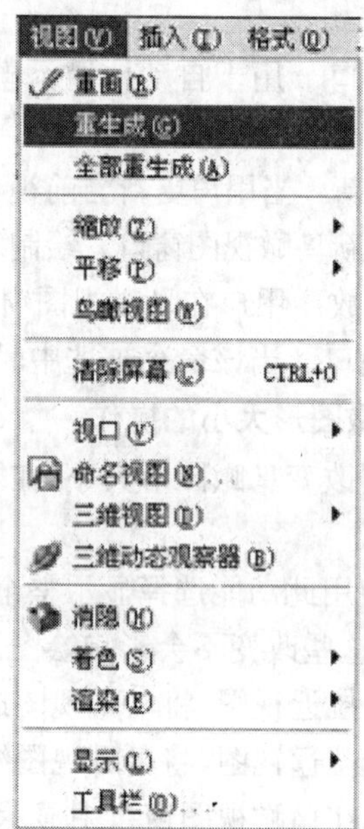

图 5.30　重生成与全部重生成菜单

调用重生成命令方式为点击图 5.30 所示的重生成菜单：

菜单命令：视图→重生成

命 令 行：REGEN

重生成与重画在本质上是不同的，利用“重生成”命令可以重生成屏幕，此时系统从磁盘中调用当前图形的数据，比“重画”命令执行的速度慢，更新屏幕花费时间较长。

5.5.2　全部重生成

本命令与重生成命令操作方法相似，但是处理对象是所有视口中显示的图形，多用于三维绘图。

命令调用方法：

菜单命令：视图→全部重生成

命 令 行：REGENALL

5.5.3　自动重生成

命 令 行：REGENAUTO(或 'REGENAUTO，用于透明使用)

输入模式[开(ON)/关(OFF)] <当前模式>：输入 ON 或 OFF，或按 Enter 键。

AutoCAD 2006 图形在开关 REGENAUTO 设置为开(ON) 时自动重生成。当要处理一个很大的图形时，可将 REGENAUTO 设置为关(OFF)，以节省时间。当前设置存储在 REGENMODE 系统变量中。如果不设置 REGENAUTO，则不能使用需要重新生成图形的透明命令。

6 图案填充

学习目标

◎ 熟练掌握 AutoCAD 2006 提供的图案填充方法；
◎ 熟练掌握图案填充命令及其对话框操作；
◎ 熟练掌握图案填充的编辑；
◎ 学会设置图案填充样式；
◎ 学会图案填充区的边界与孤岛检测；
◎ 学会设置关联图案填充。

在绘制机械图、建筑图、地质构造图等各类图样时，经常需要对某个图形区域填入剖面线、阴影线或图案，以表示该物体的材料或区分各个组成部分等，这种操作就是图案填充。AutoCAD 2006 提供了快捷有效的图案填充功能，即在对图形进行图案填充时，用户不但可以使用系统提供的各种图案，还可以使用自己事先定义好的图形。

6.1 图案填充命令

AutoCAD 2006 提供了两个用于图案填充的命令：BHATCH 和 HATCH。虽然两个命令都可以完成图案填充操作，但其功能及形式有所差别，BHATCH 命令的功能要强于 HATCH 命令。

1）BHATCH 命令

BHATCH 命令让用户在区域内任意选定一点，然后自动建立一个边界。它通过对话框的形式来进行图案填充，大大地提高了图案填充的简便程度。

2）HATCH 命令

使用 HATCH 命令，用户必须自己定义一个边界或者建立一个边界。该命令通过命令行的形式完成图案填充。

6.1.1 通过对话框进行图案填充

1）功能

该命令用于选择图案及填充方式，并将它们填入指定的封闭区域。

2）输入方法

菜单命令：绘图→图案填充

工 具 栏：“绘图”工具栏“图案填充” 按钮

命 令 行：BHATCH

3）提示及说明

命令输入后，AutoCAD 2006 弹出“图案填充和渐变色”对话框，如图 6.1 所示。对话框提供了“图案填充”和“渐变色”两个选项卡以及其他一些选项按钮。

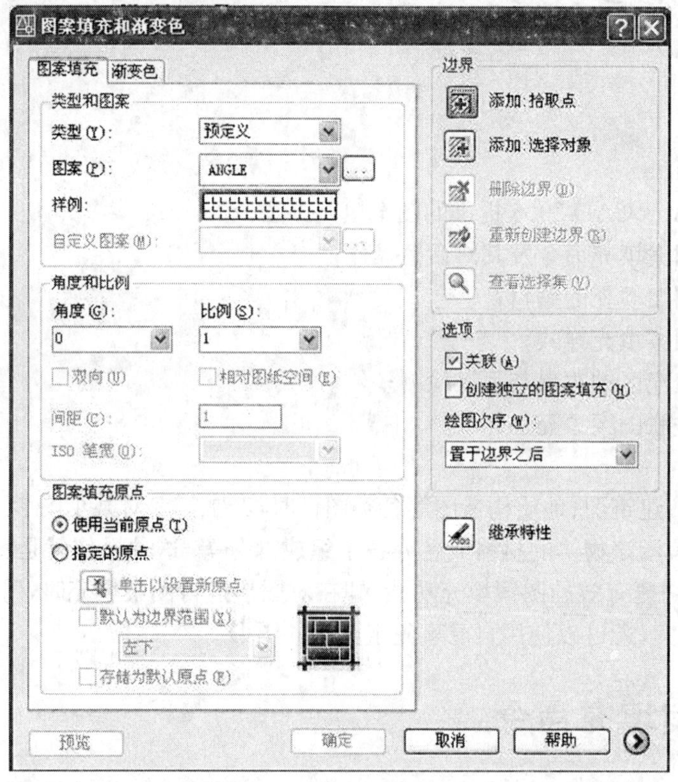

图 6.1 “边界图案填充”对话框（“图案填充”选项卡）

(1)“图案填充”选项卡　用户可以利用以下控件设置填充的图案及其特性参数。

“类型和图案”区域：

① 类型：“类型”下拉列表，如图 6.2 所示，用于设置填充图案的类型。即“预定义”、“用户定义”和“自定义”。其中：

图 6.2 “类型”下拉列表

● 预定义：AutoCAD 提供了 60 多种预定义填充图案，包括 ISO、ANSI 标准图案，存放在 ACAD. PAT 和 ACADISO. PAT 文件中。

● 用户定义：用户用当前线型临时定义一个简单的图案，它由一组平行线或垂直相交的两组平行线组成。用户可以设置它们的角度和间距，但这图案只能当时使用一次。

● 自定义：这是用户预先定义并保存为“. PAT”文件的图案。

② 图案：用户可在“图案”下拉列表框中选择填充图案。此列表框只有在“类型”下拉列表框中的“预定义”被选中时才有用。在“图案”下拉列表框中，列出了所有可用的“预定义”填充图案，最近使用过的 6 个图案出现在列表的顶部。可以单击其中的图案名来选择所需图案，如图 6.3 所示。

用户还可以单击“图案”右边的“…”按钮，AutoCAD 显示出“填充图案选项板”子对话框，如图 6.4 所示。可按类型分 4 个选项卡显示所有“预定义”和“自定义”填充图案的微缩图形。

单击对话框中的微缩图形就可确定所需图案。

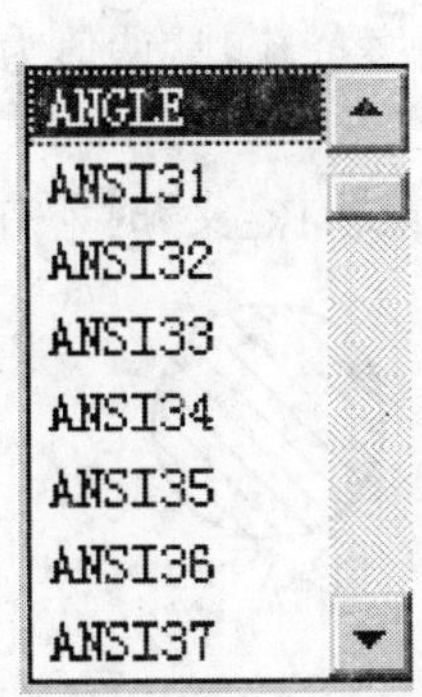

图 6.3　最近使用的“图案”

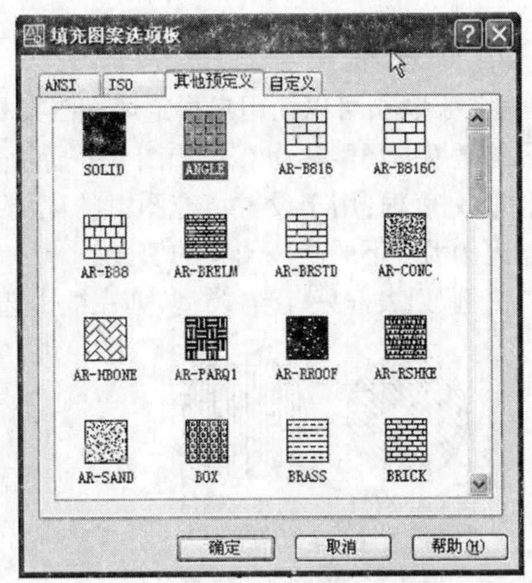

图 6.4　“填充图案选项板”子对话框

③ 样例:显示了所选中填充图案的预览图片。单击此框可显示如图 6.4 所示的“填充图案选项板”对话框。

④“自定义”列表框:当在“类型”中选择了“自定义”,则对话框中弹出“自定义图案”列表框,如图 6.5 所示。列出了所有可用的“自定义”图案。最近使用的 6 个自定义图案出现在列表的顶部。AutoCAD 将所选定的图案保存在系统变量 HPNAME 中。

注意:“自定义图案”只有在“类型”中选择“自定义”时才可用,否则该选项不能用(灰色显示)。

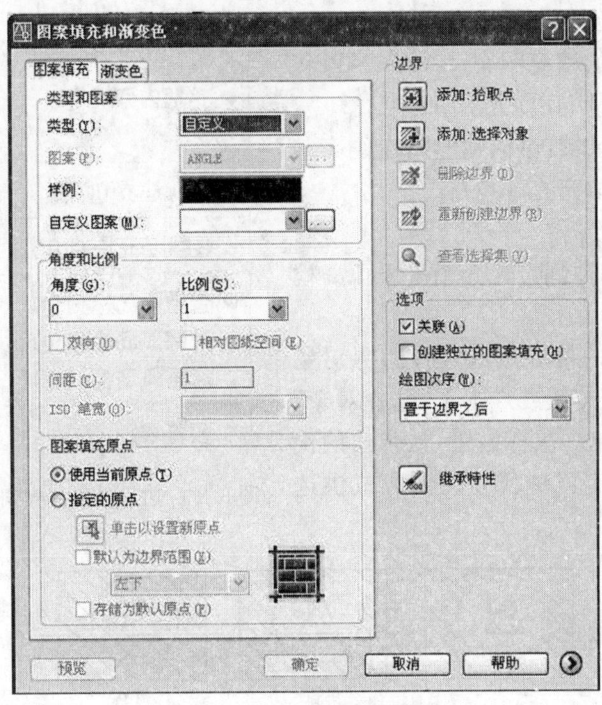

图 6.5　“自定义图案”

同样,用户单击“自定义图案”右边的“…”按钮,可在“填充图案控制板”对话框中选择一种填充图案。

“角度和比例”区域:

① “角度”列表框:可以让用户指定填充图案相对于当前用户坐标系 UCS 的 X 轴的旋转角度。显示的微缩图形默认为 0°。如图 6.6 所示是同样填充图案不同旋转角度的填充效果。

② “比例”列表框:用于设置填充图案的比例系数,系数大图案稀疏,默认值为 1。图 6.7 所示是不同比例因子下的同一图案的填充。

注意:“比例”列表框只有当“类型”列表框中选择了“预定义”或“自定义”时才有效。

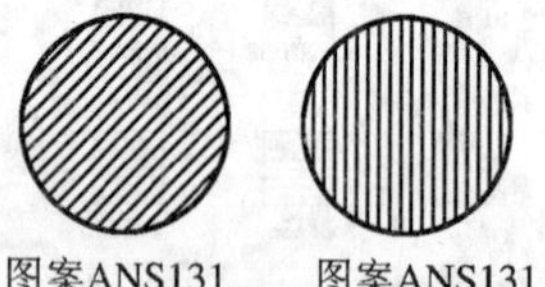

图案ANS131 角度=0　　图案ANS131 角度=45

图 6.6　同样填充图案不同角度的填充

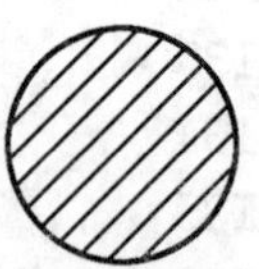

图案ANS131 比例=1　　图案ANS131 比例=2

图 6.7　不同比例因子下的同一图案的填充

③ “相对图纸空间”复选框:用于设置填充图案按图纸空间单位比例缩放。使用此选项后,用户可以非常方便地将填充图案以一个适合于用户布局的比例显示。该选项只有在此布局视图中才有效。

④ “间距”:用于设置用户定义图案时填充线的间距。AutoCAD 将间距值保存在系统变量 HPSPACE 中。

注意:只有在“类型”列表框中选择了“用户定义”时才可用。

⑤ “双向”复选框:在使用“用户定义”类型时显示的复选框,与原始线垂直方向画第二组线,从而创建一个相交叉的填充图案。AutoCAD 将该信息存储在系统变量 HPDOUBLE 中。

“图案填充原点”区域:可以通过指定图案基于的原点来更改图案填充的对齐方式。

“边界”区域:

在说明本区域按钮之前,先介绍一下孤岛检测方式:

用户可以在边界内拾取点或选择边界对象时(即点击了“拾取点”按钮或点击了“选择对象”按钮之后),在图形区单击鼠标右键,从弹出的快捷菜单,如图 6.8,共有三种孤岛检测方式供选择,如图 6.9 所示。

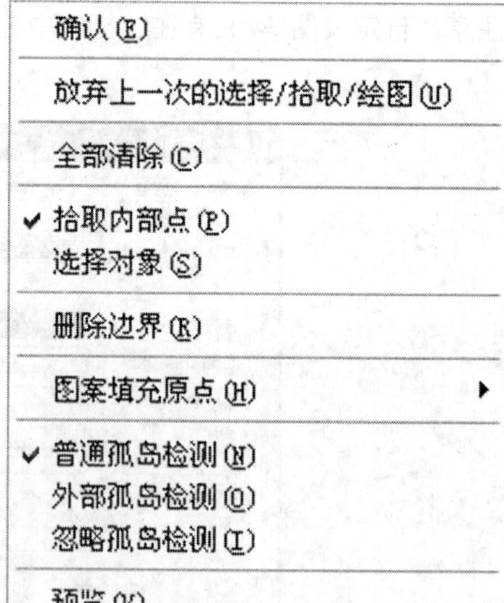

图 6.8　“边界图案填充”对话框(“高级”选项卡)

普通

外部

忽略

图 6.9　孤岛检测样式

● 普通：填充从最外面边界开始往里进行，在交替的区域间填充图案。这样由外往里，每奇数个区域被填充。

● 外部：仅仅对最外边区域进行图案填充。

● 忽略：只有最外的边界组成了一个闭合的多边形，AutoCAD 将忽略所有的内部对象，对最外端边界所围成的全部区域进行图案填充。

① "拾取点"按钮：可通过拾取内部一点来确定边界，从而进行图案填充。

操作方式：单击"拾取点"按钮将暂时关闭"边界图案填充"对话框，AutoCAD 命令行提示在填充区域的内部拾取一点：

选择内部点：　（在图案填充区域内拾取一个点）

选择内部点：　（在图案填充区域内拾取一个点或键入 U 放弃选择）

当在欲填充的区域内拾取一个点，AutoCAD 会在指定点周围按设置自动形成一个封闭边界，并用虚线形式显示出来。可以在多个区域内重复选择。按[ENTER]键结束选择回到对话框。在要求拾取内部点的时候，用户也可以在绘图区右击鼠标，AutoCAD 将显示一个快捷菜单，如图 6.8 所示。用户可以通过该快捷菜单取消最近或所有的拾取点，改变选择方式，改变孤岛检测样式或预览图案填充等多项功能。

在对象内部拾取点定义填充边界进行图案填充时。拾取点位置不同，边界不同，填充效果不同。如图 6.10 所示。当选择的点在边界线外或边界对象并非完全闭合时，将弹出"边界定义错误"提示框，如图 6.11 所示，提示未找到有效的图案填充边界。

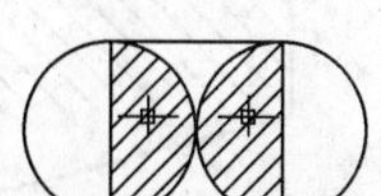

图 6.10　在对象内部拾取点进行图案填充

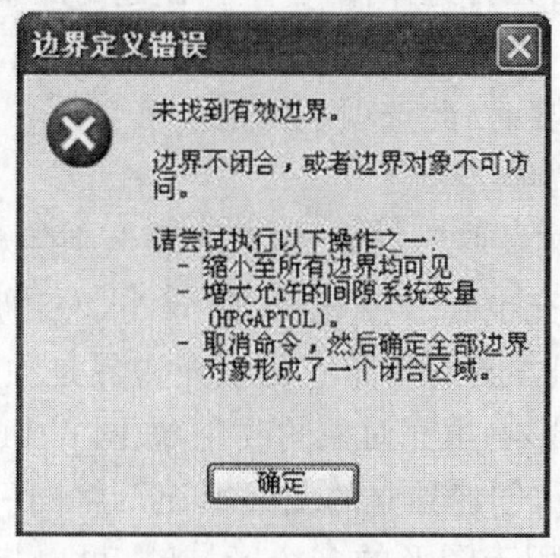

图 6.11　"边界定义错误"提示框

② "选择对象"按钮：使用该按钮是通过选择特定的对象作为边界来进行图案填充。选择该按钮后，对话框暂时消失，命令行提示：

选择对象：（选择边界对象）

用"选择对象"按钮选择对象来定义填充边界时，AutoCAD 不会自动检测边界内部的孤岛。内部的孤岛是否作为边界，由用户自己选择。选择时的注意事项：

● 当填充带文字的区域时：如果没有选择内部的文字，则形成的填充覆盖该文字；如果用户选择文字对象，则文字作为边界的一部分不被填充，并在文字的周围留有一部分区域以使文字清晰显示易懂。如图 6.12 所示。

不选文字作为边界　选中文字作为边界

图 6.12　文字区域的填充效果

注意：当选中了"选择对象"按钮后，是用户自已选择边界,AutoCAD 不再自动地建立一个闭合的边界。因此被选定的对象都将要作为边界,这就要求所有选中对象的端点必须在填充边界上,且端点重合构成一条封闭的回路,否则可能填充不正确,如图 6.13 所示。

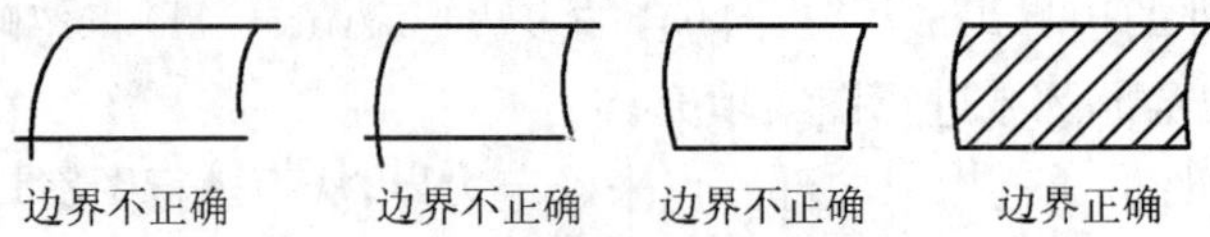

图 6.13 "选择对象"下的边界选择

● 当填充带尺寸标注的区域时:只要尺寸标注变量 DIMASO 被打开,并且尺寸标注还没有被分解时,尺寸标注就不会受填充的影响。如果尺寸标注是在 DIMASO 关闭(或者被分解成独立对象)时进行的,则有关的线(尺寸线和尺寸界线)对填充图案会有着不可预见的影响。因此,在这种情况下,应通过屏幕上选择独立对象来完成选择工作。

● 当对块进行填充时,是把它们作为分离的对象来进行的,要注意的是,当把块作为对象选定时,组成该块的所有对象都被选定作为要被填充的一部分。

● 当对一个填充区域(solid)或宽线(trace)对象进行图案填充时,AutoCAD 不能在该填充区域和宽线内进行图案填充,图案填充将在填充对象的外廓处停止。

③ "删除边界":删除当前选中的边界,从而选择新边界。

④ "重新创建边界":可以在图案填充周围重新创建一个边界并将其与图案填充对象相关联(后者为可选操作)。重新创建的图案填充边界可以是多段线或面域对象。

⑤ "查看选择集"按钮:将加亮显示所定义的边界集。在没有选取对象或没有指定一点以定义边界时,此选项不可用。

"选项"区域:

① "关联":如果选择"关联",则随着填充边界的改变填充也随着变化,如图 6.14 左边所示;如果不选择,则填充相对于它的填充边界是独立的,边界的修改不影响填充对象的改变,如图 6.14 右边所示。

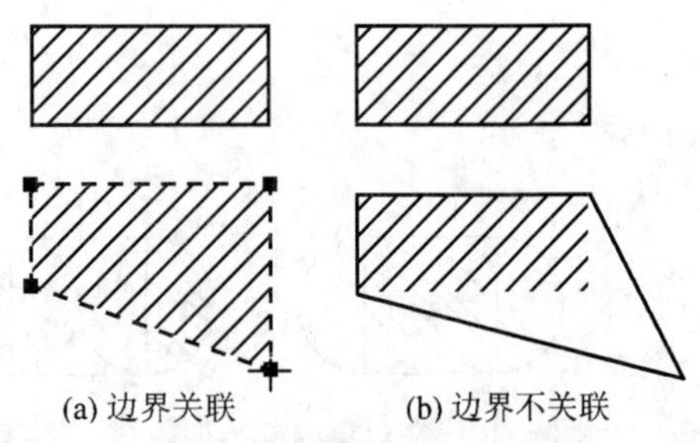

图 6.14 填充边界的关联性

② "创建独立的图案填充":将同一个填充图案同时应用于图形的多个区域时,可以指定每个填充区域都是一个独立的对象。以后,可以修改一个区域中的图案填充,而不会改变所有其他图案填充。

● "继承特性"按钮:用户使用与图形当中已存在的填充图案一样的图案来填充新的区域时,可以选择 "继承特性"按钮,表示一种特性的继承性。点击该按钮后,AutoCAD 在命令行提示:

选择关联填充对象:(选择一个关联的填充图案);

继承特性:名称〈ANGLE〉,比例〈1〉,角度〈0〉;

选择内部点:(在填充区域内部拾取一点);

:(再加一个点,竖排省略号…)

在出现"选择内部点:"后,也可以通过右键快捷菜单在"选择对象"和"拾取内部点"之间重新确定创建填充边界的方法。

注意:AutoCAD 不能继承不关联的填充图案的特性。

●“预览”按钮:填充边界被选定后,选择“预览”按钮,暂时关闭对话框,显示图案填充的结果。当预览完毕后,按回车键或右击鼠标按钮重新显示“边界图案填充”对话框,从而决定采用还是修改所选定的边界。如果没有边界被选定,则此选项无效。

4）图案填充的操作步骤

(1) 激活 BHATCH 命令。

(2) 在图案填充选项卡中设置填充图案及其特性参数。

(3) 在高级选项卡中设置填充图案的边界。

(4) 用“拾取点”或“选择对象”方式在图形中确定边界后,按回车键返回对话框。

(5) 查看所选的边界集。单击“查看选择集”按钮,将隐去对话框并加亮显示所定义的边界集。

(6) 预览。

(7) 图案填充,若对预览效果满意,则可单击“确定”按钮,关闭对话框并实施图案填充。

6.1.2　通过命令行进行图案填充

由命令行输入命令 HATCH 并按回车键,系统提示:

输入图案名或[? /实体(S)/用户定义(U)]〈ANGLE〉:

提示后输入“?”并按回车键,系统提示为:输入要列出的图案名。输入“实体”并按回车键,则提示选择定义边界对象。用户定义则提示填充线的角度、间距及是否双相填充等内容。

6.2　编辑图案填充

填充图案可以被认为是一个无名的块,用户可以对填充的图案进行编辑,当用鼠标任意点击填充图案上的一点,便可选中整个图案填充对象。

6.2.1　编辑填充图案

1）功能

该命令用于修改已有图案填充及其某些特性。

2）输入方法

菜单命令:修改→对象→图案填充

工 具 栏:“修改Ⅱ”工具栏“编辑图案填充” 按钮

命 令 行:HATCHEDIT

3）命令及提示

命令:HATCHEDIT

提示:选择关联填充对象:(选择要编辑的图案填充)

4）说明

用户选择一个关联图案填充对象后,AutoCAD 显示“图案填充编辑”对话框。“图案填充编辑”对话框与“边界图案填充”对话框完全一样,只是在编辑图案时,其中的某些项不可用。利用“图案填充编辑”对话框,用户可对已填充的图案进行诸如改变填充图案、改变填充比例和角度以及孤岛检测样式等操作，操作方法可参照前面所讲的“边界图案填充”对话框的使用方法。

6.2.2 图案填充分解

在 AutoCAD 2006 中，如果需要，可以将图案分解成多个独立的元素。执行 EXPLODE 命令，系统提示选择对象，此时选取需要分解的图案，即可将其分解。分解后，填充图案成为各个独立的对象，它也就不再与边界对象相关联。

7 文本编辑

学习目标

◎ 熟练掌握单行及多行文字输入方法；
◎ 学会创建和使用文本样式、输入特殊符号；
◎ 学会编辑文本；
◎ 了解文本对正、文本比例缩放的基本操作步骤。

7.1 文本输入

添加到图形中的文字可以表达多种信息，例如规格、说明、标签等。AutoCAD 2006 提供了单行文字命令和多行文字命令两种文字处理功能。这两种命令各有特点，分别适合不同的输入情况。一般而言，对简短的输入项使用单行文字；对带有内部格式的较长的输入项使用多行文字。

7.1.1 单行文字输入

单行文字命令可以创建一行或多行文字，其中，每行文字都是独立的实体。用户可以对其进行重定位、调整格式或进行修改等。在默认情况下，工作界面不显示单行文字名。

1）调用命令方式

菜单命令：绘图→文字→单行文字

工 具 栏：“文字”工具栏 AI 图标

命 令 行：DTEXT

2）操作方式

(1) 指定文字的起点，按左对齐方式定位文字（默认方式）。通过菜单命令选择“单行文字”或在命令行输入 DTEXT，AutoCAD 提示：

当前文字样式：Standard；当前文字高度：2.5

指定文字的起点或[对正(J)/样式(S)]：

此时可以输入一个点，作为该行文字第一个字符的基线左下角位置，在对齐方式中，它也是该行文字的“插入点”。“对正(J)”选项用于设置文字对齐方式；“样式(S)”选项用于设置文字使用的文本样式。

(2) 按其他方式定位文字，如果希望采用其他的文字对齐方式，可以输入“J”并按 Enter 键，此时将出现下列提示：

指定文字的起点或[对正(J)/样式(S)]：//输入选项

[对齐(A)/调整(F)/中心(C)/中间(M)/右(R)/左上(TL)/中上(TC)/右上(TR)/左中

(ML)/正中(MC)/右中(MR)/左下(BL)/中下(BC)/右下(BR)]:

各选项内容如下:

对齐(A):可以确定文本串的起点和终点,AutoCAD 可调整文本高度使文本适于放在两点之间。

调整(F):指定确定文本串的起点和终点。不改变高度,AutoCAD 可调整系数使文本适于放在两点间。

中心(C):指定基线的水平中点为文本对齐点。

中间(M):指定底线与顶线之间距离的两个方向的中间点为对齐点。

右(R):指定文字行最后一个字符右下角的基线位置为对齐点。

左上(TL):指定文本行顶线的左端点为对齐点。

中上(TC):指定文本行顶线的中点为对齐点。

右上(TR):指定文本行顶线的右端点为对齐点。

左中(ML):指定文本行中线的左端点为对齐点。

正中(MC):指定文本行中线的中点为对齐点。

右中(MR):指定文本行中线的右端点为对齐点。

左下(BL):指定文本行底线的左端点为对齐点。

中下(BC):指定文本行底线的中点为对齐点。

右下(BR):指定文本行底线的右端点为对齐点。

AutoCAD 为文字行规定了 4 条定位线:顶线、中线、基线和底线,如图 7.1 所示。顶线是所有大写字母顶部对齐的线;基线是大写字母底部所对齐的线;底线是长尾小写字母底部所在的线;中线在顶线与基线的正中间。汉字则在顶线与基线之间。

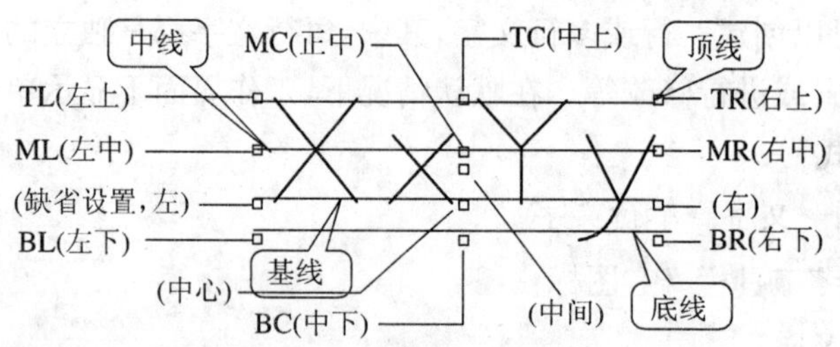

图 7.1　文字定位方式

(3) 如果设置文字样式,可以输入“S”,按 Enter 键。

(4) 设置文字的对齐方式及文本样式后,按系统提示,在工作界面上点击一点作为文字的起点。系统将给出如下提示:

指定高度＜20＞:

(5) 用户通过点击一点,利用该点与文本起点之间的垂直距离作为文字的高度,也可以直接输入一个数值,指定文字高度。系统将给出如下提示:

指定文字的旋转角度＜0＞:

(6) 用户可在此提示下直接输入文本行的旋转角度,或单击某点,以该点与前面所设文字起点之间的连线角度(与 X 轴的夹角)作为旋转角度。例如,假定在此输入 30,并且按 Enter 键,表示将文字行按逆时针旋转 30°。

(7) 系统接下来将给出如下提示:

输入文字：

用户可以在该提示下输入文字内容，此时输入的文字将会即时出现在绘图窗口中。命令窗口中继续提示“输入文字：”，输入另一行文字，结束输入可在行尾按 Enter 键，如图 7.2 所示。

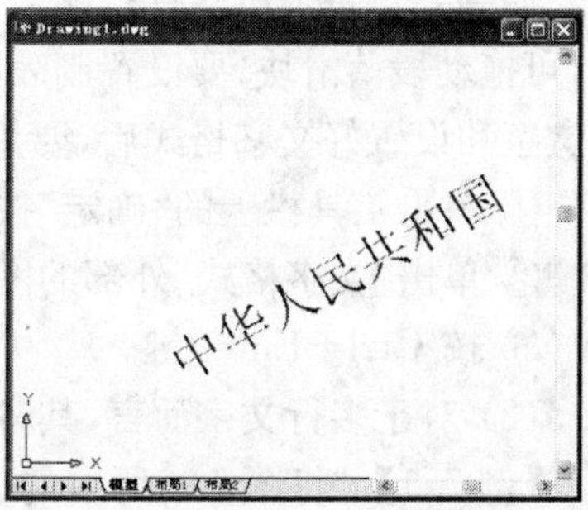

图 7.2 输入单行文字

7.1.2 多行文字输入

1）调用命令方式

菜单命令：绘图→文字→多行文字

工 具 栏：“绘图”工具栏 A 按钮

命令 行：MTEXT

2）操作方式

通过上述命令，当用户在工作界面上指定第一角点和对角点后，系统将弹出“文字格式”对话框，如图 7.3 所示。

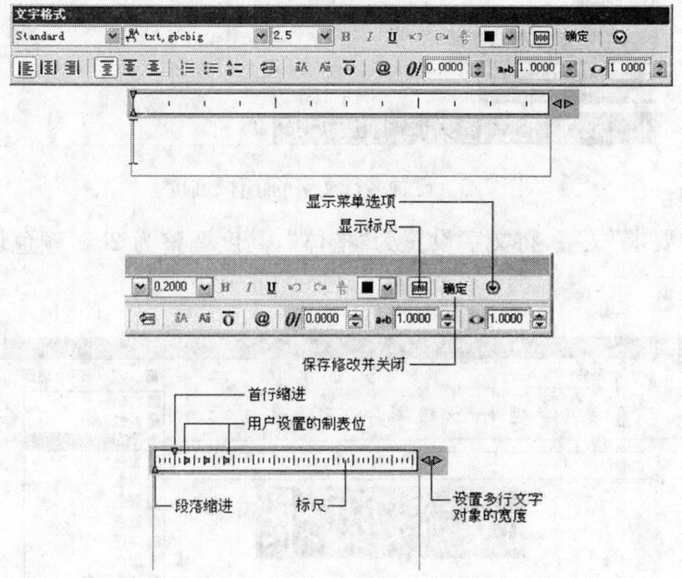

图 7.3 “文字格式”对话框

(1) 使用“文字格式”对话框设置文字的样式、字体、高度、颜色等。在文字编辑区内输入所需要的文字，如图 7.4 所示。

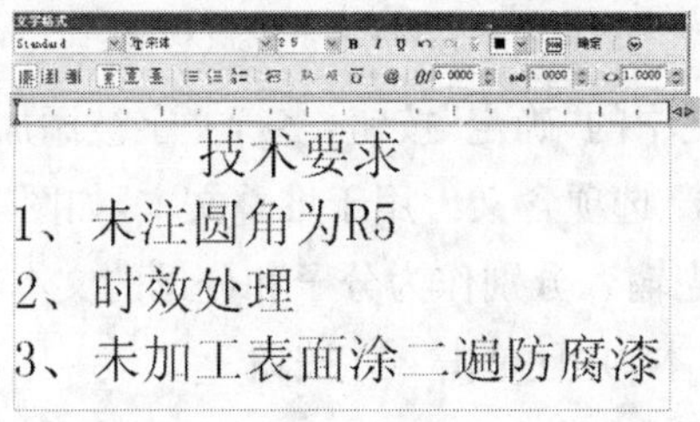

图 7.4 输入多行文字

如果要对每个段落首行缩进，则拖动标尺上的第一行缩进滑块；要对每个段落的其他行缩进，可拖动段落滑块；要设置制表格，可单击标尺设置制表位（有点类似 Word 操作）。结束输入文字和设置好文字格式后，要想保存更改并退出“文字格式”，可使用下列方法之一：

① 单击工具栏上的“确定”按钮。

② 单击“文字格式”外部的图形。

③ 按 Ctrl+Enter 键。

(2) 对于多行文字而言，其各部分文字可以采用不同的高度、字体和颜色等。

【例 7.1】 将图 7.4 所示的 3 条技术要求设置为“宋体”，高度为 1.5；“技术要求”设置为“楷体”，高度调整为 2.5，颜色调整为红色。其操作步骤如下：

① 选择 3 行技术要求内容，将文字设置为“宋体”，高度设置为 1.5，如图 7.5 所示。

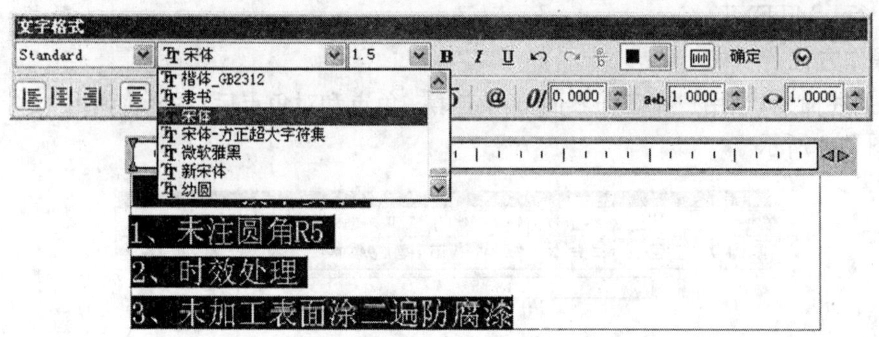

图 7.5 设置多行文字的字体、高度

② 选择“技术要求”文字，将文字设置为“楷体”，高度调整为 2.5，颜色调整为红色，如图 7.6 所示。

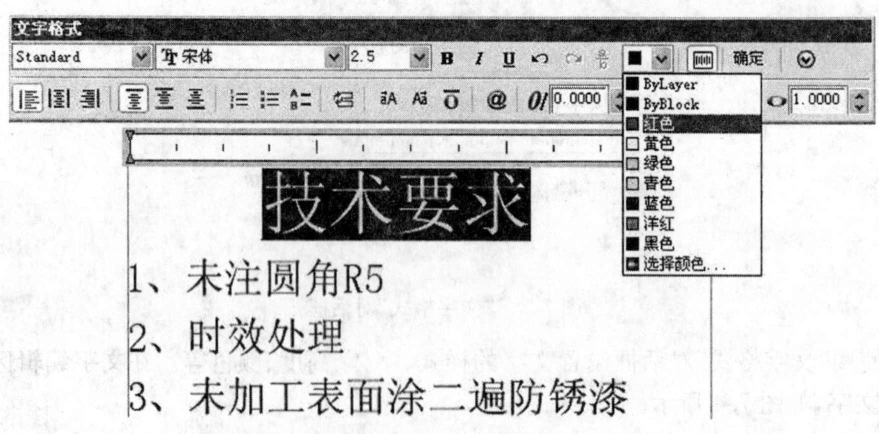

图 7.6 多行文字调整效果

③ 单击“文字格式”工具栏中的“确定”按钮，多行文字被添加到绘图区，如图 7.7 所示。

(3) “文字格式”工具栏 $\frac{a}{b}$ 选项含义 用于堆叠文本，如图 7.8 所示，即垂直对齐的文本或分数。要创建堆叠文本，可先输入分别作为分子和分母的文本，其间使用“/”分隔，然后通过光标拖动方法选择这一部分文本，并且单击 $\frac{a}{b}$ 按钮。

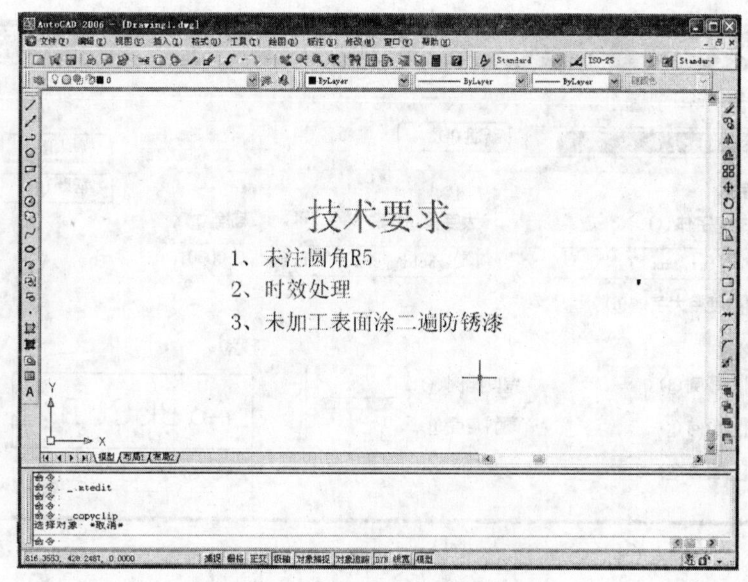

图 7.7　多行文字添加至绘图区

【例 7.2】 创建配合尺寸 $\phi 50\dfrac{R7}{h6}$。操作步骤如下：

① 输入“R7/h6”。

② 选择“R7/h6”。

③ 点击 按钮。

配合尺寸代号 $\varnothing 50\frac{R7}{h6}$

图 7.8　堆叠文本

7.2　创建和使用文本样式

国家技术制图标准中，各种专业图样中文字的字体、字宽、字高都有规定的样式。为了达到国家标准要求，在输入文字以前，要先设置文字样式或者调用已经设置好的文字样式。文字样式定义了文本所用的字体、字高、宽度比例、倾斜角度等其他文字特征。

如果不选文字样式，AutoCAD 将使用当前默认的 STANDARD 文字样式。当创建新的文字样式后，就将新文字样式置于当前视图。

1）调用命令方式

菜单命令：格式→文字样式

工 具 栏：“样式”工具栏“文字样式” 按钮

命 令 行：STYLE

2）操作方式

(1) 单击菜单“格式”→“文字样式”(或点击)，弹出“文字样式”对话框，如图 7.9 所示。

(2) 单击“新建”按钮，弹出“新建文字样式”对话框，如图 7.10 所示。

(3) 在“样式名”文本框中输入样式名称，例如“汉字”，单击“确定”返回“文字样式”对

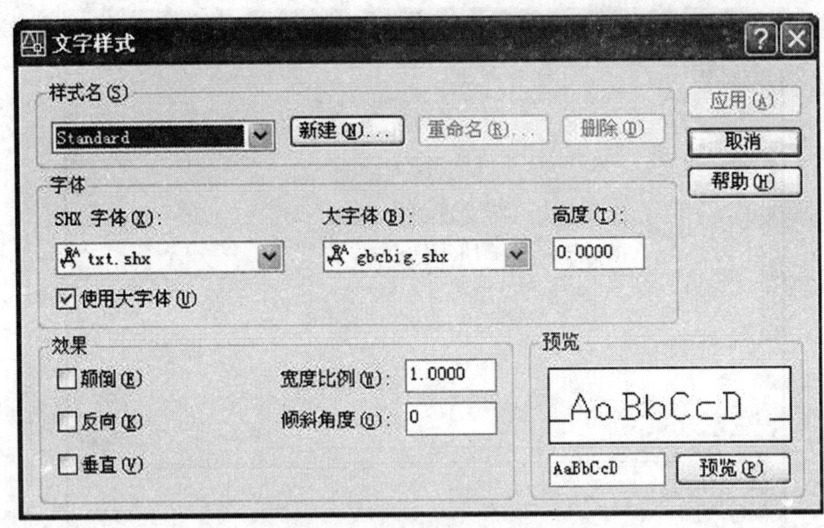

图 7.9 "文字样式"对话框

图 7.10 "新建文字样式"对话框

话框。

(4) 从"字体名"下拉表中,选择"仿宋-GB2312"(不要误选为"@仿宋-2312")。

(5) 在"高度"文本框中输入文字高度。

(6) 在"宽度比例"文本框中输入宽度比例,因为仿宋体本身的高宽比符合国家标准要求。

(7) 在"倾斜角度"文本框中输入文字倾斜角度(文字可以向右倾斜 15°)。

(8) 单击"应用"按钮,表示"汉字"为当前样式。

(9) 单击"关闭"按钮,退出"文字样式"对话框,完成设置。

说明:

① 若在文本框中输入文字高度为 0,每次调用输入文字时,都要输入文字高度;若文字高度不为 0,输入的文字采用此处设置的文字高度,不用再输入文字高度。在右下角的"预览"区,实时显示设置结果。

② 选择字体时,要注意@表示字体是竖排的。

③ 字体倾斜角度大于 0,文字向右倾斜;小于 0,文字向左倾斜。如果采用斜体字,应在"倾斜角度"文本框中输入倾斜角度,按国家标准要求输入 15°。

7.3 输入特殊符号

7.3.1 利用单行文字命令输入特殊符号

1）特殊符号

AutoCAD将“下画线”、“ϕ”和“°”等符号视为特殊符号。常见的特殊符号的输入形式见表7.1所示。

表7.1 AutoCAD特殊符号输入形式

控 制 码	符 号 意 义
%%o	上画线
%%u	下画线
%%d	度数“°”
%%p	公差符号“±”
%%c	圆直径“ϕ”
%%%	单个百分比符号“%”

2）操作步骤

(1) 选择菜单命令：绘图→文字→单行文字。

(2) 指定第一个文字起点。

(3) 指定文字高度，例如输入7，按回车键。

(4) 指定文字旋转角度，采用默认值0。

(5) 输入需要的符号。

(6) 确定后回车。

【例7.3】 生成AutoCAD 2006。

可以用如下命令：%%uAutoCAD 2006%%u。用户还可以利用%%nnn输入任何字符或符号，其中nnn为各符号的ASCII码。

7.3.2 利用多行文字命令输入特殊符号

利用多行文字命令输入特殊符号比单行文字命令具有更大的灵活性，因为它本身就具有一些格式化选项。例如，利用编辑文字快捷菜单，用户可以直接输入ϕ、°等。下面通过生成字符串4×ϕ8±0.025，说明其操作步骤。

(1) 选择菜单命令“绘图→文字→多行文字”，单击两对角点设置输入框，打开“文字格式”编辑区。

(2) 在文字编辑区中输入数字“4”，然后进入中文输入状态。右击输入法提示条的软键盘，从弹出的菜单中选择“数学符号”，打开数学符号软键盘。

(3) 单击数学符号软键盘中的“×”，将其输入文字编辑区中，如图7.11所示。

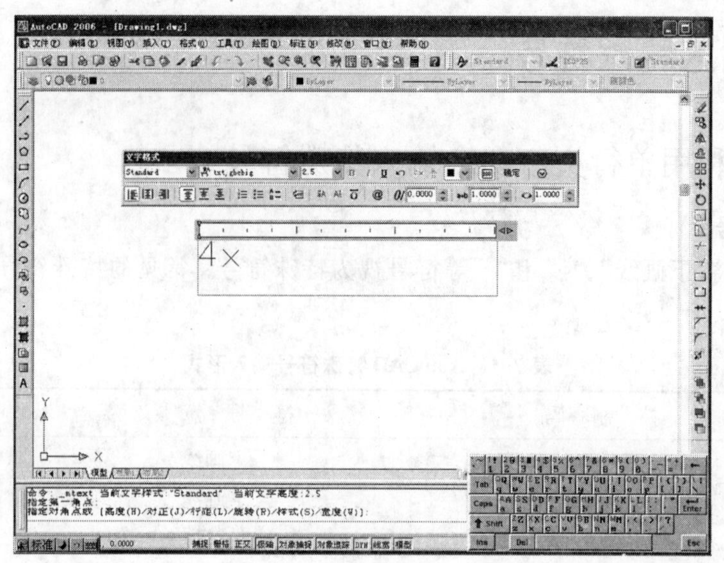

图 7.11　利用软键盘输入“×”

(4) 在文字编辑区中右击,显示出编辑文字快捷菜单,选择“符号”菜单中的“直径”选项,如图 7.12 所示,然后输入 8。

图 7.12　输入符号“直径”

(5) 再次显示编辑文字快捷菜单,选择“符号”菜单中的“正/负”选项,然后输入“0.025”。

(6) 单击“确定”按钮,结果如图 7.13 所示。

此外,用户也可以选择编辑文字快捷菜单中的“符号”→“其他”选项,打开“字符映射表”对话框,如图 7.14 所示。在“字体”下拉列表中选择字体名,在“符号”选区中选择需要的特殊符号,按下“选择”按钮后,单击 “复制”按钮, 返回文字编辑区,点击右键,在快捷菜单中选择“粘贴”选项。

图 7.13　特殊符号输入效果

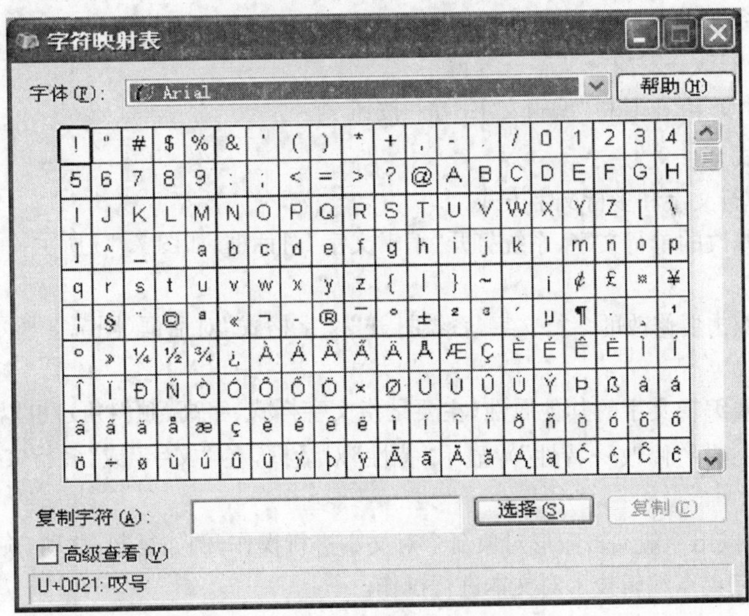

图 7.14　“字符映射表”对话框

7.4　文本编辑

7.4.1　用 DDEDIT 编辑文本

由于多数的图形编辑命令只能对文本进行整体编辑或修改，而不能修改单行文字和多行文字的文本内容和文本特性，如果修改文本的内容，则要使用 DDEDIT 命令。

1）调用命令方式

命 令 行：DDEDIT

2）操作方式

用 DDEDIT 命令编辑文本时，用户可以在同一个 DDEDIT 命令下连续编辑多处文本。

(1) 命令窗口中输入 DDEDIT 命令，命令行处显示 “选择注释对象或 [放弃(U)]：”，此时光标变成方形拾取框。

(2) 用方形拾取框点击所需要修改的文本。

当用户要编辑单行文字时，系统将打开“编辑文字”对话框，如图 7.15 所示。用户可以在此对话框中插入光标修改文字内容及特性。

图 7.15 “编辑文字”对话框

当用户要编辑多行文字时，系统将弹出“文字格式”对话框，用户可以在文本编辑区中修改文本内容及特性（例如删除文字、输入文字等）。

(3) 完成编辑后，点击“确定”，返回绘图窗口，结束命令。

7.4.2 编辑文本

1）调用命令方式

菜单命令：修改→对象→文本→编辑

工 具 栏：“文字”工具栏“编辑文字” 按钮

2）操作方式

(1) 编辑单行文字和多行文字方式

① 双击要修改的单行文字，系统打开“编辑文字”对话框，如图 7.15 所示，可以在此编辑修改文本。

② 当用户双击要修改的多行文字，系统打开“文字格式”对话框（图 7.3 所示），可以在此编辑修改文本。

③ 当用户要编辑文字的其他属性（主要是指文字样式、字高、倾斜角），可以通过单击“特性”按钮 （或选择“修改→特性”），显示“特性”对话框，在 “文字”或“多行文字”区作相应的修改。

(2) 用户可以用一般编辑图形对象命令对文本进行操作，例如复制、移动、旋转、删除和镜像等，也可以利用夹点编辑技术对文本进行操作。

7.4.3 文本对正

1）调用命令方式

菜单命令：修改→对象→文字→对正

工 具 栏：“文字”工具栏 按钮

命 令 行：JUSTIFYTEXT

2）操作方式

通过上述命令操作，命令行提示：“指定文字的起点或 [对正(J)/样式(S)]：”

当用户输入“J”回车后将出现：“[对齐(A)/调整(F)/中心(C)/中间(M)/右(R)/左上

(TL)/中上(TC)/右上(TR)/左中(ML)/正中(MC)/右中(MR)/左下(BL)/中下(BC)/右下(BR)]:”

此时用户就可以选择单行文字的对正方式。其各项意义如同 DTEXT 命令中的选项。

7.4.4 文本比例缩放

绘制复杂图形时,往往需要修改许多文本对象,如果一个一个地修改它们的比例,是非常复杂的。利用 SCALETEXT 命令可将多个文字同时缩放成同一高度或按相同比例缩放,而不变更它们的基点位置,使改变比例输出图形变得非常方便。

1)调用命令方式

菜单命令:修改→对象→文字→缩放;修改→对象→文字→比例

工 具 栏:“文字”工具栏 按钮

命 令 行:SCALETEXT

2)操作方式

(1) 当选择“修改→对象→文字→缩放”时,命令提示如下:

命令:_scaletext

选择对象:找到 1 个　　(/选择要缩放的文字)

选择对象:　　(回车)

输入缩放的基点选项:

[现有(E)/左(L)/中心(C)/中间(M)/右(R)/左上(TL)/中上(TC)/右上(TR)/左中(ML)/正中(MC)/右中(MR)/左下(BL)/中下(BC)/右下(BR)] ＜中心＞:* 取消 *

(2) 各选项的含义

现有(E):以各文字写入时的插入点为现在执行缩放的基点。

其他选项含义与 DTEXT 命令相同。选择它们则以对应的插入点为现在执行缩放的基点,命令行提示:

指定新高度或 [匹配对象(M)/缩放比例(S)] ＜当前高度＞:* 取消 *

此时 3 种缩放比例选项的含义如下:

① 默认选项:输入文字的新高度,则缩放后所选文字都是该高度。

② 匹配对象:使所选文字与已有的某文字高度一致。

③ 缩放比例:直接输入缩放比例系数。

8　块和外部参照及其他辅助功能

学习目标

◎ 掌握块的基本知识与操作、块属性及应用块的编辑和管理；
◎ 学会使用外部参照；
◎ 学会利用 AutoCAD 设计中心管理图形；
◎ 熟悉各种查询命令。

8.1　块的基本知识与操作

块是一个或多个对象形成的对象集合，常用于绘制复杂、重复的图形。将一组对象组合成块之后，就可以根据作图需要将这组对象插入到图中任意指定位置，并可以按不同的比例和旋转角度插入。

8.1.1　定义块

命令调用方式：

菜单命令：绘图→块→创建

工 具 栏：“绘图”工具栏“创建块” 按钮

命 令 行：BLOCK

通过以上操作，系统将打开“块定义”对话框。利用该对话框，可以将已绘制的对象定义为内部块。内部块只能在本图形中插入，如图 8.1 所示。

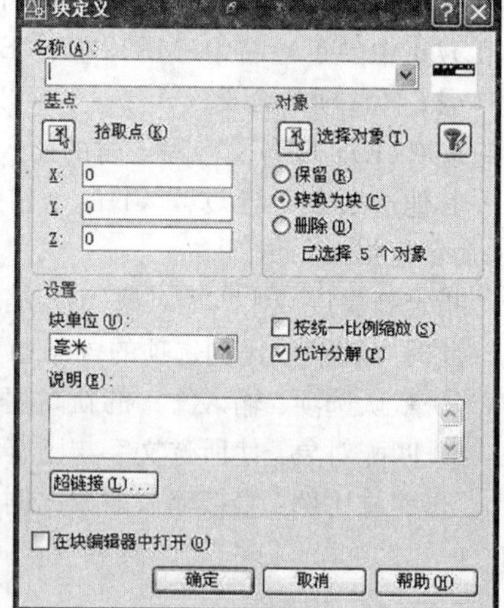

图 8.1　“块定义”对话框

【例 8.1】　将图 8.2 所示的图形定义为块。

(1) 选择“绘图”→“块”→“创建”命令，打开“块定义”对话框。

(2) 在“名称”文本框中输入块的名称，如“标题栏”。

(3) 在“基点”选项区域中单击“拾取点”按钮，然后单击图形的某一点确定基点位置。

(4) 在“对象”选项区域中选择“保留”单选按钮，再单击“选择对象”按钮，切换到绘图窗口，选择所有图形，然后按 Enter 键返回“块定义”对话框。

(5) 在“设置”选项区域中可设置“块单位”、“按统一比例缩放”、“允许分解”。

(6) 在“说明”文本框中输入对图块的说明，如“标题栏”。

(7) 设置完毕，单击“确定”按钮保存设置。

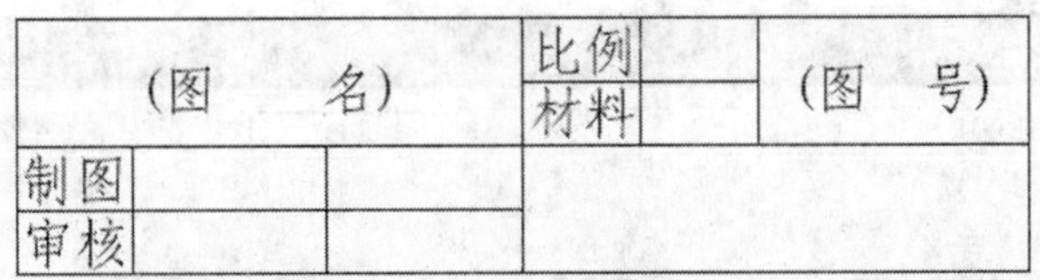

图 8.2　用于定义块的图形

8.1.2　存储块

命令调用方式：

命 令 行：WBLOCK

在命令行中输入“WBLOCK”，系统打开“写块”对话框，如图 8.3 所示。

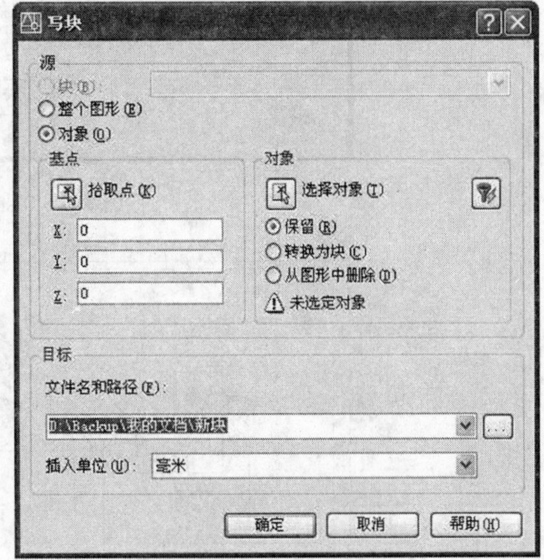

图 8.3　“写块”对话框

【例 8.2】　将例 8.1 中创建的块写入磁盘中。

(1) 打开例 8.1 中使用的文档，然后在命令行输入命令“WBLOCK”，并按 Enter 键，打开“写块”对话框。

(2) 在对话框的“源”选项区域中选择“块”单选按钮，然后在其后的下拉列表框中选择创建的块“标题栏”。

(3) 在“目标”选项区域的“文件名和路径”文本框中输入文件名和路径，如“E：\AutoCAD Block\标题栏”，并在“插入单位”下拉列表框中选择“毫米”选项。

(4) 单击“确定”按钮，将块存入磁盘。

8.1.3　插入块

命令调用方式：

菜单命令：插入→块

工 具 栏：“绘图”工具栏 按钮。

选择“插入”→“块”命令或单击“绘图”工具栏 按钮，系统打开“插入”对话框，如图 8.4 所示。利用该对话框，用户可以在图形中插入块或其他图形，且在插入的同时还可以改变所插入块或图形的比例与旋转角度。

【例 8.3】　在图 8.5 所示的图形右侧插入例 8.1 中定义的块，并设置缩放比例为 80%。

(1) 选择“插入”→“块”命令，打开“插入”对话框。

(2) 在“名称”下拉列表框中选择“标题栏”。

(3) 在“插入点”选项区域中选择“在屏幕上指定”复选框。

(4) 在“缩放比例”选项区域中选择“统一比例”复选框，并在 X 文本框中输入“0.8”，然后单击“确定”按钮。

(5) 在绘图窗口中需要插入块的位置单击，将块插入，效果如图 8.6 所示。

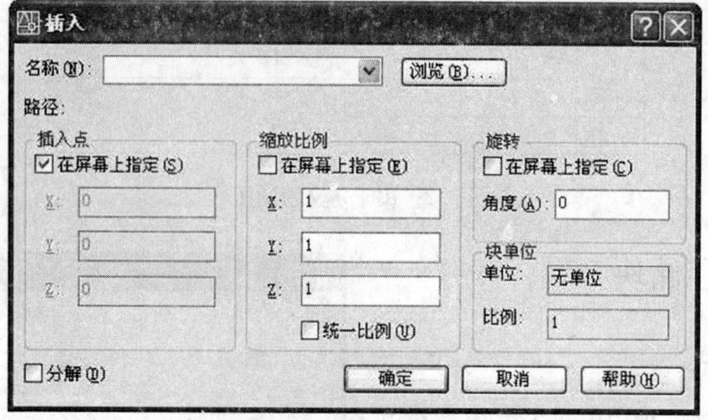

图 8.4 “插入”对话框

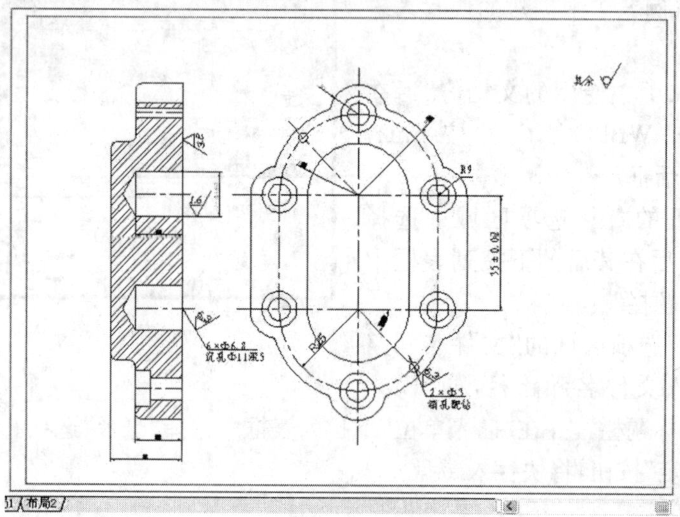

图 8.5 原始图形

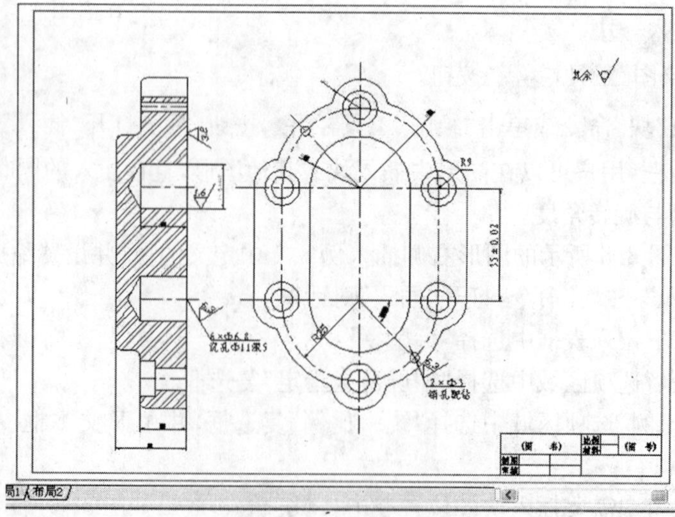

图 8.6 块插入后的效果

8.1.4　块嵌套

块嵌套就是将一个块插入到另一个块中。图 8.7 就是将图 8.7(a)圆柱销块插入到图 8.7(b)零件块中的“块嵌套”实例。

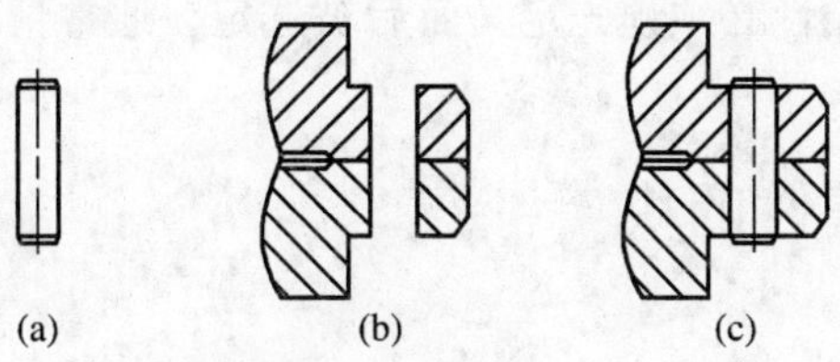

图 8.7　“块嵌套”实例

8.1.5　设置插入基点

命令调用方式：

菜单命令：绘图→块→基点

命 令 行：BASE

用户可以设置当前图形的插入基点。当把某一图形文件作为块插入时，系统默认将该图的坐标原点作为插入点，这样往往会给绘图带来不便。这时，就可以使用“基点”命令，对图形文件指定新的插入基点。

执行 BASE 命令后，用户可以直接在“输入基点：”提示下指定作为块插入基点坐标。

8.1.6　矩形阵列插入块

命令调用方式：

命 令 行：MINSERT

根据提示输入各选项即可按矩形阵列的方式插入块。

【例 8.4】 将“CIRCLE”图块(半径为 5 mm 的圆)以 3 行 5 列，行间距为 20 mm，列间距为 15 mm 的形式插入到新建图形中。

(1) 在命令行输入“MINSERT”命令。

(2) 输入块名“CIRCLE”。

(3) 在屏幕上拾取一点为插入基点。

(4) 指定 X 方向上比例因子为 1。

(5) 指定 Y 方向上比例因子为 1。

(6) 默认旋转角度为 0。

(7) 行数为 3 行。

(8) 列数为 5 列。

(9) 行间距为 20 mm。

(10) 列间距为 15 mm。

图 8.8　块插入后的效果

插入后的效果如图 8.8 所示。

8.2 块属性及其应用

块属性是附属于块的非图形信息，是块的组成部分，是特定的可包含在块定义中的文字对象，并且在定义一个块时，属性必须预先定义而后被选定。通常情况下，属性用于在块的插入过程进行自动注释。

8.2.1 创建带属性的块

命令调用方式：

菜单命令：绘图→块→定义属性

选择"绘图"→"块"→"定义属性"命令，系统将打开"属性定义"对话框。利用该对话框，用户可以创建块属性，如图 8.9 所示。

图 8.9 "属性定义"对话框

【例 8.5】 将图 8.10(a)所示的图形定义为块并存储，块名为"粗糙度块"，并且把块的属性分别定义为图 8.10(b)和 8.10(c)的形式。

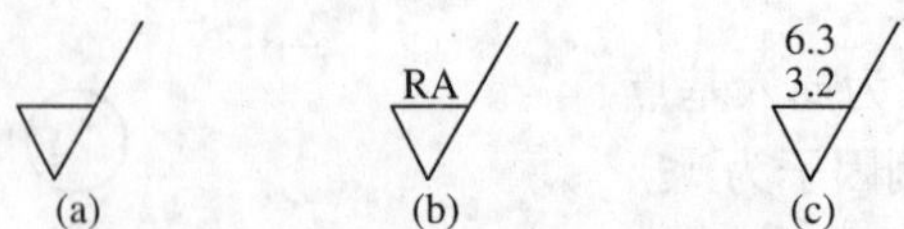

图 8.10 在图块中插入一个或多个属性

(1) 选择"绘图"→"块"→"定义属性"命令，打开属性定义对话框。

(2) 在"模式"选项区域中选择"固定"复选框，在"属性"选项区域的"标记"文本框中输入"RA"。

(3) 选中"在屏幕上指定"，然后在表面粗糙度符号的左端点的左上方适当位置点击，确定插入点的位置。

(4) 在"文字选项"选项区域的"对正"下拉列表框中选择"左"，在"高度"按钮后面的文本框中输入"5"，其他选项采用默认设置。

(5) 单击“确定”按钮，完成第一个属性的定义，同时在图中的定义位置将显示出该属性的标记，如图 8.10(b)所示。

(6) 重复步骤(1)至(5)，创建属性标记“3.2”，不同的是输入的“属性标记”应为 3.2；将最大值 6.3 定义为属性的方法与上述操作类似，输入的“属性标记”应为 6.3，在绘图区域内拾取的插入点应为 3.2 的左端正上方(此为在机械图样上标注粗糙度的范围，需将其最大值和最小值上下排列)，结果如图 8.10(c)所示。

(7) 参照前面介绍的方法，将图形定义为块并存储。

8.2.2 修改属性定义

命令调用方式：

菜单命令：修改→对象→文字→编辑

命 令 行：DDEDIT

双击块属性标记，均可实现该操作。

对块定义属性后，用户还可以修改属性定义中的属性标记、提示及默认值。AutoCAD 提示：

选择注释对象或[放弃(U)]：

在该提示下选择属性定义标记后，AutoCAD 将弹出图 8.11 所示的“编辑属性定义”对话框。利用该对话框，用户即可修改属性定义的标记、提示和默认值。

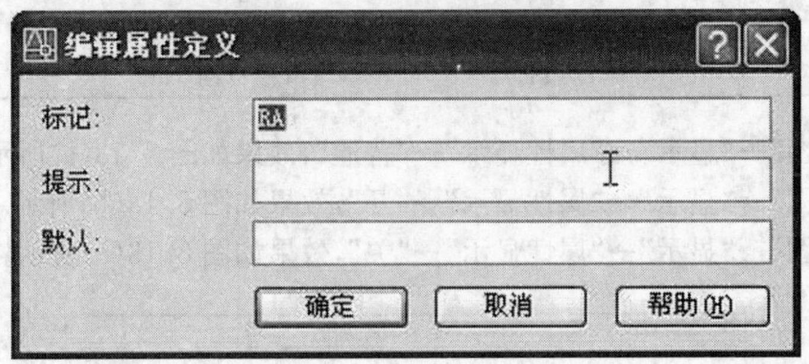

图 8.11 “编辑属性定义”对话框

8.2.3 插入块属性

在创建带有附加属性的块时，需要同时选择块属性作为块的成员对象。带有属性的块创建完成后，就可以使用“插入”对话框，在文档中插入该块了。

【例 8.6】 把例 8.5 中定义的带属性的图块图 8.10(c)插入到图 8.12(a)中标注表面粗糙度，变成图 8.12(b)所示的样式。

(1) 选择“文件”→“打开”命令，打开“选择文件”对话框，选择已创建的如图 8.12(a)所示的图形，打开此图形文件。

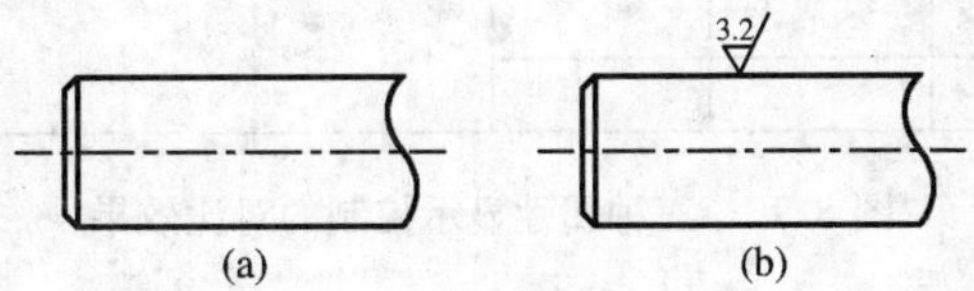

图 8.12 插入带属性的块

(2) 选择“插入”→“块”命令，打开“插入”对话框。单击“浏览”按钮，选择创建的块“粗糙度块.dwg”并打开。

(3) 在“插入点”选项区域中选择“在屏幕上指定”复选框，然后单击“确定”按钮。

(4) 在绘图窗口中单击，确定插入点的位置，并在命令行的“粗糙度〈6.3〉:”提示下输入粗糙度“3.2”，然后按 Enter 键，结果如图 8.12(b)所示。

8.2.4 块属性显示的控制

命令调用方式：

菜单命令：视图→显示→属性显示

命 令 行：ATTDISP

执行 ATTDISP 命令后，AutoCAD 提示：

输入属性的可见性设置[普通(N)/开(ON)/关(OFF)]〈普通〉：

在该提示下选择某一项，即可控制块属性的显示。

【例 8.7】 图 8.2 所示的图形包括表 8.1 所示的 3 个属性，将它们的属性显示控制为普通、开、关，对比图 8.13(a)、8.13(b)、8.13(c)的效果。

表 8.1 图 8.2 块的属性信息

模式	属性标记	属性提示	属性默认值
固定	NAME	无	张丽
无	DATE	制图日期	2006.6
不可见	DATE	审核日期	2006.7

(1) 选择“视图”→“显示”→“属性显示”→“普通”，效果如图 8.13(a)所示。

(2) 选择“视图”→“显示”→“属性显示”→“开”，效果如图 8.13(b)所示。

(3) 选择“视图”→“显示”→“属性显示”→“关”，效果如图 8.13(c)所示。

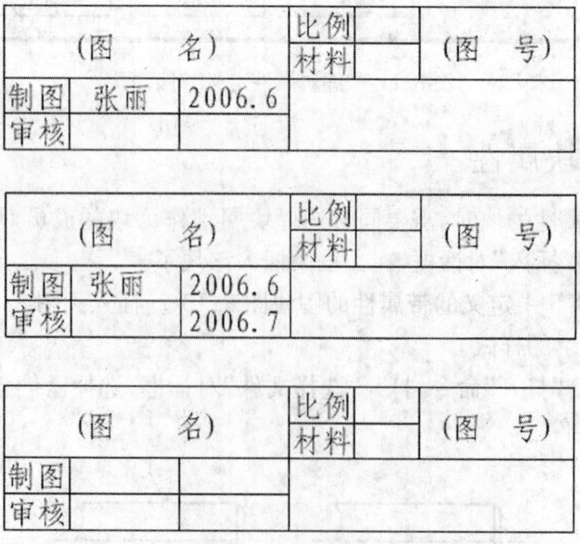

(图 名)			比例		(图 号)
			材料		
制图	张丽	2006.6			
审核					

(图 名)			比例		(图 号)
			材料		
制图	张丽	2006.6			
审核		2006.7			

(图 名)			比例		(图 号)
			材料		
制图					
审核					

图 8.13 三种属性显示控制的对比效果

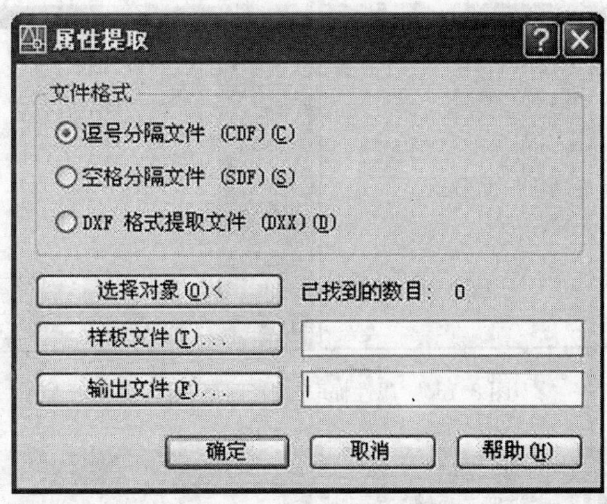

图 8.14 “属性提取”对话框

8.2.5 块属性的提取

命令调用方式：

命 令 行：ATTEXT

在命令行输入“ATTEXT”命令，弹出“属性提取”对话框，如图 8.14 所示。

利用此对话框可以指定属性信息的文件格式，要从中提取信息的对象、信息样板及其输出文件名。

8.2.6 属性提取向导

命令调用方式：

菜单命令：工具→属性提取

工 具 栏：“修改Ⅱ”工具栏 按钮

命 令 行：EATTEXT

该命令可以提取块对象的属性。属性提取向导包含以下页面：选择图形、设置、使用样板、选择属性、查看输出、保存样板、输出。

【例 8.8】 利用“属性提取”向导，提取例 8.7 中图 8.2 的属性信息。

(1) 打开图 8.2 所示的图形文件。

(2) 选择“工具”→“属性提取”命令，弹出“属性提取-开始”对话框，选择“从头创建表或外部文件”，然后单击“下一步”按钮，进入“属性提取-选择图形”对话框，选择“当前图形”如图 8.15 所示。

(3) 单击“下一步”按钮。

(4) 进入“属性提取-选择属性”对话框，如图 8.16 所示，然后单击“下一步”。

(5) 进入“属性提取-结束输出”对话框，在此对话框中可对元素重新排序。可将属性数据提取到“AutoCAD 表”或“外部文件”中。单击“下一步”进入“属性提取-表格样式”对话框，如图 8.17 所示。

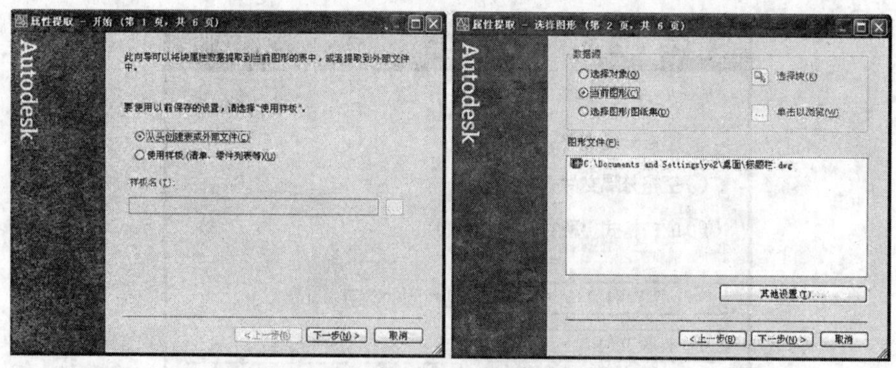

图 8.15 “属性提取-选择图形”对话框

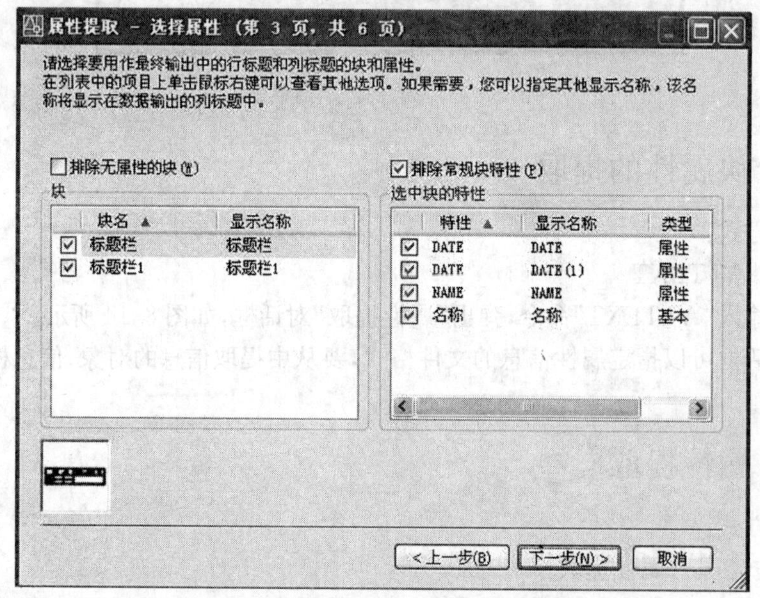

图 8.16 “属性提取-选择属性”对话框

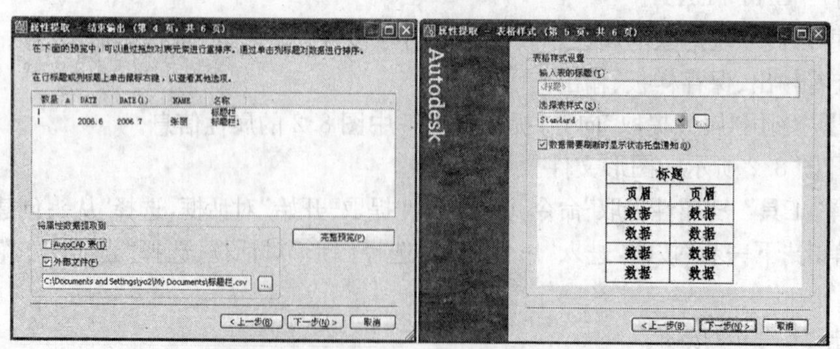

图 8.17 “属性提取-查看输出”对话框

(6) 单击“下一步”,弹出“属性提取-完成”对话框,单击“保存样板”按钮。在“另存为”对话框中,输入“标题栏块”,单击“保存”按钮,单击“完成”。如图 8.18 所示。

(7) 单击“完成”按钮,将所提取的块属性信息写入指定文件。

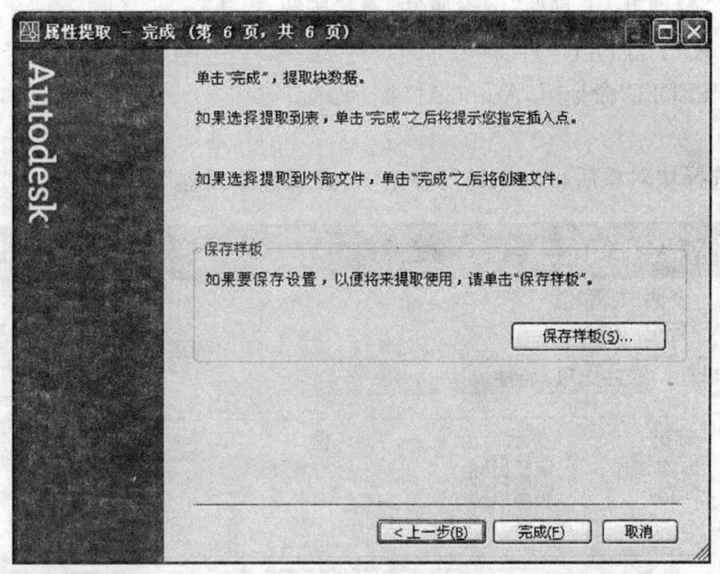

图 8.18 "属性提取-输出"对话框

(8) 从"插入"菜单中，选择"OLE"对象，在"插入对象"对话框中，选择"由文件创建"单选按钮，选择"浏览"并打开"c:\"文件夹，然后选择"标题栏.blk"文件，如图 8.19 所示。

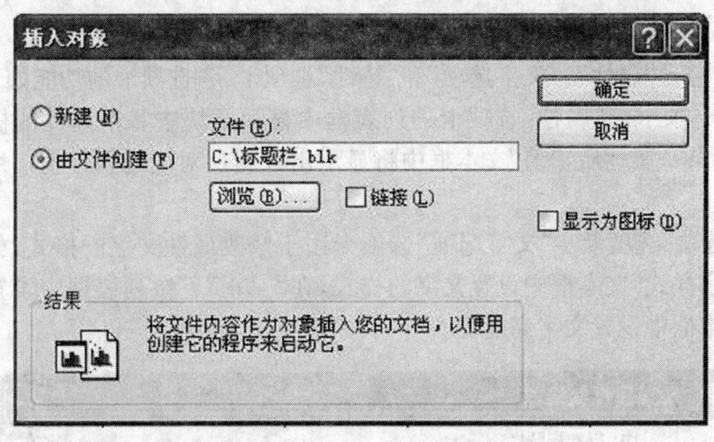

图 8.19 "插入对象"对话框

(9) 单击"插入"按钮，再单击"确定"按钮。

(10) 在"OLE 特性"对话框中，单击"确定"按钮，插入的文件如图 8.20 所示。

数量	DATE	DATE(1)	NAME	名称
1				标题栏
1	2006.6	2006.7	张丽	标题栏1

图 8.20 "OLE 特性"对话框

8.2.7 编辑块属性

命令调用方式：

菜单命令：修改→对象→属性→单个

工 具 栏："修改Ⅱ"工具栏"编辑属性" 按钮

命 令 行：EATTEDIT

执行"EATTEDIT"命令后，AutoCAD 提示：

选择块：

在提示下选择块对象后，AutoCAD 弹出"增强属性编辑器"对话框，如图 8.21 所示。

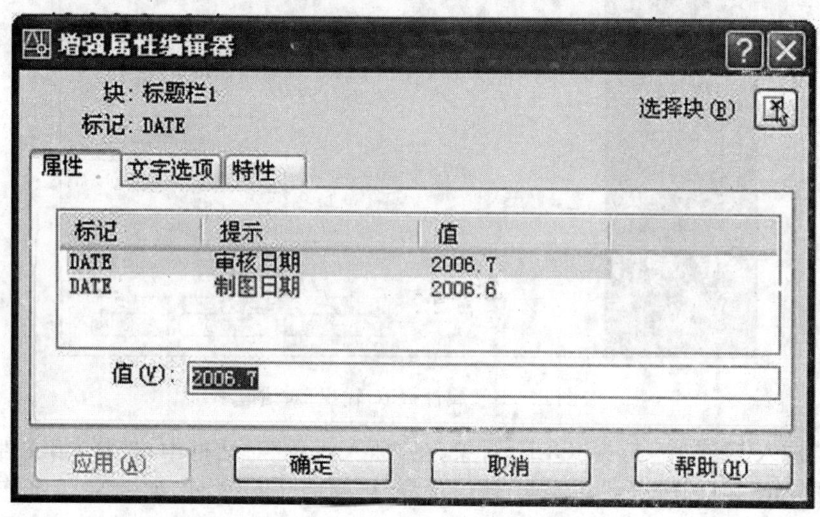

图 8.21 "增强属性编辑器"对话框

该对话框中包含"属性"、"文字选项"和"特性"选项卡，各选项卡的功能如下：

(1) "属性"选项卡 "属性"选项卡的列表框中显示了块中每个属性的标记、提示和值。在列表框中选择某一属性后，"值"文本框中将显示出该属性对应的属性值。用户可以通过它修改属性值。

(2) "文字选项"选项卡 "文字选项"选项卡用于修改属性文字的格式，如图 8.22 所示。用户可以在"文字样式"文本框中设置文字的样式，在"对正"下拉列表框中设置文件的对齐方式，在"高度"文本框中设置文字高度等。

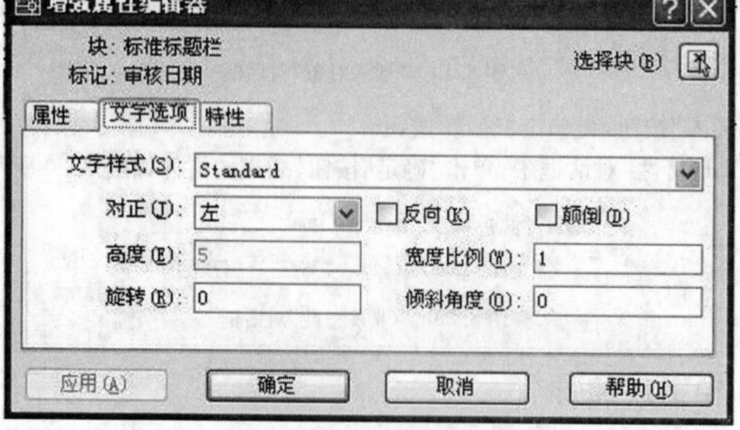

图 8.22 "文字选项"选项卡

(3) "特性"选项卡 "特性"选项卡用于修改属性文字的图层以及它的线宽、线型、颜色及打印样式等,如图8.23所示。

图 8.23 “特性”选项卡

在“增强属性编辑器”对话框中,除上述 3 个选项卡外,还有“选择块”和“应用”等按钮。单击“选择块”按钮,可以切换到绘图窗口并选择要编辑的块对象;单击“应用”按钮,可以确认已进行的修改。

此外,用户也可以使用 ATTEDIT 命令编辑块属性。执行该命令后,AutoCAD 提示:

选择块参照:

在该提示下选择包含属性的块对象后,AutoCAD 弹出“编辑属性”对话框,如图 8.24 所示。利用该对话框,也可以编辑或修改块的属性值。

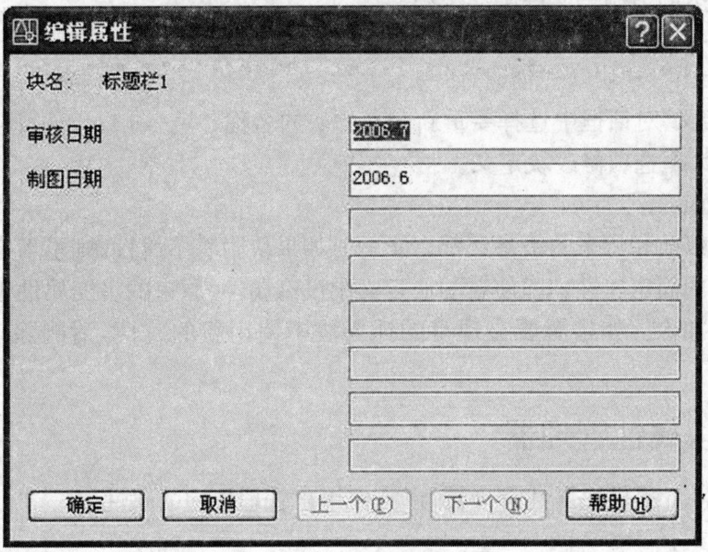

图 8.24 “编辑属性”对话框

8.3　块的编辑和管理

8.3.1　块插入时对象的特性变化

(1) 当插入块时,块中所含对象的图层、颜色、线型和线宽仍和创建图块时对象的特性一致。

(2) 图层变化情况　建块时处在 0 图层上的对象将放在当前层;处在 0 层以外的其他图层上的对象将仍然处于原来的图层上。如果这些图层不存在,在插入图块时将自动建立。

(3) 特性变化情况

① 对象的颜色、线型或线宽设置成“随层”的,其特性和所插入的图层特性一致。

② 对象含有固定特性(例如,颜色是红色)的,对象在插入后仍然保持固有特性。

③ 对象的特性设置成“随块”的,对象特性将和插入块时的特性一致。

下面将说明定义块时怎样设置图层、颜色、线型以及线型宽度:

(1) 要想使块中对象的颜色、线型和线宽都和插入块的图层一致,应该全部在 0 层上创建生成块的对象,并将所有特性都设置为“随层”。

(2) 要想使块中对象的颜色、线型和线宽与当前设置一致,在创建块前,应将所有特性都设置为“随块”。

8.3.2　块的重新定义

重新定义块,即以最新的定义内容更新同名块,选择新的对象、插入基点。重新定义块时,图形中所有对该块的引用也立即随之更新。

重新定义命名块的步骤:

(1) 选择“绘图”→“块”→“创建”命令。

(2) 在“块定义”对话框中选择要重新定义的块的名称。

(3) 使用对话框选项修改块定义。

(4) 选择“确定”。

重新定义对以前和将来的块参照都有影响。如果块附着了属性,则重新定义后,新的固定属性将取代原来的固定属性。即使新的块定义中没有属性,原来的可变属性也将保持不变,没有新的可变属性加入。如果需要在现有的插入块中使用新的属性,请删除该插入块并重新插入。

8.3.3　块属性管理器

AutoCAD 2006 提供块属性管理器,以方便用户管理块中的属性。

命令调用方式:

菜单命令: 修改→对象→属性→块属性管理器

工 具 栏: “修改Ⅱ”工具栏“块属性管理器” 按钮

命 令 行: BATTMAN

打开“块属性管理器”对话框,如图 8.25 所示。该对话框中主要选项的功能如下:

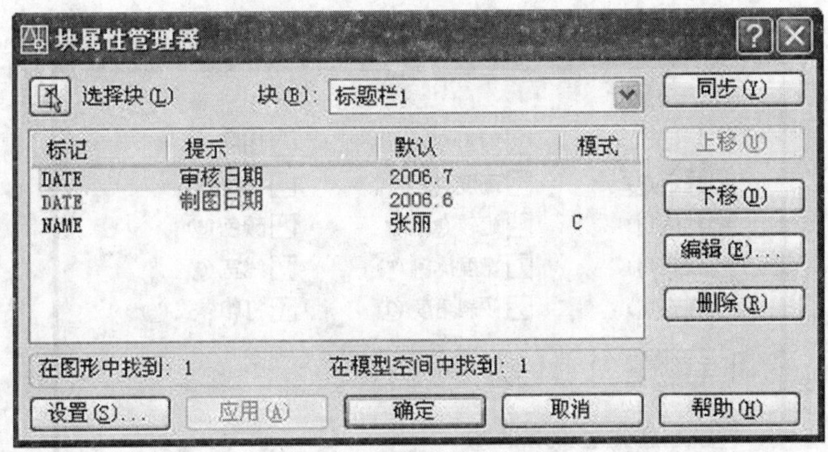

图 8.25 “块属性管理器”对话框

(1)“选择块”按钮　单击该按钮,切换到绘图窗口,在绘图窗口中可以选择需要操作的块。

(2)“块”下拉列表框　列出了当前图形中含有属性的所有块的名称。

(3)属性列表框　显示了当前所选择块的所有属性,包括标记、提示、默认值和模式。

(4)“同步”按钮　可以更新已修改的属性特性实例。

(5)“编辑”按钮　将打开“编辑属性”对话框,利用该对话框可以重新设置属性定义的构成、文字特性和图形特性等,如图 8.26 所示。

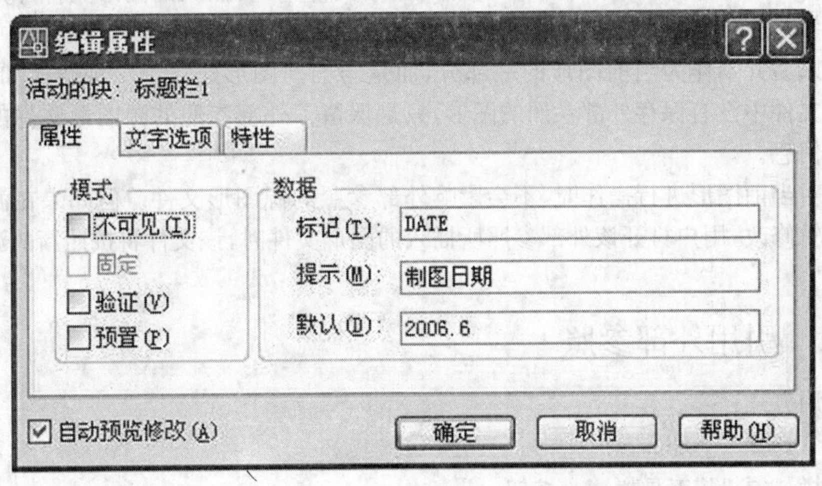

图 8.26 “编辑属性”对话框

(6)“删除”按钮　可以从块定义中删除在属性列表框中选中的属性定义,并且块中对应的属性值也被删除。

(7)“设置”按钮　将打开“设置”对话框,利用该对话框,可以设置在“块属性管理器”对话框中属性列表框中能够显示的内容,如图 8.27 所示。

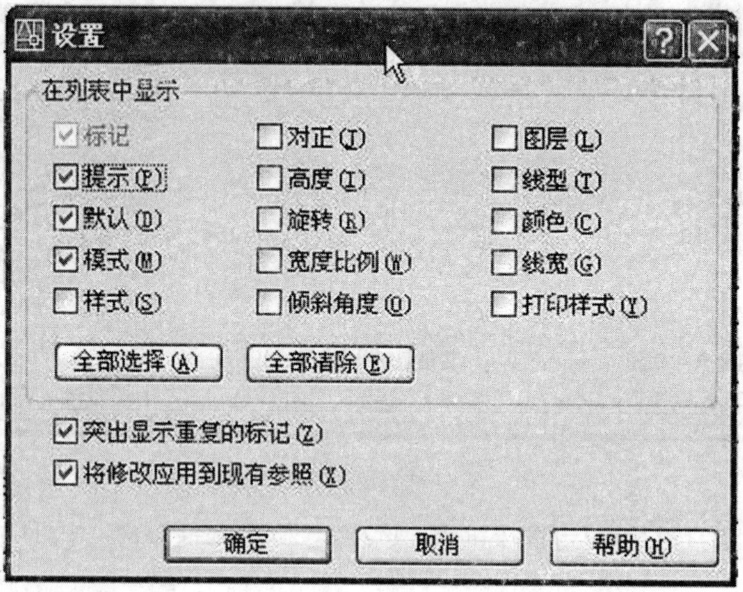

图 8.27 “设置”对话框

8.4 外部参照的使用

外部参照是指将一个图形文件插入到当前图形文件中，所插入的图形文件即是当前图形文件的外部参照。外部参照与插入图块不同的是：图块插入后就成为当前图形中的一部分，外部参照插入后并不作为当前图形的一部分，而是与当前图形建立了一种链接和引用关系。在当前图形文件中没有保存外部参照的图形，只是保留了外部参照的源图形文件的名称及其保存路径等信息。

当用户对当前图形进行操作时，不会影响外部参照的源图形文件。但如果在源图形文件中进行了编辑修改，用户打开该外部参照所插入的图形文件时，该文件将按照新的源图形自动进行更新。

8.4.1 引用外部参照

命令调用方式：

菜单命令：插入→外部参照

工 具 栏：“参照”工具栏 按钮

命 令 行：XATTACH

用户可以将图形文件以外部参照的形式插入到当前图形中。执行“XATTACH”命令后，系统将打开“选择参照文件”对话框，从中选择参照文件，并单击“打开”按钮，系统打开“外部参照”对话框，如图 8.28 所示。

从图 8.28 可以看出，在图形中插入外部参照的方法与插入块的方法相同，只是“外部参照”对话框中多了下述两个特殊选项：

(1)“参照类型”选项区域　用于确定外部参照的类型，选择“附加型”单选按钮，将显示出嵌套参照中的嵌套内容；选择“覆盖型”单选按钮，则不显示嵌套参照中的嵌套内容。

(2)“路径类型”下拉列表框　用于选择保存外部参照的路径类型，包括“完整路径”、“相对路径”和“无路径”3 种类型。

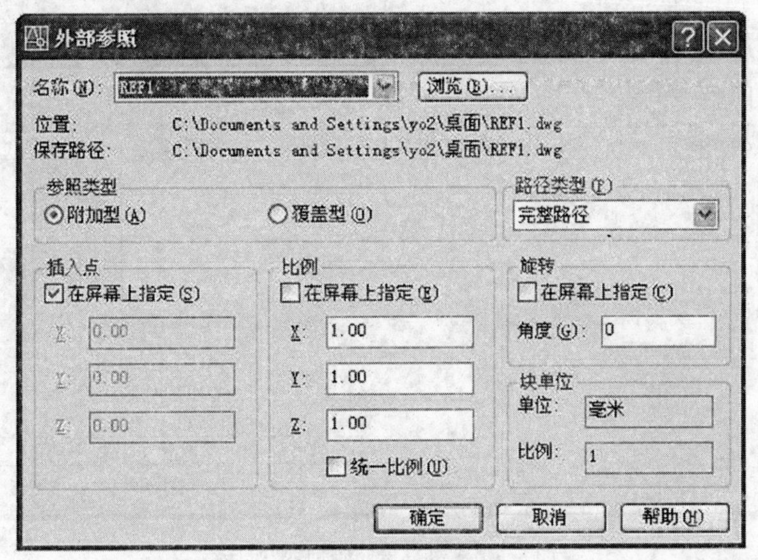

图 8.28　“外部参照”对话框

【例 8.9】　使用插入外部参照的方法，将如图 8.29(a)、(b)、(c)所示的图形组合为一个新图形 8.29(d)。这些图形文件的名称分别为 ref1、ref2、ref3 和 ref4。

(1) 选择“文件”→“新建”命令，新建一个文件。

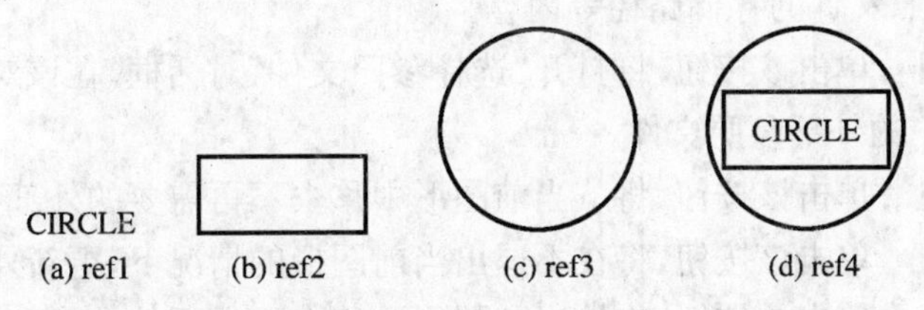

图 8.29　插入外部参照

(2) 选择“插入”→“外部参照”命令，打开“选择参照文件”对话框。

选择外部参照文件 ref1，然后单击“打开”按钮。

(3) 此时系统将打开“外部参照”对话框，在“参照类型”选项区域中选择“附加型”单选按钮，在“插入点”选项区域选择“在屏幕上指定”复选框，然后单击“确定”按钮，将外部参照文件 ref1 插入到新建文档中。

(4) 参照同样的方法，将外部参照文件 ref2 插入到文档中。

(5) 将外部参照文件 ref3 插入到文档中，得到如图 8.29(d)所示的效果。

8.4.2　管理外部参照

命令调用方式：

菜单命令：插入→外部参照管理器

命 令 行：XREF

输入命令 XREF,系统将打开“外部参照管理器”对话框,如图 8.30 所示。利用该对话框,用户可以对外部参照进行编辑和管理。

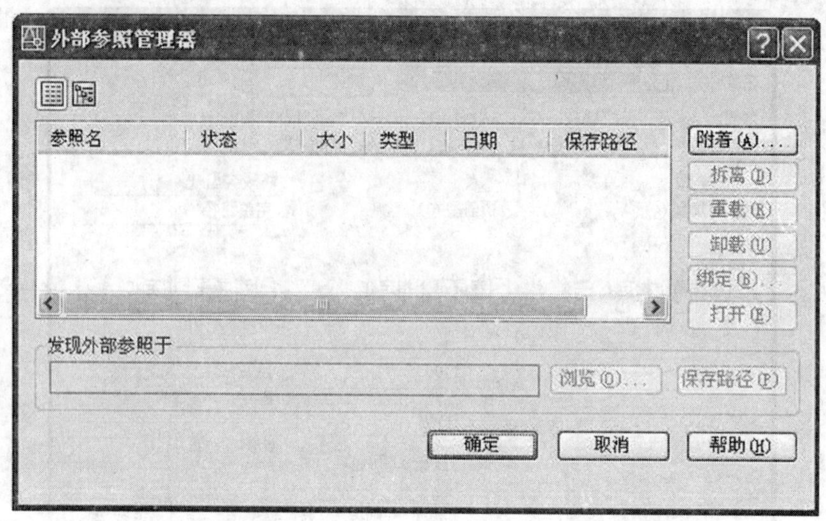

图 8.30 “外部参照管理器”对话框

该对话框中主要选项的功能如下:

单击“列表图” 按钮,外部参照以列表形式显示;单击“树状图” 按钮,外部参照可以以树状形式显示。

(1) 外部参照列表框　显示当前图形中各个外部参照的名称、加载状态、文件大小、参照类型、参照日期及参照文件的存储路径等内容。

(2) “附着”按钮　单击该按钮,将打开“选择参照文件”对话框,在该对话框中可以选择需要插入到当前图形中的外部参照文件。

(3) “拆离”按钮　单击该按钮,将从当前图形中移去不再需要的外部参照文件。

(4) “重载”按钮　单击该按钮,将在不退出当前图形的情况下,更新外部参照文件。

(5) “卸载”按钮　单击该按钮,将从当前图形中移走不需要的外部参照文件,但移走后仍保留该参照文件路径,当希望再参照该图形时,单击对话框中的“重载”按钮即可。

(6) “绑定”按钮　单击该按钮,可以将外部参照的文件转换成为一个正常的块,即将所参照的图形文件永久地插入到当前图形中,插入后系统将外部参照文件的依赖符转换为永久符号。

(7) “发现外部参照于”文本框　显示了当前外部参照文件的位置。用户可通过“浏览”按钮查看,也可以通过“保存路径”按钮将其保存。

8.5　利用 AutoCAD 设计中心管理图形

AutoCAD 设计中心与 Windows 资源管理器类似,为用户提供了一个直观且高效的工具。利用此设计中心,不仅可以浏览、查找、预览和管理 AutoCAD 图形、块、外部参照及光栅图像等不同的资源文件,而且可以通过简单的拖放操作,将位于本地计算机、局域网或互联网上的块、图层、外部参照等内容插入到当前图形。如果打开多个图形文件,在多个文件之间也可以通过简单的拖放操作实现图形的插入。所插入的内容除包含图形本身外,还包含图形定义、线型及字体等内容,从而使已有资源得到再利用和共享,提高了图形管理和图形设计的效率。

利用 AutoCAD 设计中心,用户可以完成如下操作:

(1) 创建对频繁访问的图形、文件夹和 Web 站点的快捷方式。

(2) 根据不同的查询条件,在本地计算机和网络上查找图形文件,找到后可以将它们直接加载到绘图区域或设计中心。

(3) 浏览不同的图形文件,包括当前打开的图形和 Web 站点上的图形库。

(4) 观看块、图层和其他图形文件的定义并将这些图形定义插入到当前图形文件中。

(5) 通过控制显示方式控制设计中心控制板的显示效果,还可以在控制板中显示与图形文件相关的描述信息和预览图像。

8.5.1 设计中心的启动

命令调用方式:

菜单命令:工具→设计中心

工 具 栏:"标准"工具栏"设计中心" 按钮

命 令 行:ADCENTER

执行该命令,AutoCAD 系统将打开"设计中心"窗口,如图 8.31 所示。

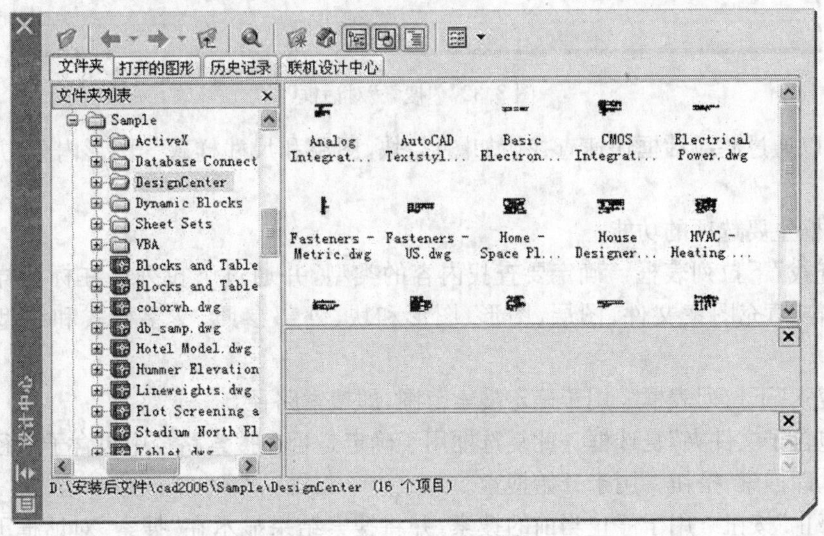

图 8.31 "设计中心"窗口

8.5.2 用设计中心打开图形和查找内容

1) 通过 AutoCAD 设计中心打开图形

在 AutoCAD 设计中心双击图标只能打开下级目录树,要通过设计中心在绘图区打开图形,必须将其从设计中心拖放到绘图区域里。从 AutoCAD 设计中心打开图形有以下两种方法:

(1) 在控制板的绘图图标上单击右键,然后在弹出的快捷菜单中选择"在应用程序窗口中打开"。

(2) 将图形文件的图标从控制板中用鼠标左键直接拖放到绘图区域。

2）在 AutoCAD 设计中心查找内容

利用 AutoCAD 设计中心可以查找所需的图形内容。单击 AutoCAD 设计中心上的“搜索”按钮，AutoCAD 打开“搜索”对话框，如图 8.32 所示。

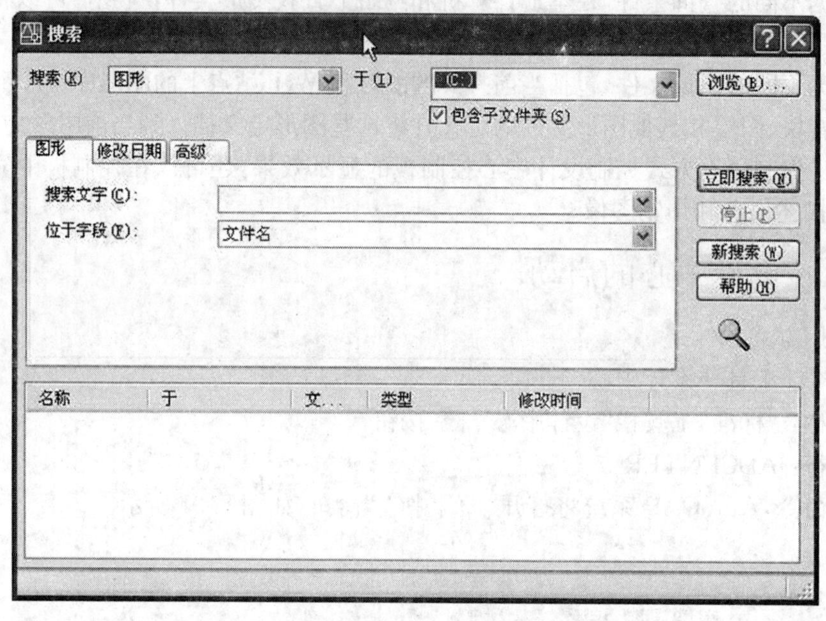

图 8.32 “搜索”对话框

用户可以通过此对话框快速查找诸如图形、块、图层和尺寸样式等图形内容，并将其插入到图形中。

该对话框主要选项的功能：

(1) “查找”下拉列表框　确定要查找内容的类型，并通过下拉列表在标注样式、布局、块、填充图案、填充图案文件、图层、图形、图形和块、外部参照、文字样式和线型之间进行选择。

(2) “搜索”下拉列表框　用于确定搜索范围，即搜索路径。

(3) “包含子文件夹”复选框　此复选框用于确定是否在搜索路径中包含子路径。

(4) “立即搜索”按钮　用于开始搜索。

(5) “停止”按钮　用于停止当前的搜索，并将搜索结果显示在“搜索”对话框下面的列表框中。

(6)“新搜索”按钮　用于清除在列表框中显示的查找结果，以便开始新的查找。

【例 8.11】　查找名为“标题栏块”的块的位置。

(1) 单击“标准”工具栏中的“设计中心”按钮，AutoCAD 打开“设计中心”窗口。

(2) 单击“设计中心”窗口上的“搜索”按钮，将弹出“搜索”对话框。

(3) 在“查找”下拉列表中选择“块”，在“搜索”下拉列表框中确定搜索范围为“Flash disk (H：)”，单击“立即搜索”，搜索结果如图 8.33 所示。

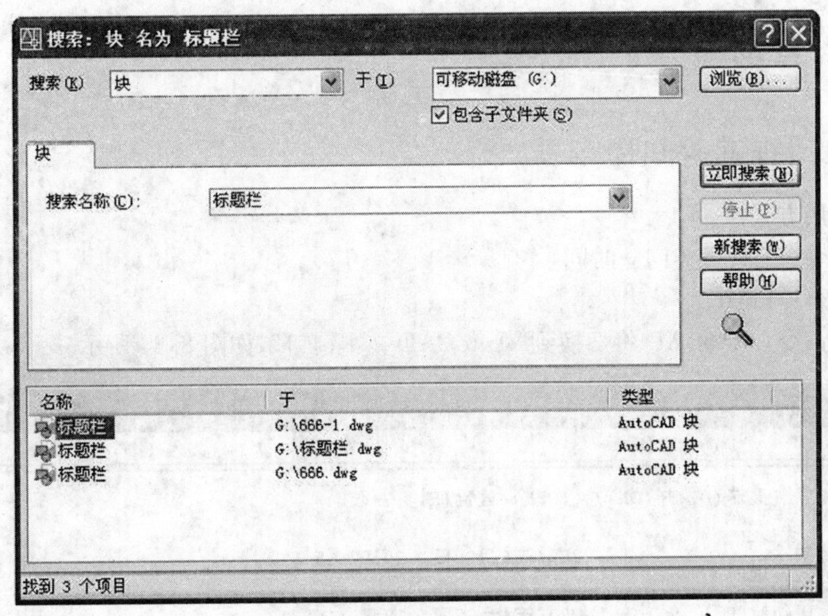

图 8.33 “标题栏块”的搜索结果

8.5.3 用设计中心将内容添加到图形

利用 AutoCAD 设计中心,用户可以方便地将控制板或“搜索”对话框中搜索到的内容直接拖放到打开的图形中,即可以将内容加载到图形中。向图形中添加内容主要有以下几种方式:

1）插入块

(1) 插入时自动换算插入比例　从控制板或“搜索”对话框选择要插入的块,并拖到绘图窗口,再将块移动到插入位置时松开鼠标,即可实现块的插入。

(2) 按指定的插入点、插入比例和旋转角度插入块　在控制板或“搜索”对话框中选择要插入的块,用鼠标右键将该块拖放到绘图窗口后释放右键,此时 AutoCAD 会弹出一快捷菜单,选择“插入为块”命令,AutoCAD 打开“插入”对话框。在“插入”对话框中确定插入点、插入比例和旋转角度,单击“确定”按钮,即可实现块的插入。

2）插入光栅图像

光栅图像类似于外部参照,其插入方法与块类似。

3）插入外部参照

外部参照是链接到其他图形中的图形文件,操作方法类似块的插入。

4）不同图形间图层的复制

在控制板或“搜索”对话框中选择一个或多个图层,然后将它们拖到打开的图形文件后松开鼠标,即可完成图层的复制。

8.6 查询命令

8.6.1 查询时间命令

命令调用方式：

菜单命令：工具→查询→时间

命 令 行：TIME

执行该命令，AutoCAD 将切换到“AutoCAD 文本窗口”，如图 8.34 所示。

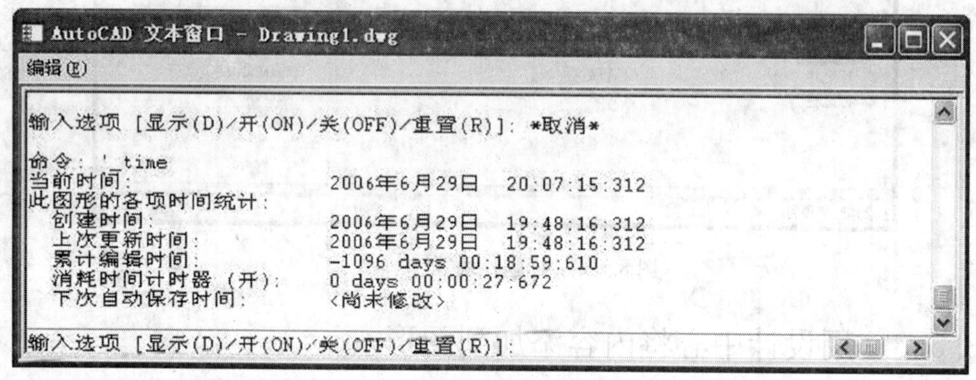

图 8.34 “AutoCAD 文本窗口”

TIME 显示以下与日期和时间有关的信息：当前时间、创建时间、上次更新时间、累计编辑时间、消耗时间计时器、下次自动保存时间。同时 AutoCAD 提示：

输入选项[显示(D)/开(ON)/关(OFF)/重置(R)]：

在该提示下用户可以输入选项或按 Enter 键。各选项意义如下：

(1) 显示(D) 指重复显示上述时间信息。

(2) 开(ON)/关(OFF) 指打开或关闭用时计时器。

(3) 重置(R) 指使用用时计时器复位清零。

8.6.2 查询状态命令

命令调用方式：

菜单命令：工具→查询→状态

命 令 行：STATUS

执行该命令，AutoCAD 将切换到“AutoCAD 文本窗口”，如图 8.34 所示。

STATUS 报告当前图形中对象的数目，包括图形对象（例如圆弧和多段线）、非图形对象（例如图层和线型）和块定义。

另外，STATUS 还显示下列信息：模型空间或图纸空间的图形界限、模型空间或图纸空间使用、显示范围、插入基点、捕捉分辨率、栅格间距、当前空间、当前图层、当前颜色、当前线型、当前线宽、当前打印样式、当前标高、厚度、填充、栅格、正交、快速文字、捕捉和数字化仪、对象捕捉模式、可用图形磁盘空间、可用物理内存、可用交换文件空间。

8.6.3 列表显示命令

命令调用方式：

菜单命令：工具→查询→列表显示

工 具 栏："查询"工具栏"列表" 按钮

命 令 行：LIST

执行"LIST"命令后，AutoCAD 提示：

选择对象：

在该提示下选择要列表显示的对象后，AutoCAD 将切换到如图 8.34 所示的"AutoCAD 文本窗口"，它以列表的形式显示描述所指定对象的特性的有关数据。所显示的信息取决于对象的类型，它包括对象的名称、对象在图中的位置、对象所在的图层和对象的颜色等，除了对象的基本参数外，由它们导出的扩充数据也被列出。

8.6.4 查询坐标命令

命令调用方式：

菜单命令：工具→查询→点坐标

工 具 栏："查询"工具栏"定位点" 按钮

命 令 行：ID

执行"ID"命令后，根据提示捕捉相应点，即可在命令行得到该点坐标值(X，Y，Z)。

8.6.5 查询距离命令

命令调用方式：

菜单命令：工具→查询→距离

工 具 栏："查询"工具栏"距离" 按钮

命 令 行：DIST

执行"DIST"命令后，AutoCAD 提示：

指定第一点：

指定第二点：

在该提示下用户可分别指定直线的两点，命令行出现的结果如图 8.35 所示。

```
距离 = 89.4578, XY 平面中倾角 = 90,   与 XY 平面的夹角 = 0
X 增量 = 0.0000,   Y 增量 = 89.4578,    Z 增量 = 0.0000
命令:
```

图 8.35 直线查询结果

8.6.6 查询面积和周长命令

命令调用方式：

菜单命令：工具→查询→面积

工 具 栏："查询"工具栏"面积" 按钮

命 令 行：AREA

此命令的功能是：求若干个点所确定区域或由指定对象所围成区域的面积与周长，还可以进行面积的加减运算。

执行“AREA”命令后，AutoCAD 提示：

指定第一个角点或[对象(O)/加(A)/减(S)]：

在该提示下指定第一个角点或输入选项。各选项功能如下：

(1) 指定第一个角点　求由若干个点的连线所围成封闭多边形的面积和周长，该选项为缺省项。AutoCAD 会继续提示“指定下一个角点”，直到用户回车。

(2) 对象(O)　求指定对象所围成区域的面积。

(3) 加(A)　把所选对象的面积加入到总面积中去。

(4) 减(S)　把新面积从总面积中扣除。

【例 8.12】　计算图 8.36(a)、(b)两图中阴影部分面积的和。

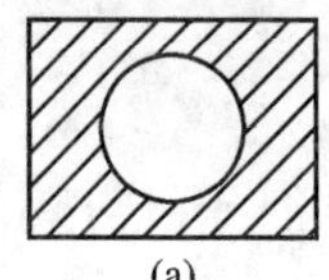

(a)

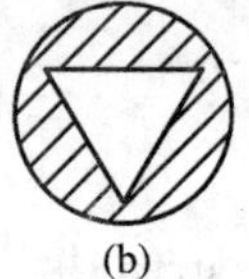

(b)

图 8.36　求面积

(1) 单击“查询”工具栏的“面积”按钮，在命令行出现如下提示，在提示后输入“a”；在命令行又出现提示，在提示后输入“o”。

```
命令: _area
指定第一个角点或 [对象(O)/加(A)/减(S)]: a

指定第一个角点或 [对象(O)/减(S)]: O
```

(2) AutoCAD 会继续提示“选择对象”，选择图 8.36(a)中的矩形边框后，在命令行出现如下信息：

```
面积 = 8790.7111, 周长 = 379.3660
总面积 = 8790.7111

(“加”模式) 选择对象:
```

(3) 在绘图区单击鼠标右键，再单击鼠标右键弹出快捷菜单，选择“减”。

(4) AutoCAD 会继续提示“选择对象”，选择图 8.36(a)中的圆形边框后，在命令行出现如下信息：

```
面积 = 2294.0501, 圆周长 = 169.7878
总面积 = 6496.6610

(“减”模式) 选择对象:
```

(5) 在绘图区单击鼠标右键，再单击鼠标右键弹出快捷菜单，选择“加”。

(6) 单击鼠标右键，选择“对象”，选择图 8.36(b)中的圆形边框后，在命令行出现如下信息：

```
面积 = 5096.1110, 圆周长 = 253.0605
总面积 = 11592.7720

(加模式) 选择对象:
```

(7) 在绘图区单击鼠标右键，再单击鼠标右键弹出快捷菜单，选择“减”。

(8) 单击鼠标右键，选择“对象”，选择图 8.36(b)中的三角形边框后，在命令行出现如下信息：

```
面积 = 1334.8976, 周长 = 166.5693
总面积 = 10257.8744

(减模式) 选择对象:
```

8.6.7 查询面域/质量特性

命令调用方式：

菜单命令：工具→查询→面域/质量特性

工 具 栏：“查询”工具栏“面域/质量特性” 按钮

命 令 行：MASSPROP

此命令的功能是：计算并显示面域或实体的质量特性。

输入“MASSPROP”命令后，根据提示选择对象，AutoCAD 将切换到图 8.34 所示的“AutoCAD 文本窗口”。

AutoCAD 文本窗口所显示的特性取决于选定的对象是面域还是质量特性。面域显示的信息包括面积、周长、边界框和形心；实体显示的信息包括质量、体积、边界框、质心、惯性矩、惯性积、旋转半径和质心的主力矩与 X、Y、Z 方向。AutoCAD 将实体的密度默认为 1，因此实体的体积和质量为同一数值。

8.6.8 系统变量设置命令

命令调用方式：

菜单命令：工具→查询→设置变量

工 具 栏：“查询”工具栏“面域/质量特性” 按钮

命 令 行：SETVAR

执行“SETVAR”命令后，AutoCAD 提示：

输入变量名或[?]＜当前＞：

在该提示下用户可指定要设置的系统变量的名称或列出图形中的所有系统变量及其当前设置。

9 标注图形尺寸

学习目标

◎ 熟练掌握设置尺寸标注样式方法；

◎ 熟练掌握尺寸标注、尺寸标注编辑和公差标注方法。

9.1 尺寸标注概述

尺寸标注是绘制工程图样的一项重要工作。工程图样中，图形主要用来反映各对象的形状，而对象的真实大小和相互之间的位置关系只有在标注尺寸后才能确定下来。在 AutoCAD 中，用户可以利用“标注”工具栏和“标注”菜单进行图形尺寸标注，如图 9.1 所示。

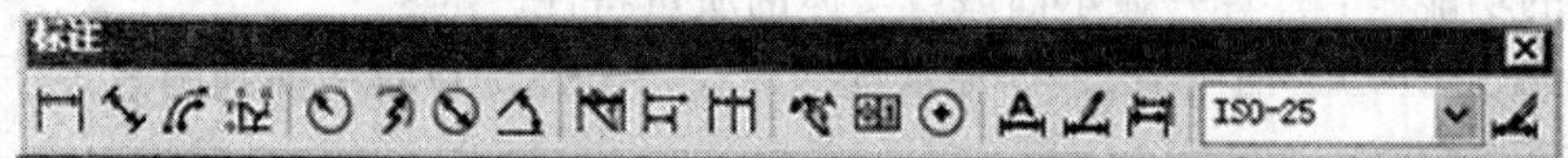

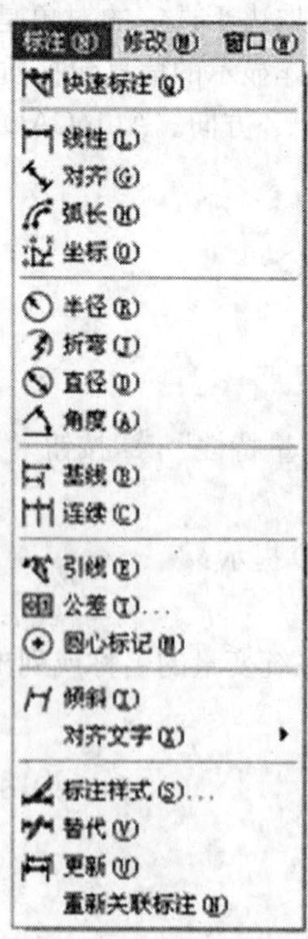

图 9.1 “标注”工具栏和“标注”菜单

在介绍具体的尺寸标注方法之前，先来了解一下尺寸标注的基本概念。

9.1.1 尺寸组成

一个完整的尺寸标注一般由尺寸线、尺寸界线、尺寸箭头和尺寸文字(即尺寸值)4部分组成,如图9.2所示。

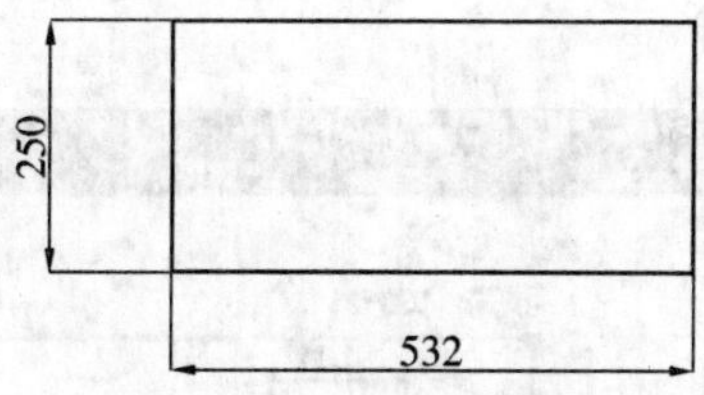

图9.2 尺寸标注范例

(1) 尺寸线 用来表示尺寸标注的范围。它一般是一条带有双箭头的单线段或带单箭头的双线段。对于角度标注,尺寸线为弧线。

(2) 尺寸界线 为了标注清晰,通常用尺寸界线将标注的尺寸引出被标注对象之外。有时也用对象的轮廓线或中心线代替尺寸界线。

(3) 尺寸箭头 位于尺寸线的两端,用于标记标注的起始、终止位置。"箭头"是一个广义的概念,也可以用短划线、点或其他标记代替尺寸箭头。

(4) 尺寸文字 用来标记尺寸的具体值。尺寸文字可以只反映基本尺寸,可以带尺寸公差,还可以按极限尺寸形式标注。如果尺寸界限内放不下尺寸文字,AutoCAD会自动将其放到外部。

9.1.2 尺寸标注规则

在AutoCAD中,对绘制的图形进行尺寸标注时,应遵循以下规则:

(1) 对象的真实大小应以图样上所标注的尺寸数值为依据,与图形的大小及绘图的准确度无关。

(2) 图样中的尺寸以毫米(mm)为单位时,不需要标注计量单位代号或名称,如采用其他单位,则必须注明相应计量单位的代号或名称,如厘米(cm)或米(m)等。

(3) 图样中所标注的尺寸为该图形所表示的对象最后完工尺寸,否则应另加说明。

(4) 对象的每一尺寸,一般只标注一次,并应标注在最后反映该对象最清晰图形上。

9.2 尺寸标注样式设定

使用标注样式可以控制尺寸标注的格式和外观,建立和强制执行图形的绘图标准,并有利于对标注格式及用途进行修改。在AutoCAD中,用户可使用"标注样式管理器"对话框创建和设置标注样式。

9.2.1 直线和箭头设置

命令调用方式:

菜单命令:格式→标注样式

打开"标注样式管理器"对话框,如图9.3所示。在"标注样式管理器"对话框中,单击"新建”按钮，AutoCAD 将打开“创建新标注样式”对话框，如图 9.4 所示。

利用该对话框设置了新标注样式的名字、基础样式和适用范围后，单击“继续”按钮，将打开“新建标注样式”对话框，如图 9.5 所示。

在该对话框中，使用“直线、符号和箭头”选项卡，可以设置尺寸标注的尺寸线、尺寸界线、箭头和圆心标记的格式及位置等。

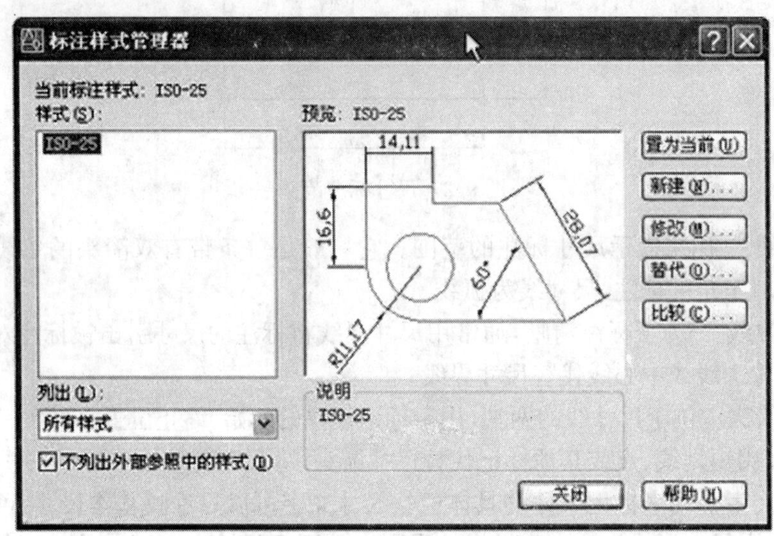

图 9.3 “标注样式管理器”对话框

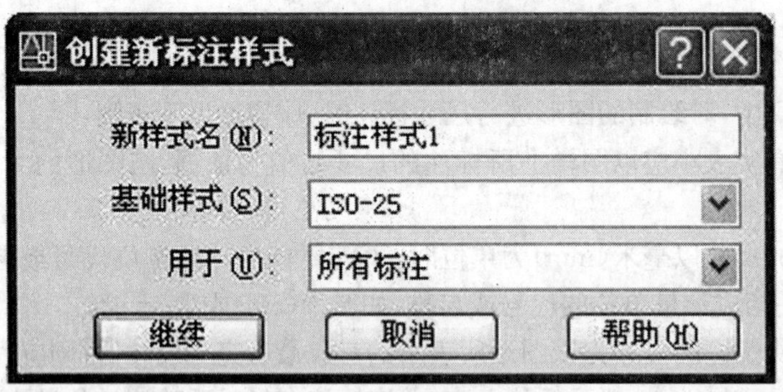

图 9.4 “创建新标注样式”对话框

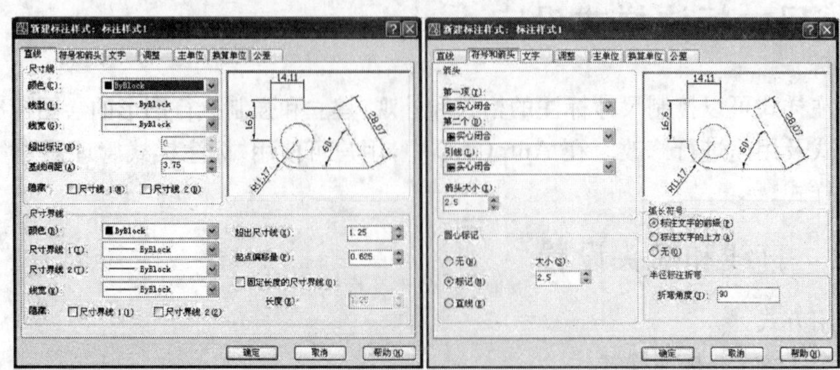

图 9.5 “新建标注样式”对话框

1）设置尺寸线

在“尺寸线”选项区域中，可以设置尺寸线的颜色、线宽、超出标记以及基线间距等属性。

（1）“颜色”下拉列表框　用于设置尺寸线的颜色。默认情况下，尺寸线的颜色随块。

（2）“线型”下拉列表框　用于设置尺寸线的线型。

（3）“线宽”下拉列表框　用于设置尺寸线的宽度。默认情况下，尺寸线的线宽也是随块。

（4）“超出标记”微调框　当尺寸线的箭头采用倾斜、建筑标记、小点、积分或无标记等样式时，使用该文本框可以设置尺寸线超出尺寸界线的长度。如图 9.6 所示为将箭头设置为倾斜时，超出标记为 0 和 1 时的效果。

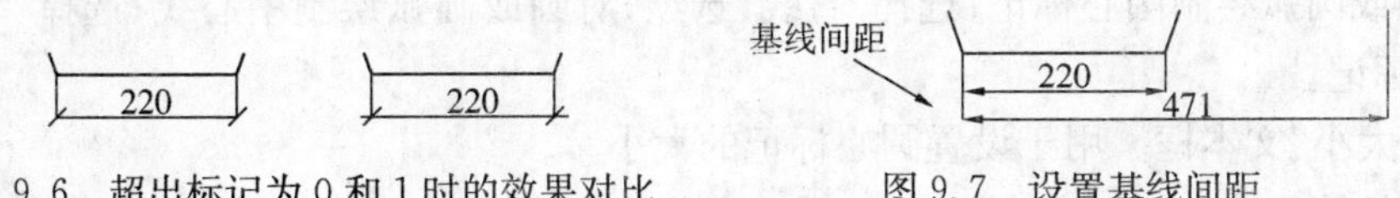

图 9.6　超出标记为 0 和 1 时的效果对比　　图 9.7　设置基线间距

（5）“基线间距”文本框　进行基线尺寸标注时，可以设置各尺寸线之间的距离，如图 9.7 所示。

（6）“隐藏”选项区域　通过选择“尺寸线 1”或“尺寸线 2”复选框，可以隐藏第一段或第二段及其相应的箭头，如图 9.8 所示。

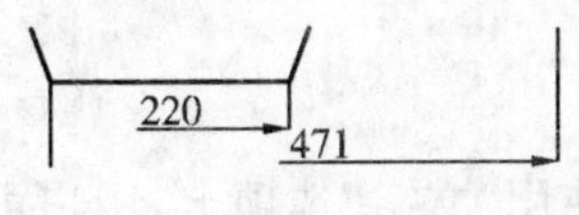

图 9.8　隐藏尺寸线 1 的效果

2）设置尺寸界线

在“尺寸界线”选项区域中，用户可以设置尺寸界线的颜色、线宽、超出尺寸线的长度、起点偏移量和隐藏控制等属性。

（1）“颜色”下拉列表框　用于设置尺寸界线的颜色。

（2）“尺寸界线 1”和“尺寸界线 2”下拉列表框　用于设置尺寸界线线型。

（3）“线宽”下拉列表框　用于设置尺寸界线的宽度。

（4）“超出尺寸线”文本框　用于设置尺寸界线超出尺寸线的距离，如图 9.9 所示。

图 9.9　超出尺寸线距离为 0 和为 1 时的效果对比

（5）“起点偏移量”文本框　用于设置尺寸界线的起点与标注定义点的距离，如图 9.10 所示。

（6）“隐藏”选项区域　通过选择“尺寸界线 1”或“尺寸界线 2”，可以隐藏尺寸界线，如图 9.11所示。

（7）“固定长度的尺寸界线”　可以为尺寸界线指定固定的长度。

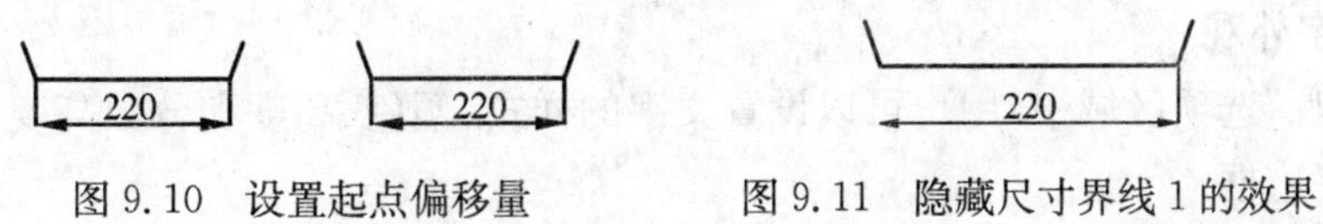

图 9.10　设置起点偏移量　　图 9.11　隐藏尺寸界线 1 的效果

3）设置箭头

在“箭头”选项区域中，用户可以设置尺寸线和引线箭头的类型及尺寸大小等。通常情况下，尺寸线的箭头应一致。

为了满足不同类型的图形标注需要，AutoCAD 设置了 20 多种箭头样式，用户可以从对应的下拉列表框中选择箭头，并在“箭头大小”文本框中设置它们的大小。

4）设置圆心标记

在“圆心标记”选项区域中，用户可以设置圆心标记的类型和大小。

(1) 用于设置圆或圆弧的圆心标记的类型，有无、标记、直线三个选项。其中，选择“标记”选项，对圆或圆弧绘制圆心标记；选择“直线”选项，对圆或圆弧绘制中心线；选择“无”选项，则不做任何标记。

(2)“大小”文本框　用于设置圆心标记的大小。

5）弧长符号

可用使用弧长标注来测量和显示圆弧的长度。可以在标注样式管理器中设置标注样式。选择圆弧后，拖动光标以显示其标注。访问弧长选项的步骤：

单击“标注”菜单 ＞“弧长”

命令提示：DIMARC

9.2.2　文字设置

在“新建标注样式”对话框中，使用“文字”选项卡，用户可以设置标注文字的外观、位置和对齐方式，如图 9.12 所示。

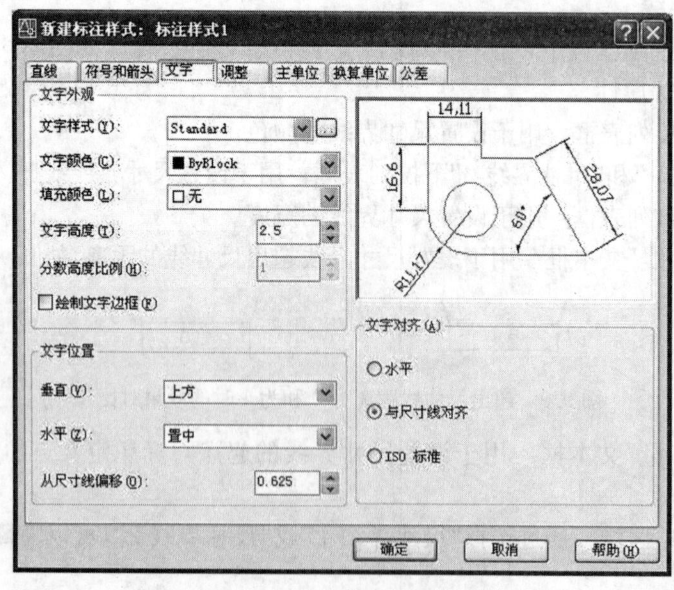

图 9.12　“文字”选项卡

1）设置文字外观

在“文字外观”选项区域中，用户可以设置文字的样式、颜色、高度和分数高度比例，以及控制是否绘制文字边框。

(1)“文字样式”下拉列表框　用于选择标注的文字样式。

(2)“文字颜色”下拉列表框　用于设置标注文字的颜色。

(3)“填充颜色”下拉列表框　用于设置标注文字背景颜色。

(4)“文字高度”文本框　用于设置文字的高度。

(5)“分数高度比例”文本框　用于设置标注文字中的分数相对于其他标注文字的比。例如：AutoCAD 将该比例值与标注文字高度的乘积作为分数的高度。

(6)“绘制文本边框”复选框　用于设置是否给标注文字加边框。

2）文字位置

在“文字位置”选项区域中，用户可以设置文字的垂直、水平位置以及距尺寸线的偏移量。

(1)“垂直”下拉列表框　用于设置标注文字相对于尺寸线在垂直方向的位置。图 9.13 所示为文字垂直位置的 4 种形式。

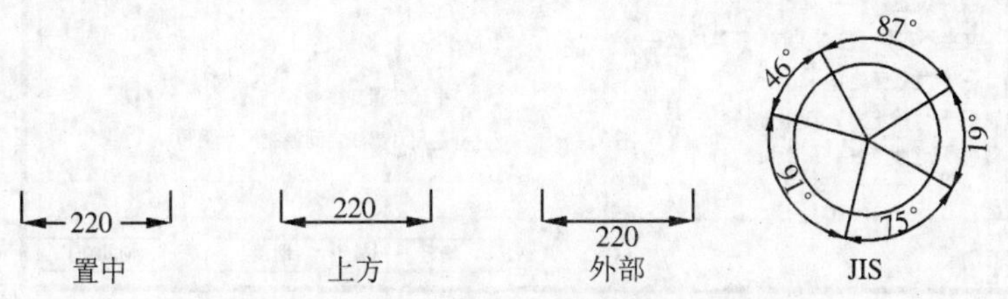

图 9.13　文字垂直位置的 4 种形式

(2)“水平”下拉列表框　用于设置标注文字相对于尺寸线和尺寸界线在水平方向的位置。图 9.14 所示为文字水平位置的 5 种形式。

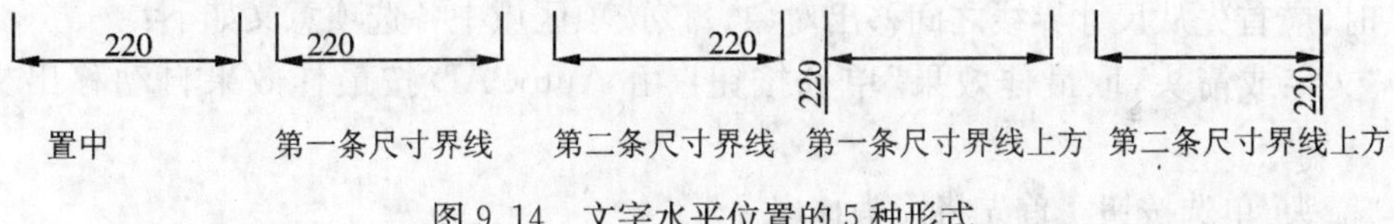

图 9.14　文字水平位置的 5 种形式

(3)“从尺寸线偏移”文本框　用于设置标注文字与尺寸线之间的距离，如图 9.15 所示。

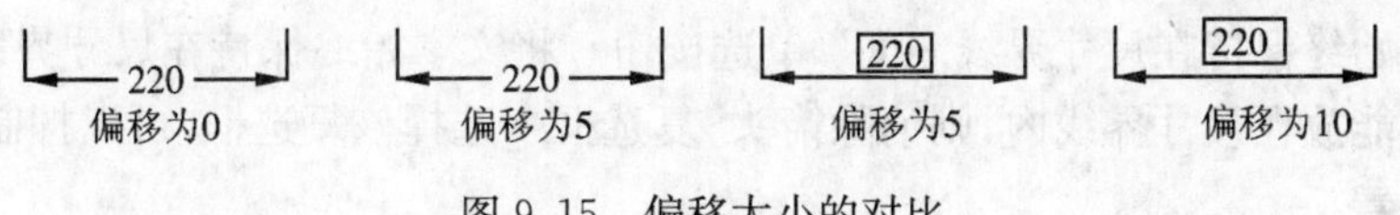

图 9.15　偏移大小的对比

3）文字对齐

在“文字对齐”选项区域中，用户可以设置标注文字是保持水平还是与尺寸线平行。

(1)“水平”单选按钮　使标注文字水平放置。

(2)“与尺寸线对齐” 单选按钮　使标注文字方向与尺寸线方向一致。

(3)“ISO 标准”单选按钮　使标注文字按 ISO 标准放置，当标注文字在尺寸界线之内时，它的方向与尺寸线方向一致，而在尺寸界线之外时将水平放置。

9.2.3　调整设置

在“新建标注样式”对话框中，使用“调整”选项卡，用户可以设置标注文字、尺寸线、尺寸箭头的位置，如图 9.16 所示。

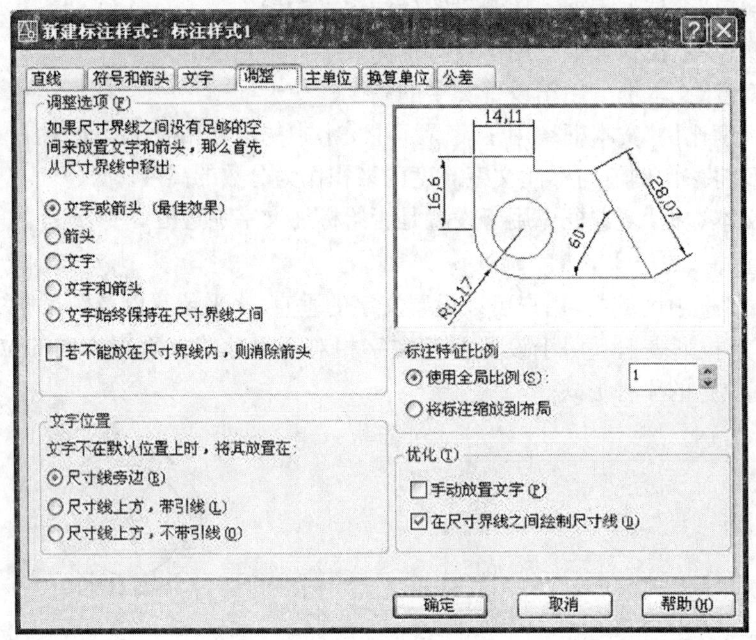

图 9.16 “调整”选项卡

1）调整选项

在“调整选项”区域中，用户可以确定当尺寸界线之间没有足够的空间来同时放置标注文字和箭头时，应首先从尺寸界线之间移出对象。该选项区域中各选项意义如下：

(1)“文字或箭头，取最佳效果”单选按钮：由 AutoCAD 按最佳效果自动移出文本或箭头。

(2)“箭头”单选按钮　首先将箭头移出。

(3)“文字”单选按钮　首先将文字移出。

(4)“文字和箭头”单选按钮　将文字和箭头都移出。

(5)“文字始终保持在尺寸界线之间” 单选按钮　将文本始终保持在尺寸界线之内。

(6)“若不能放在尺寸界线内，则消除箭头”复选框　选择该复选框，可以抑制箭头显示。

2）文字位置

在“文字位置”选项区域中，用户可以设置当文字不在默认位置时的位置，其中各选项意义如下：

(1)“尺寸线旁边”单选按钮　将文本放在尺寸线旁边。

(2)“尺寸线上方，带引线”单选按钮　将文本放在尺寸线的上方，并加上引线。

(3)“尺寸线上方，不带引线”单选按钮　将文本放在尺寸线的上方，但不加引线。

图 9.17 为上述三种情况的设置效果。

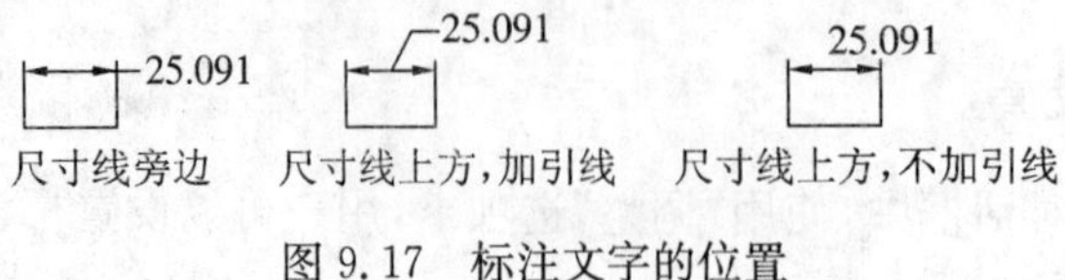

图 9.17　标注文字的位置

3）标注特征比例

在“标注特征比例”选项区域中，用户可以设置标注尺寸的特征比例，以便通过设置全局比例因子来增加或减少各标注的大小，其中各选项意义如下：

(1)“使用全局比例”单选按钮　对全部尺寸标注设置缩放比例，该比例不改变尺寸的测量值(变量 DIMSCALE 也可以)。

(2)“将标注缩放到布局”单选按钮　根据当前模型空间视口与图纸空间之间的缩放关系设置比例。

4）优化

在“优化”选项区域中，用户可以对标注文字和尺寸线进行细微调整，该选项区域包括以下两个复选框。

(1)“手动放置文字”复选框　选中该复选框，则忽略标注文字的水平设置，在标注时将标注文字放置在用户指定的位置。

(2)“在尺寸界线之间绘制尺寸线”复选框　选中该复选框，当尺寸箭头放置在尺寸界线之外时，也在尺寸界线之内绘制出尺寸线。

9.2.4　主单位设置

在“新标注样式”对话框中，使用“主单位”选项卡，用户可以设置主单位的格式与精度等属性，如图 9.18 所示。

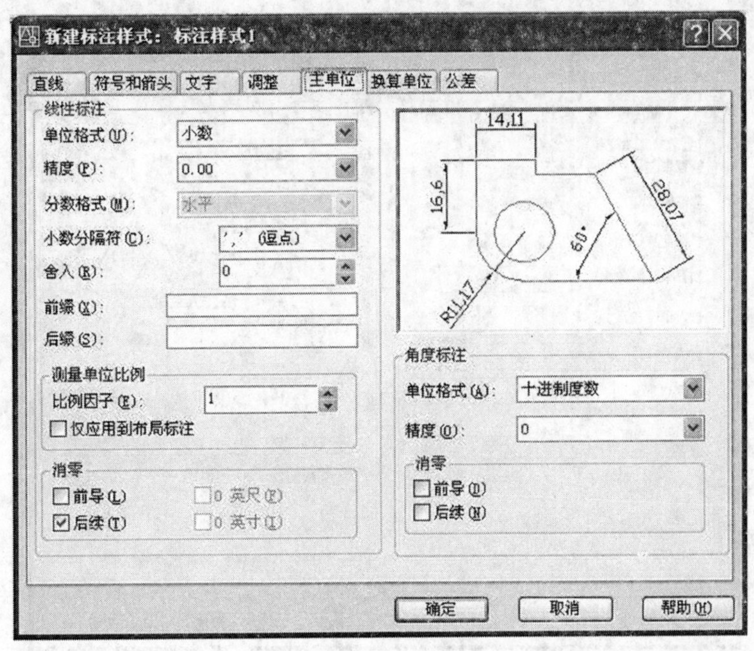

图 9.18　“主单位”选项卡

1）线性标注

在“线性标注”选项区域中，用户可以设置线性标注的单位格式与精度。该选项区域中各选项意义如下：

(1)“单位格式”下拉列表　用于设置除角度标注之外，其余各标注类型的尺寸单位，包括

“科学”、“小数”、“工程”、“建筑”、“分数”及“Windows 桌面”等选项。

(2) “精度”下拉列表框　用于设置除角度标注之外的其他标注的尺寸精度。

(3) “分数格式”下拉列表框　当单位格式是分数时，可以设置分数的格式，包括“水平”、“对角”和“非堆叠”3 种方式。

(4) “小数分隔符” 下拉列表框　用于设置小数的分隔符，包括“逗点”、“句点”和“空格”3 种方式。

(5) “舍入”文本框　用于设置除角度标注外的尺寸测量值的舍入值。

(6) “前缀”和“后缀”文本框　用于设置标注文字的前缀和后缀，用户在相应的文本框中输入字符即可。

(7) “测量单位比例”选项区域　使用“比例因子”文本框可以设置测量尺寸缩放比例。

(8) “消零”选项区域　可以设置是否显示尺寸标注中的“前导”和“后续”零。

2) 角度标注

在“角度标注”选项区域中，用户可以使用“单位格式”下拉列表框设置标注角度时的单位；使用“精度”下拉列表框设置标注角度的尺寸精度；使用“消零”选项区域设置是否消除角度尺寸的前导和后续零。

9.2.5　换算单位设置

在“新建标注样式”对话框中，使用“换算单位”选项卡可以设置换算单位的格式，如图9.19所示。

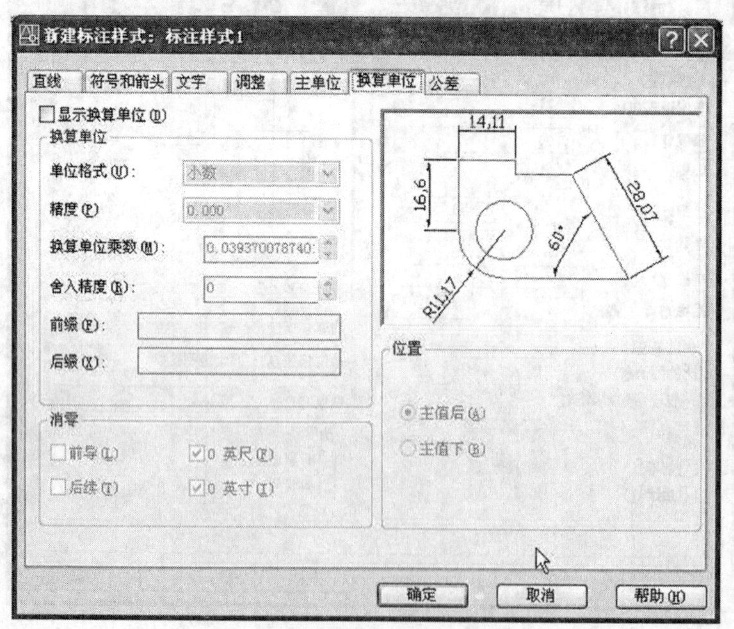

图 9.19　“换算单位”选项卡

在 AutoCAD 中，通过换算标注单位，可以转换使用不同测量单位制的标注，通常是显示公制标注的等效英制标注，或显示英制标注的等效公制标注。在标注文字中，换算标注单位显示在主单位旁边的方括号[ ]中，如图 9.20 所示。

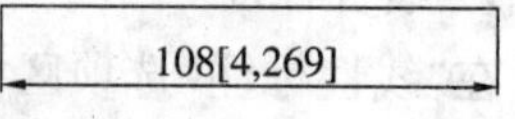

图 9.20　使用换算单位

在“换算单位”选项卡中选择“显示换算单位”复选框后，用户可以在“换算单位”选项区域中设置换算单位的单位格式、精度、换算单位乘数、舍入精度、前缀及后缀等，方法与设置主单位的方法相同。

“位置”选项区域用于设置换算单位的位置，包括“主值后”和“主值下”两种方式。

9.2.6 公差设置

在“新建标注样式”对话框中，使用“公差”选项卡，用户可以设置是否在尺寸标注中标注公差，以及以何种方式进行标注，如图 9.21 所示。

在“公差格式”选项区域中，可以设置公差的标注格式，其中各选项意义如下：

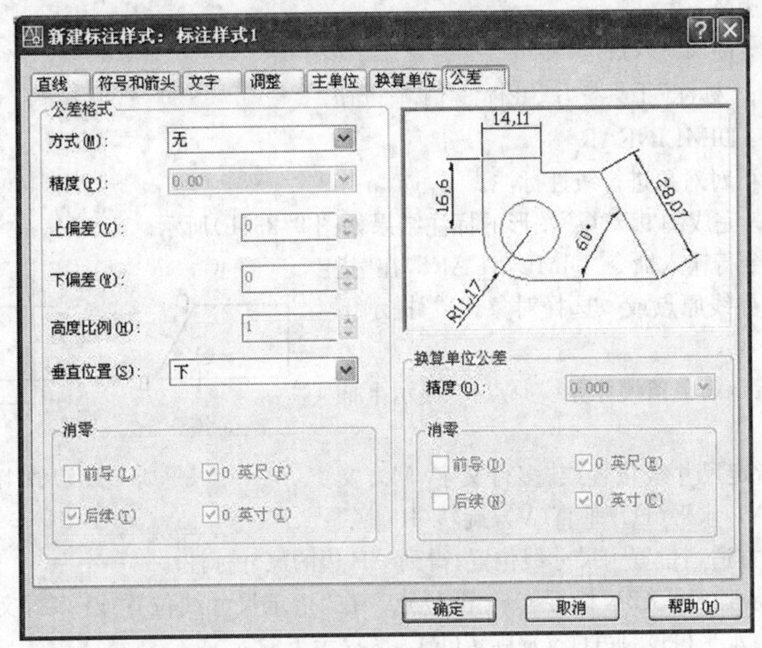

图 9.21 “公差”选项卡

(1)“方法”下拉列表框　确定以何种方式标注公差，包括“无”、“对称”、“极限偏差”、“极限尺寸”和“基本尺寸”选项，如图 9.22 所示。

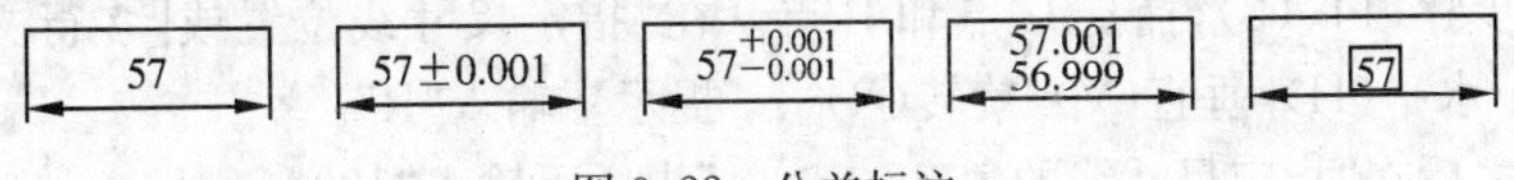

图 9.22 公差标注

(2)“精度”下拉列表框　用于设置尺寸公差的精度。

(3)“上偏差”、“下偏差”文本框　用于设置尺寸的上偏差、下偏差。

(4)“高度比例”文本框　用于确定公差文字的高度比例因子。

(5)“垂直位置”下拉列表框　用于控制公差文字相对于尺寸文字的位置，包括“下”、“中”、“上”3 种方式。

(6)“消零”选项区域　用于设置是否消除公差值的前导或后续零。

(7)“换算单位公差”选项区域　当标注换算单位时，可以设置换算单位的精度和是否消零。

9.3 尺寸标注

在了解了尺寸标注的相关概念及标注样式的创建和设置方法后，本节介绍如何标注图形尺寸。

9.3.1 长度尺寸标注

长度尺寸是图形对象最常见的尺寸。长度尺寸标注分为垂直标注、水平标注、旋转标注 3 种类型。

命令调用方式：

菜单命令：标注→线性

工 具 栏："标注"工具栏"线性标注" ⟼ 按钮

命 令 行：DIMLINEAR

线性标注可对对象进行线性标注。

【例 9.1】 完成图 9.23(a)图形的标注结果如图 9.23(b)所示。

(1) 在命令行输入命令"DIMLINEAR"，在"指定第一条尺寸界线原点或<选择对象>："提示下捕捉 A 点。

(2) 在"指定第二条尺寸界线原点:" 提示下捕捉 B 点。

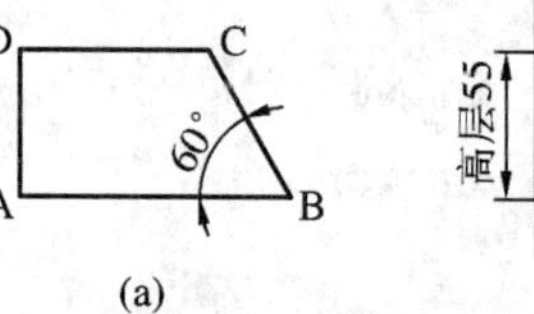

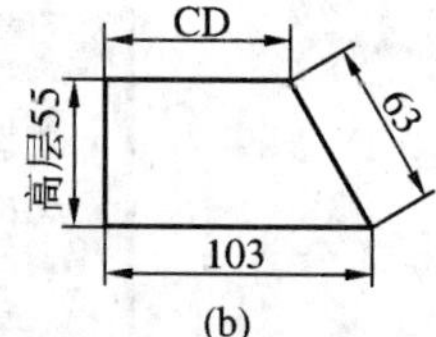

图 9.23 长度尺寸标注

(3) 在"指定尺寸线位置或[多行文字(M)/文字(T)/角度(A)/水平(H)/垂直(V)/旋转(R)]："提示下单击下方适当位置为尺寸线位置，得到 AB 边的尺寸标注。

(4) 重复步骤(1)、(2)，捕捉 C 点和 D 点。在"指定尺寸线位置或[多行文字(M)/文字(T)/角度(A)/水平(H)/垂直(V)/旋转(R)]："提示下输入"T"。

(5) 回车之后在 "输入标注文字<71>："提示下输入"CD"。

(6) 回车之后在"指定尺寸线位置或[多行文字(M)/文字(T)/角度(A)/水平(H)/垂直(V)/旋转(R)]："提示下单击上方适当位置为尺寸线位置，得到 DC 边的文字标注。

(7) 重复步骤(1)、(2)，捕捉 C 点和 B 点。在"指定尺寸线位置或[多行文字(M)/文字(T)/角度(A)/水平(H)/垂直(V)/旋转(R)]："提示下输入"R"。

(8) 回车之后在"指定尺寸线的角度<0>："提示下输入"120"。

(9) 回车之后"指定尺寸线位置或[多行文字(M)/文字(T)/角度(A)/水平(H)/垂直(V)/旋转(R)]："提示下单击 CB 边右侧适当位置为尺寸线位置，得到 CB 边的尺寸标注。

(10) 重复步骤(1)、(2)，捕捉 A 点和 D 点。在"指定尺寸线位置或[多行文字(M)/文字(T)/角度(A)/水平(H)/垂直(V)/旋转(R)]："提示下输入"M"。

(11) 回车之后在"输入标注文字："提示下输入"高度"。

(12) 回车之后"指定尺寸线位置或[多行文字(M)/文字(T)/角度(A)/水平(H)/垂直(V)/旋转(R)]："提示下单击 AD 边左侧适当位置为尺寸线位置，得到 AD 边的文字标注。

9.3.2 对齐尺寸标注

命令调用方式：

菜单命令：标注→对齐

工 具 栏：“标注”工具栏“对齐” 按钮

命 令 行：DIMALIGNED

对齐标注是指将尺寸线与两尺寸线原点的连线相平行进行的标注。

【例 9.2】 标注图 9.24(a)所示的梯形 ABCD 中 AB 边和 CD 边的边长。结果如图 9.24(b)所示。

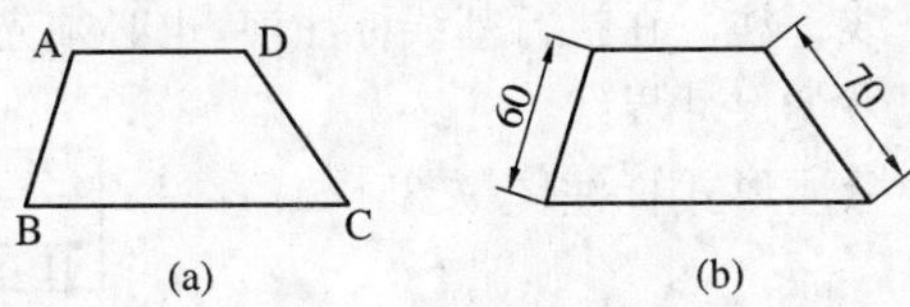

图 9.24 对齐尺寸标注

(1) 在绘图窗口的状态栏上单击“对象捕捉”按钮，打开对象捕捉模式。

(2) 选择“标注”→“对齐”命令，在“指定第一条尺寸界线原点或<选择对象>：”提示下捕捉 A 点。

(3) 在“指定第二条尺寸界线原点：”提示下捕捉 B 点。

(4) 在“指定尺寸线位置或[多行文字(M)/文字(T)/角度(A)]：”提示下单击 AB 边左侧适当位置，得到 AB 边的尺寸标注。

(5) 重复步骤(2)、(3)、(4)，得到 CD 边的尺寸标注。

9.3.3 连续尺寸标注

命令调用方式：

菜单命令：标注→连续

工 具 栏：“标注”工具栏“连续标注” 按钮

命 令 行：DIMCONTINUE

此操作可以对对象进行连续标注。执行连续标注前，必须先创建一个线性、坐标或角度标注作为基准标注，以确定连续标注所需要的前一尺寸标注的尺寸界线。

【例 9.3】 用连续尺寸标注形式标注图 9.25(a)所示的图形。结果如图 9.25(b)所示。

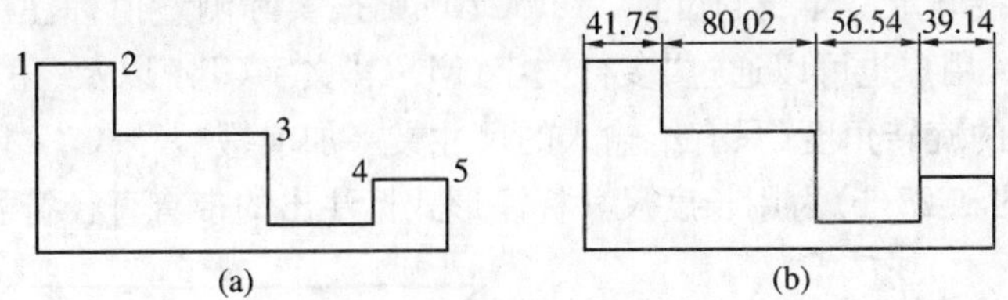

图 9.25 连续尺寸标注

(1) 单击“标注”工具栏上的“线性标注”按钮，标注 1-2 段的长度，作为基准标注。

(2) 单击“标注”工具栏上的“连续标注”按钮，在“指定第二条尺寸界线原点或[放弃(U)/

选择(S)]<选择>：”提示下捕捉 3 点，得到 2-3 段的尺寸标注。

(3) 在连续出现的“指定第二条尺寸界线原点或[放弃(U)/选择(S)]<选择>：”提示下依次捕捉 4、5 点，标注各线段的长度。

9.3.4 基线尺寸标注

命令调用方式：

菜单命令：标注→基线

工 具 栏：“标注”工具栏“基线” 按钮

命 令 行：DIMBASELINE

此操作可对对象进行基线标注。在执行基线标注前，也必须先标注出一个尺寸，以确定基线标注所需要的前一标注尺寸的尺寸界线。

【例 9.4】 用基线尺寸标注形式标注图 9.25(a)。结果如图 9.26 所示。

(1) 单击“标注”工具栏上的“线性标注”按钮，标注 1-2 段的长度，作为基准标注。

(2) 单击“标注”工具栏上的“基线标注”按钮，在“指定第二条尺寸界线原点或[放弃(U)/选择(S)]<选择>：”提示下捕捉 3 点，得到 1-3 段的尺寸标注。

(3) 在连续出现的“指定第二条尺寸界线原点或[放弃(U)/选择(S)]<选择>：”提示下依次捕捉 4、5 点，标注出 1-4、1-5 段的长度。

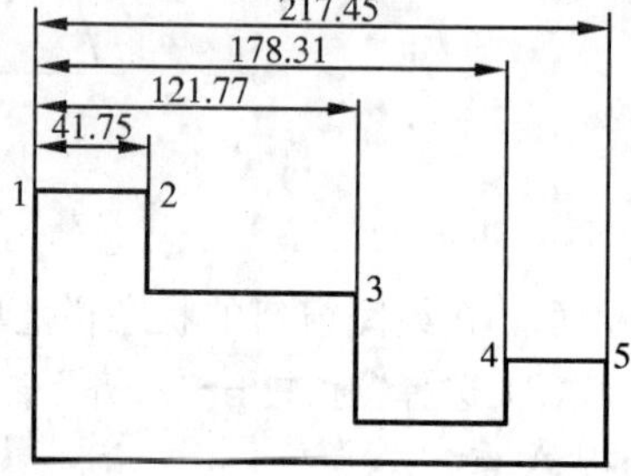

图 9.26 基线标注各段长度

9.3.5 直径尺寸标注

命令调用方式：

菜单命令：标注→直径

工 具 栏：“标注”工具栏“直径标注” 按钮

命 令 行：DIMDIAMETER

执行该命令可标注出圆或圆弧的直径尺寸。执行“DIMDIAMETER”命令后，AutoCAD 依次提示：

选择圆弧或圆：(选择要标注直径的圆或圆弧)

指定尺寸线位置或[多行文字(M)/文字(T)/角度(A)]：

若此时用户直接确定尺寸线的位置，AutoCAD 则按实际测量值标注出圆或圆弧的直径，如图 9.27(a)所示。用户也可以通过“多行文字(M)”、“文字(T)”以及“角度(A)”选项确定尺寸文字和尺寸文字的旋转角度(只有给输入的尺寸文字加前缀“%%C”，才能使标出的直径尺寸有直径符号)。图 9.27(b)为用长度尺寸标注形式标注出的带有直径符号的图形。

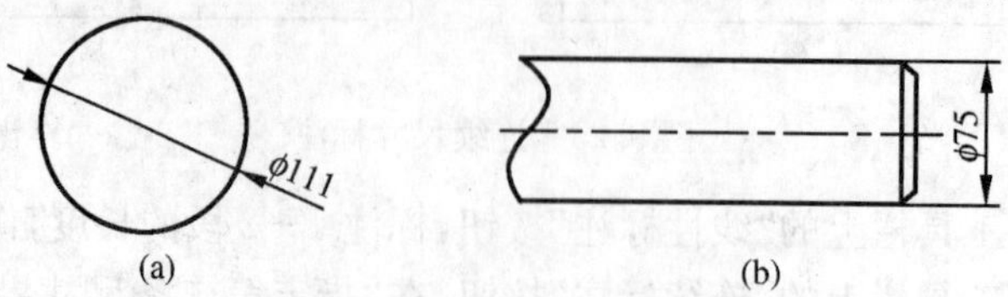

图 9.27 直径尺寸标注用图

9.3.6　半径尺寸标注

命令调用方式：

菜单命令：标注→半径

工 具 栏：“标注”工具栏“半径标注” 按钮

命 令 行：DIMRADIUS

执行该命令可标注出圆或圆弧的半径尺寸。执行“DIMRADIUS”命令后，AutoCAD 依次提示：

选择圆弧或圆：(选择要标注直径的圆或圆弧)

指定尺寸线位置或[多行文字(M)/文字(T)/角度(A)]：

若此时用户直接确定尺寸线的位置，AutoCAD 按实际测量值标注出圆或圆弧半径。

用户也可以通过“多行文字(M)”、“文字(T)”以及“角度(A)”选项确定尺寸文字和尺寸文字的旋转角度(只有给输入的尺寸文字加前缀“R”，才能使标出的半径尺寸有半径符号)，如图 9.28 所示。

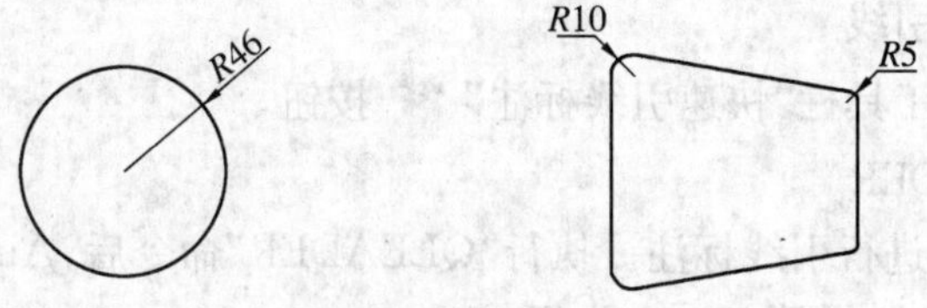

图 9.28　半径尺寸标注

9.3.7　圆心标注

绘制圆心标记是指绘制圆或圆弧的圆心标记或中心线，如图 9.29 所示。

图 9.29　圆心标注

选择“标注”→“圆心标记”命令，或在命令行输入“DIMCENTER”命令，或单击“标注”工具栏中的“圆心标记”按钮，可绘制圆心标记或中心线。执行“DIMCENTER”命令后，AutoCAD 提示：

选择圆弧或圆：

在该提示下选择圆弧或圆即可。

圆心标记是十字还是中心线由标注样式管理器中的“直线和箭头”选项卡里的“圆心标记”来设定。

9.3.8　角度尺寸标注

命令调用方式：

菜单命令：标注→角度

工 具 栏:“标注”工具栏“角度标注” 按钮

命 令 行:DIMANGULAR

该命令可以对对象进行角度尺寸标注。执行“DIMANGULAR”命令后,AutoCAD 提示:

选择圆弧、圆、直线或<指定顶点>:

用户在此提示下可标注圆弧的包含角、圆上某一段圆弧的包含角、2 条不平行直线之间的夹角,或根据给定的 3 点标注角度。图 9.30 为这 4 种情况下角度的标注。

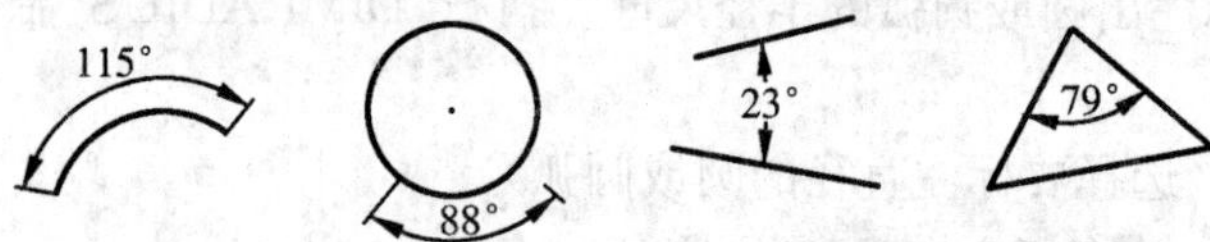

图 9.30 角度尺寸标注

9.3.9 引线标注

命令调用方式:

菜单命令:标注→引线

工 具 栏:“标注”工具栏“快速引线标注” 按钮

命 令 行:QLEADER

该命令用于对对象进行引线标注。执行“QLEADER”命令后,AutoCAD 提示:

指定第一个引线点或[设置(S)]<设置>:

用户可通过执行该提示中的相应选项来设置引线格式及创建引线标注。

若指定第一点,则必须指定第二点和第三点,其中第一点是引线的引出点,第二点是引线的转折点,第三点是引线的终点(点的数量决定了引线的段数,可以由设置子命令进行设置)。然后指定文字的宽度,默认值为 0,意为自动根据输入的文字多少来确定宽度。随后输入文字,默认为单行文字。如输入选项 M,则按多行文本来编辑文字。

若选择了 S 子命令,则会弹出“引线设置”对话框。该对话框共有 3 个选项卡,分别设置注释、引线和箭头、附着。“注释”设置文字的形式,“引线和箭头”设置引线和箭头的几何形态,“附着”设置注释与引线的位置关系。

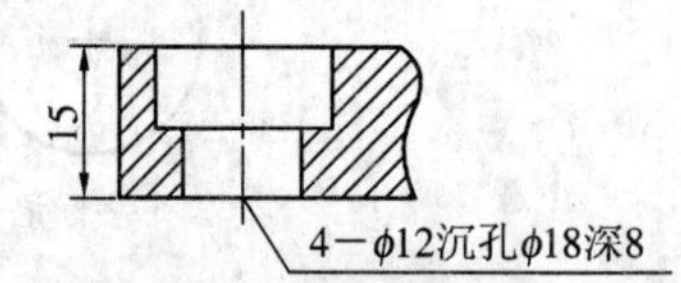

图 9.31 利用引线标注命令标注沉孔尺寸

【例 9.5】 标注如图 9.31 所示的沉孔尺寸。

(1) 在“标注”工具栏单击“快速引线”按钮。

(2) 在命令行的“指定第一个引线点或[设置(S)]<设置>:”提示下,输入“S”,弹出“引线设置”对话框。

(3) 在“注释”选项卡中选用默认设置;在“引线和箭头”选项卡中的“箭头”下拉菜单中选择“无”,其他选用默认设置;在“附着”选项中选择“最后一行加下划线”复选框,然后单击下面的“确定”按钮。

(4) 在“指定第一个引线点或[设置(S)]<设置>:”提示下指定第一个引线点。

(5) 在“指定下一点:”提示下指定下一点。

(6) 重复步骤(5)再指定下一点。

(7) 在“指定文字宽度<0>：”提示下直接回车。

(8) 在“输入注释文字的第一行<多行文字(M)>：”提示下直接回车，弹出“文字格式”对话框，分别用 Txt 字体输入“4－%%C12”、“%%C18”和“8”，用仿宋体输入“沉孔”、“深”，单击“确定”按钮。

9.3.10 坐标尺寸标注

命令调用方式：

菜单命令：标注→坐标

工 具 栏：“标注”工具栏“坐标标注”按钮

命 令 行：DIMORDINATE

用户通过 UCS 命令改变坐标系的原点位置，可实现坐标标注。执行 DIMORDINATE 命令后，AutoCAD 提示：

指定点坐标：

在该提示下确定要标注坐标的点后，AutoCAD 提示：

指定引线端点或[X 基准(X)/Y 基准(Y)/多行文字(M)/文字(T)/角度(A)]：

可根据提示指定引线端点，也可以在提示后输入各选项。图 9.32 是一个坐标尺寸标注的例子。

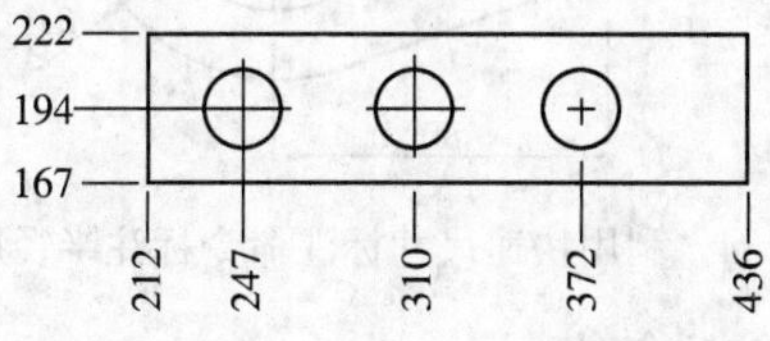

图 9.32 坐标尺寸标注

9.3.11 快速尺寸标注

命令调用方式：

菜单命令：标注→快速标注

工 具 栏：“标注”工具栏“快速标注”按钮

命 令 行：QDIM

执行该命令可以快速地进行基线标注、连续标注、直径标注、半径标注和坐标标注。执行 QDIM 命令后，AutoCAD 提示：

选择要标注的几何图形：

用户在该提示下选择需要标注尺寸的各图形对象，按 Enter 键后，通过选择相应选项，用户可以进行“连续”、“基线”及“半径”等一系列标注。

【例 9.6】 使用“快速标注”命令，分别对图 9.33(a)、(b)进行连续标注和基线标注。

(1) 选择“标注”→“快速标注”命令。

(2) 在“选择要标注的几何图形：”提示下选择整个图形，然后回车。

(3) 在“指定尺寸线位置或[连续(C)/并列(S)/基线(B)/坐标(O)/半径(R)/直径(D)/基准点(P)/编辑(E)/设置(T)]<连续>：”提示下直接回车，默认连续尺寸标注，在图形上方适当位置单击鼠标确定尺寸线位置，标注出如图 9.33(a)所示的图形。

(4) 重复步骤(1)、(2)。

(5) 在"指定尺寸线位置或[连续(C)/并列(S)/基线(B)/坐标(O)/半径(R)/直径(D)/基准点(P)/编辑(E)/设置(T)]<连续>："提示下输入"B"，然后回车，在图形上方适当位置单击鼠标确定尺寸线位置，标注出如图 9.33(b)所示的图形。

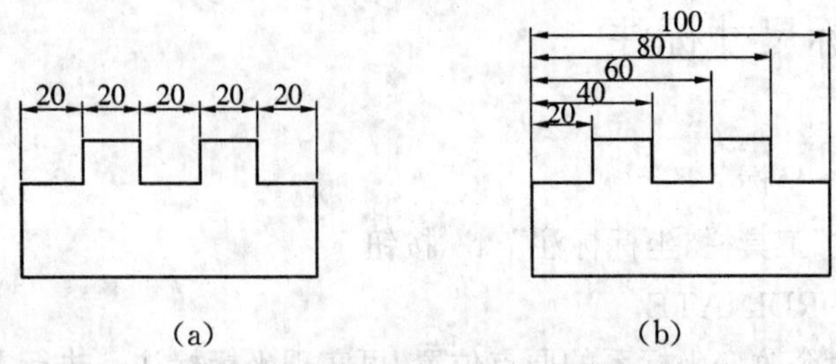

图 9.33 利用快速尺寸标注命令进行连续标注和基线标注

【例 9.7】 使用"快速标注"命令，对图 9.34 进行半径标注。

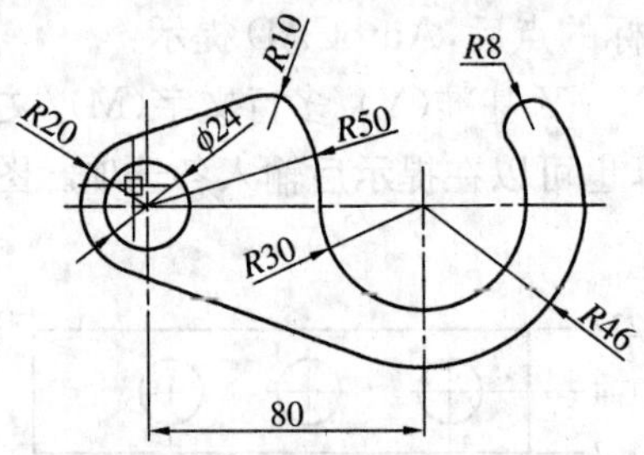

图 9.34 利用快速尺寸标注命令标注半径尺寸

(1) 选择"标注"→"快速标注"命令。

(2) 在"选择要标注的几何图形："提示下选择整个图形，然后回车。

(3) 在"指定尺寸线位置或[连续(C)/并列(S)/基线(B)/坐标(O)/半径(R)/直径(D)/基准点(P)/编辑(E)/设置(T)]<连续>："提示下输入"R"，然后回车，在图形上适当位置单击鼠标确定尺寸线位置。

(4) 重新标注 R20、R30、R12 和 R8，标注出如图 9.34 所示的图形。

9.4 尺寸标注编辑

尺寸标注编辑是指对已经标注的尺寸的标注位置、文字位置、文字内容、标注样式等作出改变的过程。

9.4.1 尺寸变量替换

命令调用方式：

菜单命令：标注→替代

命 令 行：DIMOVERRIDE

该命令可以临时修改尺寸标注的系统变量设置，并按该设置修改尺寸标注。该操作只对指定的尺寸对象做修改，修改后不影响原系统变量设置。

执行 DIMOVERRIDE 命令后，AutoCAD 提示：

输入要替代的标注变量名或[清除替代(C)]:

用户在此提示下可以输入要修改的系统变量名或直接输入"C"清除替代。

【例 9.8】 使用"替代"命令,改变例 9.7 图形中 R8 半径尺寸标注的比例为 2.5。

(1) 在命令行输入命令"DIMOVERRIDE"。

(2) 在"输入要替代的标注变量名或[清除替代(C)]:"提示后输入"DIMSCALE",然后回车。

(3) 在"输入标注变量的新值<2.0000>:"提示后输入"2.5",然后回车。

(4) 在"输入要替代的标注变量名:"提示后直接回车。

(5) 在"选择对象:"提示下,回到绘图区选择 R8 半径尺寸标注,然后回车,替代后如图 9.35 所示。

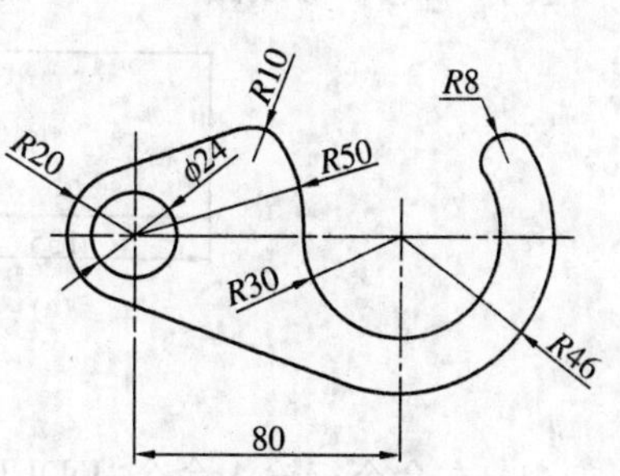

图 9.35 尺寸变量替代

9.4.2 尺寸编辑

命令调用方式:

工 具 栏:"标注"工具栏"编辑标注" 按钮

命 令 行:DIMEDIT

该命令可以修改尺寸文字、调整尺寸文字的位置、旋转尺寸文字和使尺寸界限倾斜。执行 DIMEDIT 命令后,AutoCAD 提示:

输入标注编辑类型[默认(H)/新建(N)/旋转(R)/倾斜(O)]<默认>:

在该提示后输入标注编辑类型即可。

【例 9.9】 利用 DIMEDIT 命令将图 9.36(a)所示的扳手图形中的尺寸 44 的尺寸界线倾斜 30°。

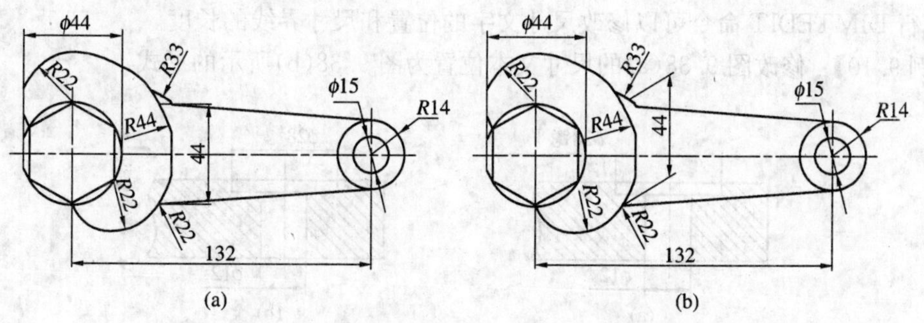

图 9.36 利用 DIMEDIT 命令使尺寸界线倾斜

(1) 在命令行输入命令"DIMEDIT"。

(2) 在"输入标注编辑类型[默认(H)/新建(N)/旋转(R)/倾斜(O)]<默认>:"提示后输入"O"。

(3) 在"选择对象:"下回到绘图区选择尺寸 44,然后回车。

(4) 在"输入倾斜角度:"提示后输入"30",然后回车,如图 9.36(b)所示。

9.4.3 尺寸文本修改

命令调用方式：

命 令 行：DDEDIT

执行 DDEDIT 命令可实现对尺寸文本的修改。

【例 9.10】 修改图 9.37(a)的尺寸文本标注为图 9.37(b)所示的形式。

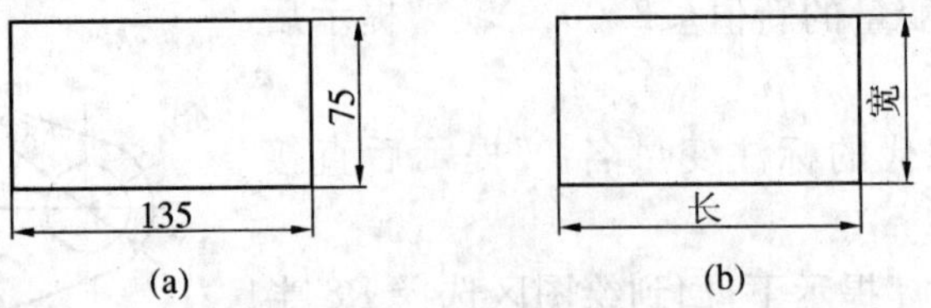

图 9.37 尺寸文本标注

(1) 在命令行输入命令“DDEDIT”。

(2) 在“选择注释对象或[放弃(U)]：”提示下，回到绘图区选择尺寸 135，弹出“文字格式”对话框，输入“长”。

(3) 在“选择注释对象或[放弃(U)]：”提示下，回到绘图区选择尺寸 75，弹出“文字格式”对话框，输入“宽”，直接回车。

9.4.4 尺寸文本位置修改

命令调用方式：

菜单命令：标注→对齐文字

工 具 栏：“标注”工具栏“编辑标注文字” 按钮

命 令 行：DIMTEDIT

执行 DIMTEDIT 命令可以修改尺寸文字的位置和尺寸界线的长度。

【例 9.10】 修改图 9.38(a)的尺寸文本位置为图 9.38(b)所示的形式。

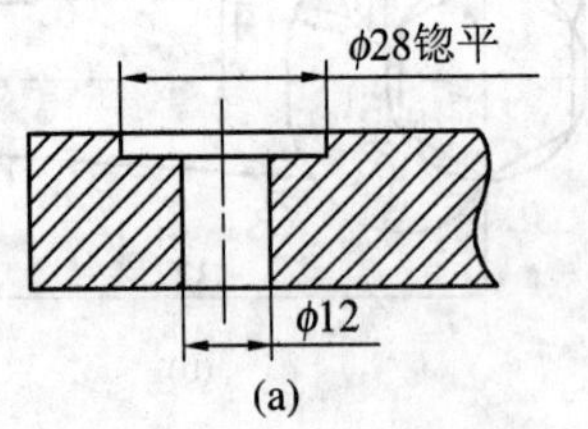

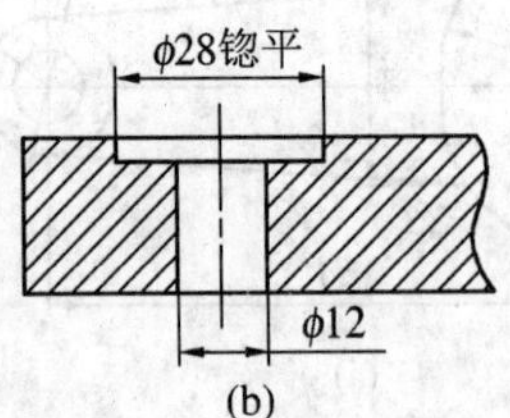

图 9.38 尺寸文本位置修改

(1) 在命令行输入命令“DIMTEDIT”。

(2) 在“选择标注：”提示下，回到绘图区选择尺寸标注“φ28 锪平”。

(3) 在“指定标注文字的新位置或[左(L)/右(R)/中心(C)/默认(H)/角度(A)]：”提示下，单击中心位置，得到图 9.38(b)。

9.5 公差标注

在机械图样中，具有装配关系的尺寸需要精确加工，必须标注尺寸公差；同时还要标注形位公差，因为它是评定产品质量的一项重要指标。

9.5.1 尺寸公差标注

尺寸公差就是尺寸的变动范围。国家标准规定：对于没有标注公差的尺寸，其加工精度由自然公差控制。自然公差是很大的，难以满足加工使用要求。

常见尺寸公差的标注形式有两种，即在尺寸的后面标注上、下偏差或标注公差带代号，装配图上还需要用公差带代号分子分母的形式表示配合关系，如图 9.39 所示。

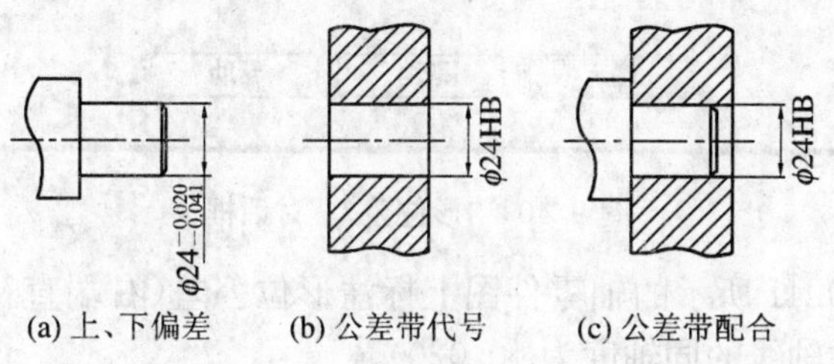

(a) 上、下偏差　(b) 公差带代号　(c) 公差带配合

图 9.39　尺寸公差标注

【例 9.11】　在图 9.39(a)所示的轴上标注以上、下偏差表示的尺寸公差。

(1) 选择“标注”→“样式”命令，弹出“标注样式管理器”对话框。

(2) 单击“新建”按钮，弹出“创建新标注样式”对话框。

(3) 单击“继续”按钮，弹出“新建标注样式”对话框，对“主单位”选项卡进行设置。

(4) 设置“单位格式”为“小数”，“精度”为“0.0”，“小数分隔符”为“句点”，“舍入”为“0”，“比例因子”为“1”，在“消零”选项栏中选中“后续”选项，在“前缀”文本框中输入“%%C”，其他选用默认设置。

(5) 在“公差”选项卡中，设置“方式”为“极限偏差”，“精度”为“0.000”，“高度比例”为“0.7”，“垂直位置”为“中”，上偏差为“−0.020”，下偏差为“−0.041”，其他选项不进行设置。

(6) 单击“确定”按钮，在“标注样式管理器”对话框中单击“置为当前”，单击“关闭”按钮。

(7) 单击“标注”工具栏中的“线性标注”按钮，捕捉指定两个尺寸界线的起点后，在适当位置点击即可标注出该轴的尺寸公差。

9.5.2 形位公差标注

形位公差就是实际加工的机械零件表面上的点、线、面的形状和位置相对于基准的误差范围。

形位公差在机械图形设计中是非常重要的。一方面，如果形位公差不能完全控制，装配件就不能正确装配；另一方面，过度吻合的形位公差又会由于额外的制造费用而造成浪费。在大多数的建筑图形中，形位公差几乎是不存在的。

命令调用方式：

菜单命令：标注→公差

工 具 栏："标注"工具栏"公差标注" 按钮

命 令 行：TOLERANCE

利用"形位公差"对话框，用户可以设置公差的符号、值及基准等参数，如图 9.40 所示。

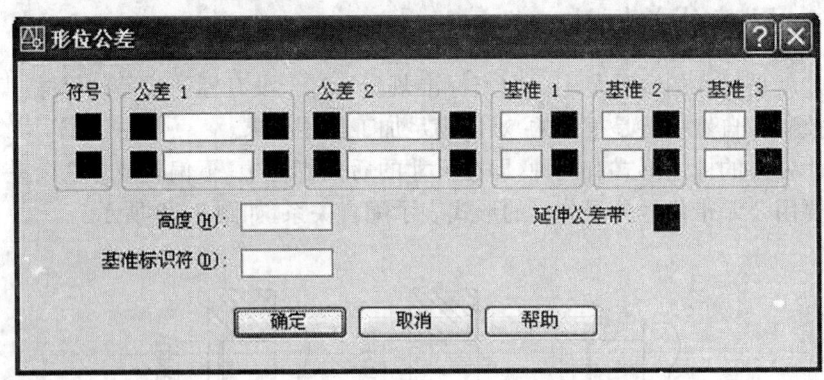

图 9.40 "形位公差"对话框

【例 9.12】 在图 9.41 所示的轴零件图上标注形位公差(右端直径为 ϕ40 的圆柱轴线与左端直径为 ϕ50 的圆柱轴线的同轴度为 ϕ0.020)。

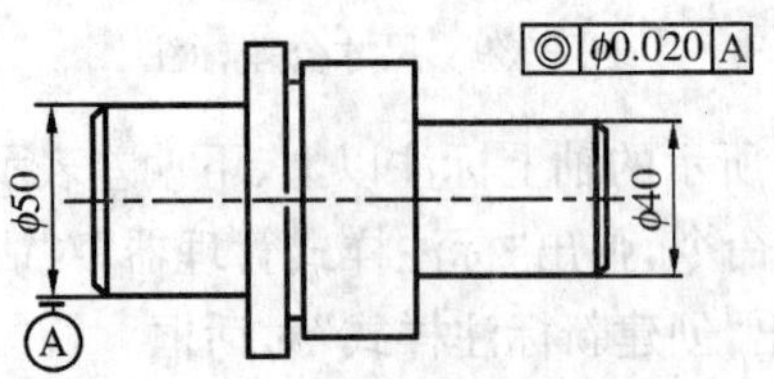

图 9.41 形位公差标注

(1) 在"标注"工具栏，单击"公差"按钮，弹出如图 9.40 所示的"形位公差"对话框。

(2) 单击"符号"选项栏中上方黑框，在"符号" 对话框中选择同轴度符号。

(3) 单击"公差 1"文本框前的黑框，显示出直径符号 ϕ，在文本框中输入"0.020"，在"基准 1"文本框中输入"A"。

(4) 单击"确定"按钮，即可完成形位公差的设置。

(5) 在图形上方适当位置单击完成同轴度的标注。

此形位公差标注显然不符合国家标准，因此要利用"快速引线"命令标注形位公差。

9.5.3 指引标注形位公差

单击"标注"工具栏的"快速引线"命令，在图形区域单击鼠标右键，然后单击"设置"，弹出"引线设置"对话框，打开"注释"选项卡，然后单击"公差"，如图 9.42 所示。

设置完"引线和箭头"选项卡后，单击"确定"按钮，就可以在命令行提示下完成形位公差标注。

【例 9.13】 利用"快速引线"命令完成例 9.12 图形的形位公差标注。

(1) 单击"标注"工具栏的"快速引线"命令。

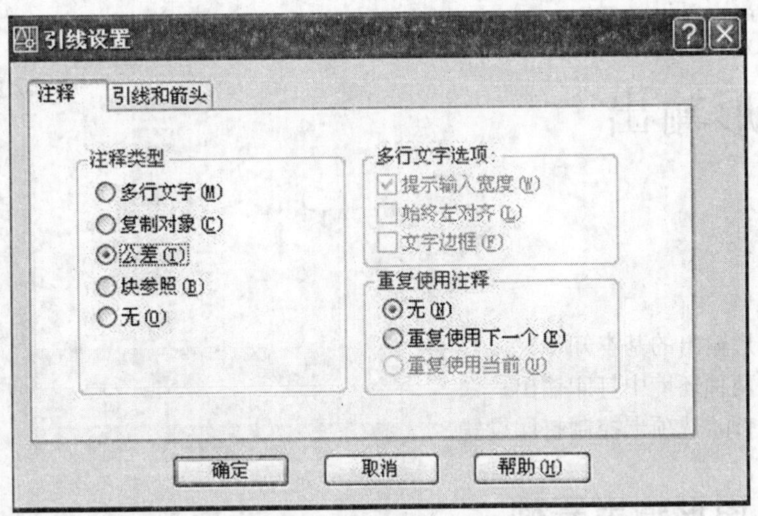

图 9.42 “引线设置”对话框

(2) 在图形区域单击鼠标右键,然后单击“设置”,弹出“引线设置”对话框。

(3) 打开“注释”选项卡,单击“公差”,然后单击“确定”按钮关闭对话框。

(4) 依次单击引线的 3 个点,创建引线,这时系统将自动打开“形位公差”对话框。

(5) 重复例 9.12 中的步骤(2)、(3)、(4)、(5),完成标注,如图 9.43 所示。

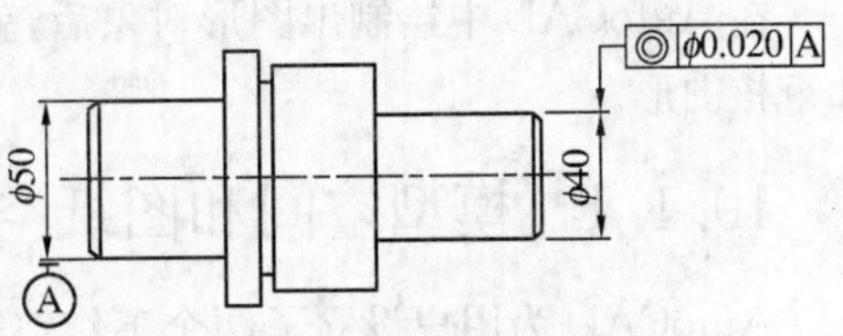

图 9.43 带引线的形位公差标

10 图形输出

学习目标

◎ 掌握图形输出的基本知识；
◎ 学会在两种环境中打印输出；
◎ 利用“打印”选项卡控制打印设置。

10.1 图形输出基础

在 AutoCAD 中绘制出图形对象后，就可以通过绘图仪或打印机将其打印输出，以便查看和审核图形。

10.1.1 模型空间和图纸空间

AutoCAD 为用户设立了两个工作空间：模型空间和图纸空间。模型空间是与真实空间相对应的，用户的设计工作一般都在模型空间中进行；图纸空间主要是为用户最后出图使用，是与工程图纸相对应的，用户可以在图纸空间规划出图布局。在模型空间也可以输出图纸，但只能是单视图。即尽管模型空间可以显示多视口，但是在同一时间只能有一个视口可以输出；而在图纸空间却可以在同一布局中摆放多种视图，可以做到多视图输出，并且同一模型可以获得多种不同的输出布局，如图 10.1 所示。

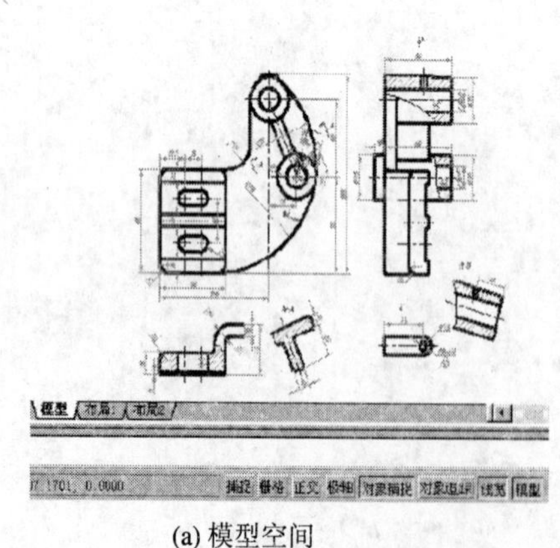

(a) 模型空间

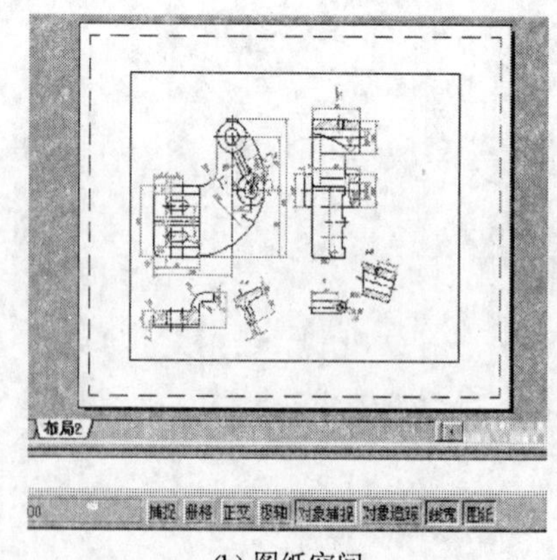

(b) 图纸空间

图 10.1 模型空间和图纸空间

10.1.2 如何创建打印布局

布局是增强的图纸空间，既有图纸空间的功能，同时还有模拟打印图纸、进行打印设置等功能。在图纸空间环境下，可以创建任意数量的布局，在不同的布局上可以对同一个图形进行不同的显示和页面设置。

利用绘图区下方的模型空间选项卡和图纸空间选项卡，可以实现模型空间与图纸空间的切换。

在缺省情况下，图纸空间有两个选项卡，即有两个布局。

创建打印布局的方法有以下三种：

1）直接创建布局

菜单命令：插入→布局→新建布局

工 具 栏：“布局”工具栏中的“新建布局” 按钮

命 令 行：LAYOUT

执行 LAYOUT 命令后，AutoCAD 提示：

输入布局选项[复制(C)/删除(D)/新建(N)/样板(T)/重命名(R)/另存为(SA)/设置(S)/?]＜设置＞：

在该提示下输入“N”并回车，AutoCAD 继续提示输入“新布局名”，可以直接回车，选择系统默认的名称，即按照现有布局顺序创建一个新布局。

还可在任意图纸空间选项卡上单击鼠标右键，在弹出的布局快捷菜单中选择“新建布局”选项，如图 10.2 所示，也可以按照现有布局顺序直接创建一个新布局。

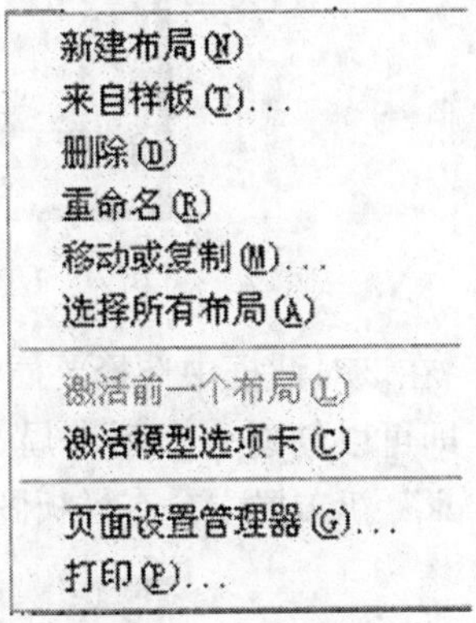

新建布局(N)
来自样板(T)...
删除(D)
重命名(R)
移动或复制(M)...
选择所有布局(A)
激活前一个布局(L)
激活模型选项卡(C)
页面设置管理器(G)...
打印(P)...

图 10.2　布局快捷菜单

2）利用样板图形创建布局

菜单命令：插入→布局→来自样板的布局

工 具 栏：“布局”工具栏中的“新建布局”按钮

命 令 行：LAYOUT→TEMPLATE

或选择布局快捷菜单中的“来自样板”选项都可执行此操作。

执行“LAYOUT”中的“TEMPLATE”选项命令后，AutoCAD 弹出如图 10.3 所示的“从文件选择样板”对话框。

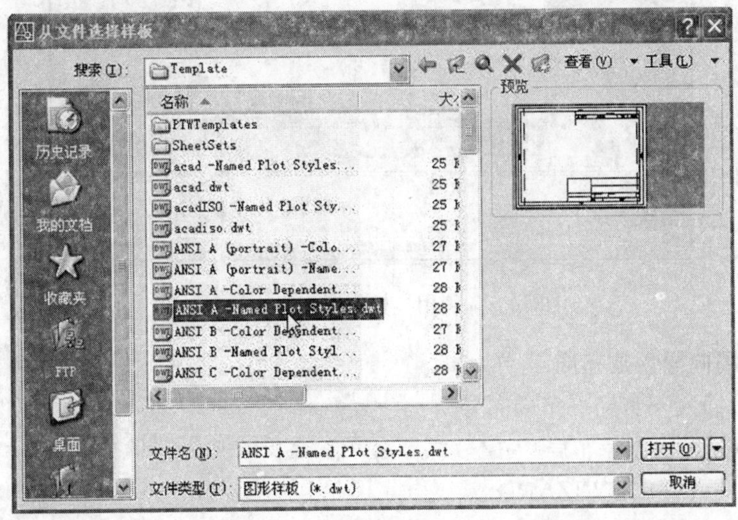

图 10.3　“从文件选择样板”对话

在对话框显示的样板图形文件中选择一个文件，如选择“DIN A2 NAMED PLOT

STYLES”,单击“打开”按钮,弹出如图 10.4 所示的“插入布局”对话框。

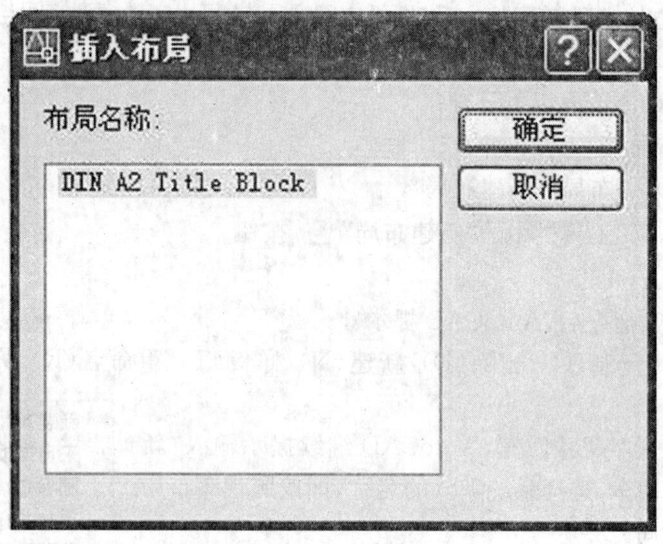

图 10.4 “插入布局”对话框

在该对话框中选择要插入样板图形的布局,如选择“DIN A2 Title Block”,单击“确定”按钮,即可以创建一个新布局。新布局的名称与前面创建的布局名称不同,如“DIN A2 Title Block”,新布局中含有样板图形文件中的图形和设置,如图 10.5 所示。

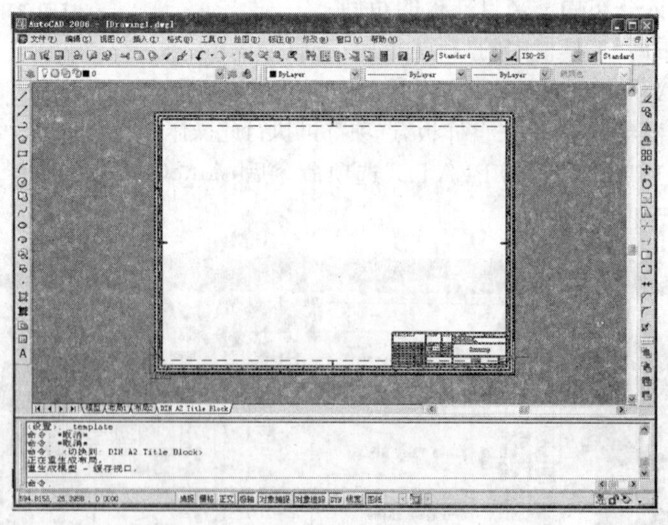

图 10.5 利用样板图形创建的新布局

3)通过布局向导创建布局

菜单命令:插入→布局→布局向导

工 具 栏→向导→创建布局

命 令 行:LAYOUTWIZARD

执行 LAYOUTWIZARD 命令后,AutoCAD 弹出如图 10.6 所示的“创建布局-开始”对话框,该对话框将引导创建新布局。

(1) 设置布局名 在图 10.6 所示的对话框的“输入新布局的名称”文本框中输入新布局

的名称，默认的布局名是按照现有的布局顺序命名的。

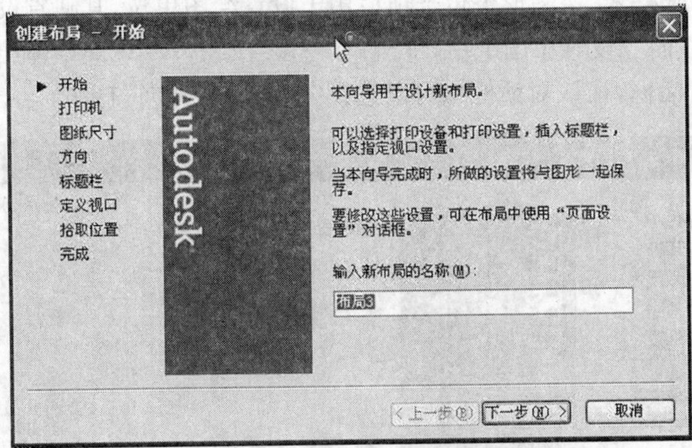

图 10.6 "创建布局-开始"对话框

(2) 设置打印机　单击"下一步"按钮，AutoCAD 弹出如图 10.7 所示的"创建布局-打印机"对话框，在对话框的列表中选择打印机即可。

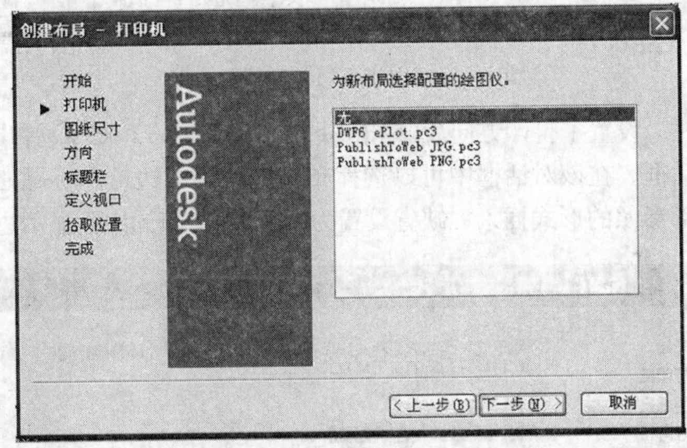

图 10.7 "创建布局-打印机"对话框

(3) 设置图纸　确定了打印机后，单击"下一步"按钮，AutoCAD 2006 弹出如图 10.8 所

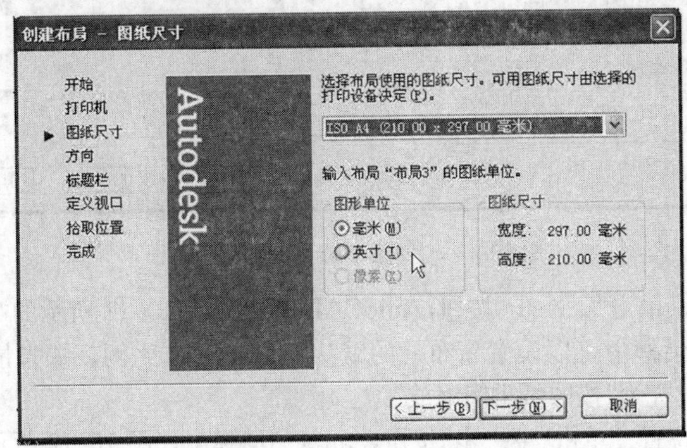

图 10.8 "创建布局-图纸尺寸"对话框

示的“创建布局-图纸尺寸”对话框，在该对话框的下拉列表中选择图纸的幅面，如选择“A4 210.00×297.00毫米”。图形单位选项栏用于设置绘图单位，其缺省设置为毫米。

(4) 设置打印方向　设置了图纸后，单击“下一步”按钮，AutoCAD弹出如图10.9所示的“创建布局-方向”对话框，在该对话框中可以选择“纵向”或“横向”打印。

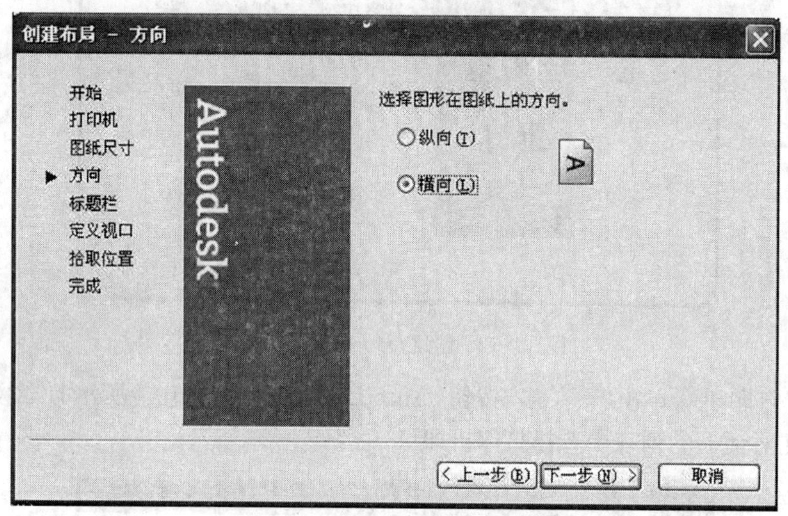

图10.9　“创建布局-方向”对话框

(5) 设置标题栏　设置了打印方向后，单击“下一步”按钮，AutoCAD弹出10.10所示的“创建布局-标题栏”对话框。在该对话框中可以选择布局中用到的边框和标题栏格式，并确定标题栏是以图块还是外部参照的形式插入。缺省设置为“无”，即在布局中不显示边框和标题栏。

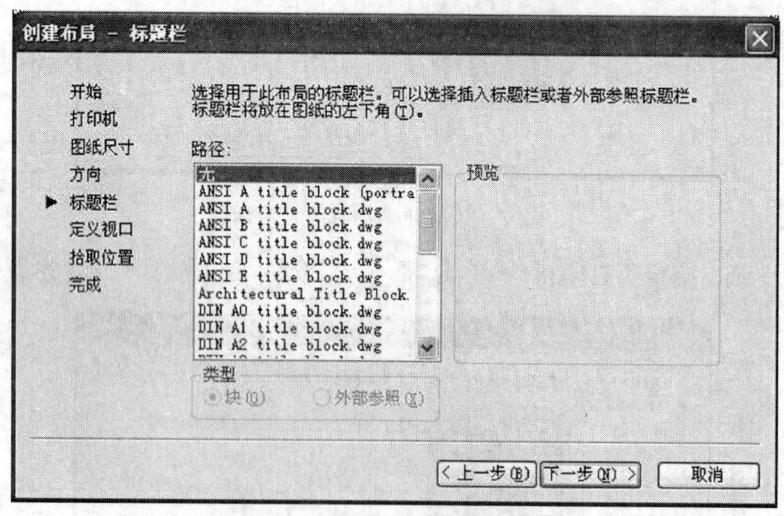

图10.10　“创建布局-标题栏”对话框

(6) 定义视口　单击“下一步”按钮，AutoCAD弹出如图10.11所示的“创建布局-定义视口”对话框，在该对话框中可以设置新布局的默认视口和视口比例。缺省情况下视口设置为“单个”，视口比例设置为“按图纸空间缩放”。

(7) 设置拾取位置　单击“下一步”按钮，AutoCAD弹出如图10.12所示的“创建布局-拾取位置”对话框，该对话框用于设置布局视口的位置，单击“选择位置”按钮，将回到图纸空间，

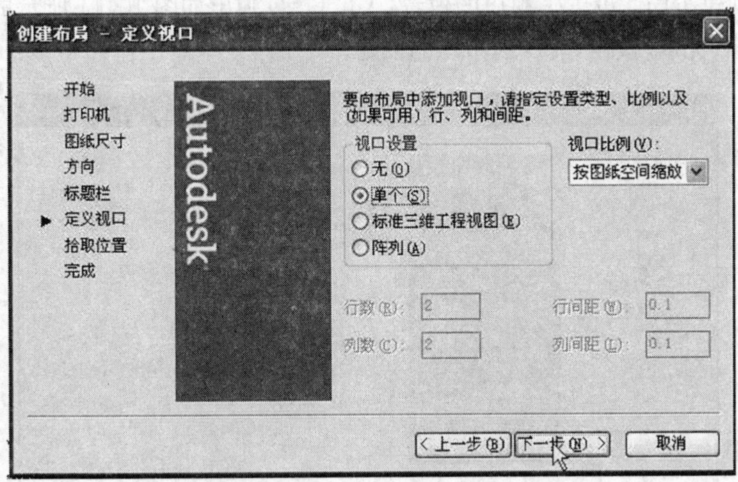

图 10.11 “创建布局-定义视口”对话框

需在空白的新布局中拾取两个对角点确定一个矩形窗口为视口的位置，如图 10.13 所示。

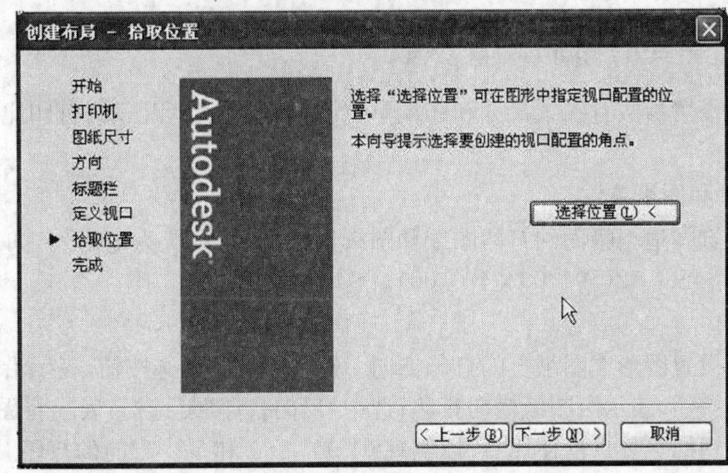

图 10.12 “创建布局-拾取位置”对话框

图 10.13 在布局中指定视口的位置

(8) 完成创建布局　设置了视口的位置，AutoCAD 弹出如图 10.14 所示的“创建布局-完成”对话框，单击“完成”按钮，完成新布局的创建。

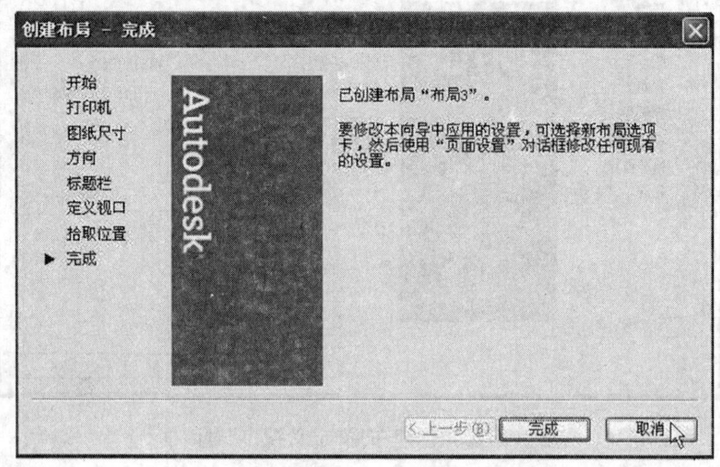

图 10.14　“创建布局-完成”对话框

10.1.3　主要的布局设置参数

主要的布局设置参数有图纸尺寸和图纸单位、图形方向、打印区域、打印比例、打印偏移和打印选项。

1）图纸尺寸和图纸单位

该参数用于选择适当幅面的打印图纸和图纸单位(缺省设置为毫米)。如果要打印在 A2 图纸上，可以选择 ISO A2(594.00×420.00)。

2）图形方向

该参数用于设置图形在图纸上的打印方向。选中“纵向”单选按钮，表示沿图纸纵向打印；选中“横向”单选按钮，表示沿图纸横向打印；选中“反向打印”复选框，表示将图形翻转 180°打印。两个单选按钮结合复选框使用，可以实现 0°、90°、180°和 270°方向的打印。

3）打印区域

该参数用于设置打印范围。选中“布局”单选按钮，表示打印图形界限内的图形；选中“范围”单选按钮，表示打印全部图形；选中“显示”单选按钮，表示打印在屏幕上显示的图形；选中“视图”单选按钮，表示打印以前用“VIEW”命令保存的视图，可以从提供的列表中选择命名视图；选中“窗口”单选按钮，将回到绘图区域，用户可以用一个矩形窗口选择要打印的图形。

4）打印比例

该参数用于设置图形的打印比例，既可以从“比例”下拉列表框中选择打印比例，也可以在自定义的两个文本框中输入自定义的比例；选中“缩放线宽”复选框，表示与打印比例成正比缩放线宽。

5）打印偏移

该参数用于调整图形在图纸上的位置。选中“居中打印”复选框，表示将图形打印在图纸的中央；X、Y 文本框用于设置打印区域相对于图纸的左下角的横向和纵向偏移量。

6）打印选项

该参数用于选择打印的方式。“打印对象线宽”复选框用于设置是否按图层中设置的线宽打印图形；“打印样式”复选框用于设置是否按图层中设置的打印样式打印图形；“最后打印图纸空间”复选框用于设置在同时打印模型空间和多个布局上的图形时是否优先打印模型空间中的图形；“隐藏图纸空间对象”复选框用于设置是否在图纸空间视口中的对象上应用“隐藏”操作。此选项仅在布局选项卡上可用。此设置的效果反映在打印预览中，而不反映在布局中。

10.1.4 浮动视口的特点

浮动视口是在图纸空间中显示模型的一个矩形视口。在构造布局时，可以将它视为模型空间中的视图对象，对它进行移动和调整大小。浮动视口可以相互重叠或者分离。因为浮动视口是 AutoCAD 对象，所以在图纸空间中排放布局时不能编辑模型。要编辑模型，必须使用下列方法之一切换到模型空间：

(1) 选择“模型”选项卡。

(2) 双击浮动视口。在状态栏上，“图纸”将变为“模型”。

(3) 在状态栏上单击“图纸”，返回到上一个当前浮动视口。

将布局中的视口设为当前，就可以在浮动视口中处理模型空间对象。在模型空间中的所有修改都将反映到所有图纸空间视口中。

使用浮动视口的好处之一是可以在每个视口中选择性地冻结图层。冻结图层后，就可以查看每个浮动视口中的不同几何对象。通过在视口中平移和缩放，还可以指定显示不同的视图。

【例 10.1】 用 MVIEW 命令将图 10.15 的单视口布局创建为图 10.17 所示的三视口。

(1) 在图纸空间单击图 10.15 的单视口边界得到一选择集，然后删除视口。

(2) 选择“视图”→“视口”→“三个视口”，然后单击。

(3) 在绘图区虚线(可打印区域)内，指定两点以定义视口，如图 10.16 所示。

(4) 双击左上角视口，切换到模型空间。

(5) 拖动缩放直到右上方图形在视口最大化，如图 10.17 左上角视口。

(6) 在其他两个视口中重复上述步骤，得到图 10.17 所示的三视口。

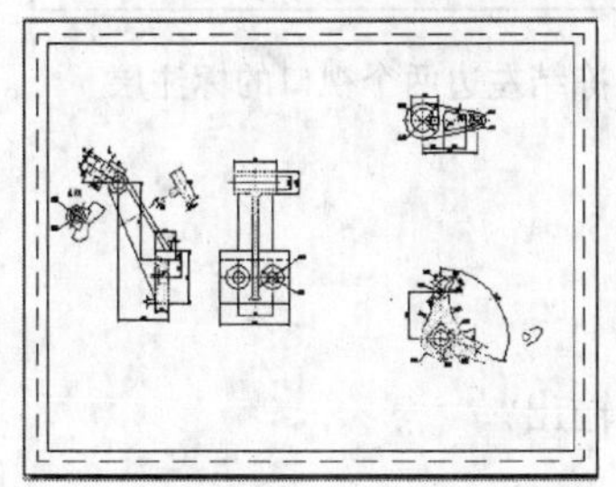

图 10.15 单视口布局

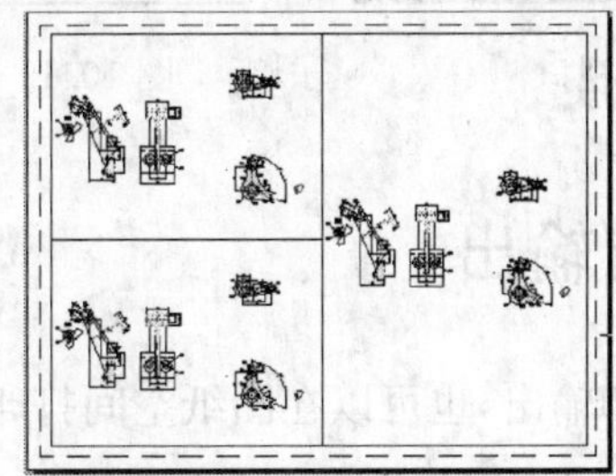

图 10.16 指定两点以定义视口

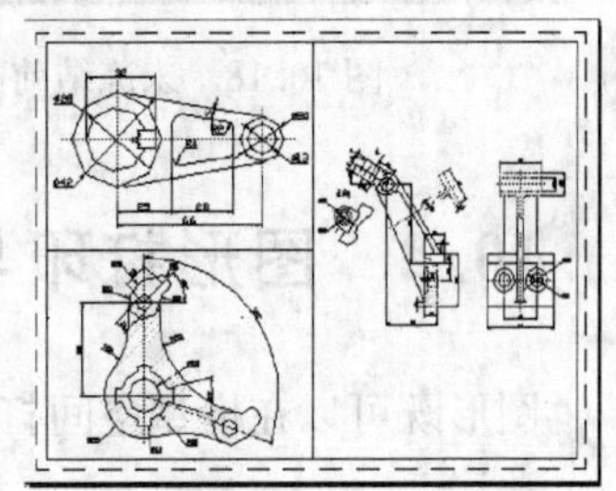

图 10.17 三个视口布局

10.1.5 布局图的管理

命令调用方式：

命 令 行：VPLAYER

该命令的功能是设置布局图视口中图层的可见性，对布局图进行管理，使图层在一个或多个视口中可见，而在其他所有视口中都不可见。执行“VPLAYER”命令后，AutoCAD 提示：

输入选项[？/冻结(F)/解冻(T)/重置(R)/新建冻结(N)/视口默认可见性(V)]：

该提示中各选项意义如下：

(1) ？ 显示选定视口中冻结图层的名称。

(2) 冻结(F) 在一个视口或多个视口中冻结一个或一组图层。

(3) 解冻(T) 解冻指定视口中的图层。

(4) 重置(R) 将指定视口中图层的可见性设置为它们当前的默认设置。

(5) 新建冻结(N) 创建在所有视口中都被冻结的新图层。

(6) 视口默认可见性(V) 解冻或冻结在后续创建的视口中指定的图层。

【例 10.2】 冻结图 10.18 左边上下两个视口的图层“DIM”。

(1) 输入命令“VPLAYER”

(2) 命令提示：

输入选项[？/冻结(F)/解冻(T)/重置(R)/新建冻结(N)/视口默认可见性(V)]：F

输入要冻结的图层名或<选择对象>：DIM

输入选项[全部(A)/选择(S)/当前(C)]<当前>：S

(3) 在“选择对象：”提示下，到绘图区按住“Shift”键选择左边上下两个视口，然后回车。输入选项[？/冻结(F)/解冻(T)/重置(R)/新建冻结(N)/视口默认可见性(V)]：回车。结果如图 10.19 所示。

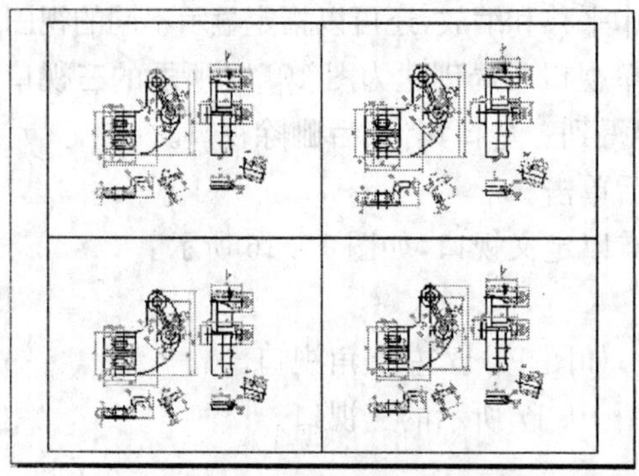

图 10.18 未冻结前的视口

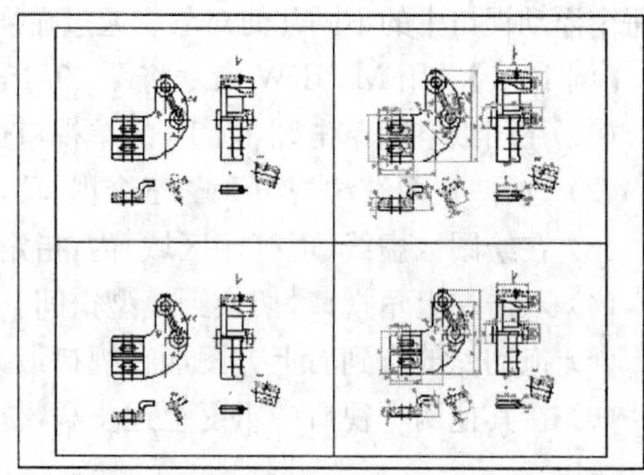

图 10.19 冻结左边两个视口的标注层

10.2 图形打印与输出

图形既可以在模型空间打印输出，也可以在图纸空间打印输出。

10.2.1 图形打印与打印预览

无论是在模型空间还是在图纸空间打印输出，在正式打印前都要预览一下打印效果图，满意后才开始打印。

1) 模型空间打印预览

在模型空间完成页面设置后，选择“文件”→“打印预览”或在命令行输入命令“PREVIEW”，即可预览打印效果。如果对预览效果不满意，则应进行修改，一般只需在页面设置中调整打印区域的偏移量即可。

【例 10.3】 从模型空间打印预览图 10.1(a)。

(1) 打开图 10.1(a),使其处于模型空间。

(2) 在“标准”工具栏,单击“打印”按钮。

(3) 在“打印”对话框中,打开“打印设备”选项卡,在打印机名称下拉列表中选择“Canon S200SP”打印机。

(4) 打开“打印设置”选项卡,在“图纸尺寸和图纸单位”选项组中选择图纸尺寸“B5 182.0×257.0 毫米”。

(5) 选择“毫米”,使可打印区域以毫米显示。

(6) 在“打印区域”选项组中,选择“范围”单选按钮。

(7) 在“打印比例”选项组中,选择“按图纸空间缩放”。

(8) 在“打印偏移”选项组中,选择“居中打印”复选框,单击“确定”按钮,完成打印设置。

(9) 选择“文件”→“打印预览”,出现“打印预览进度”对话框,然后出现如图 10.20 所示的预览效果。

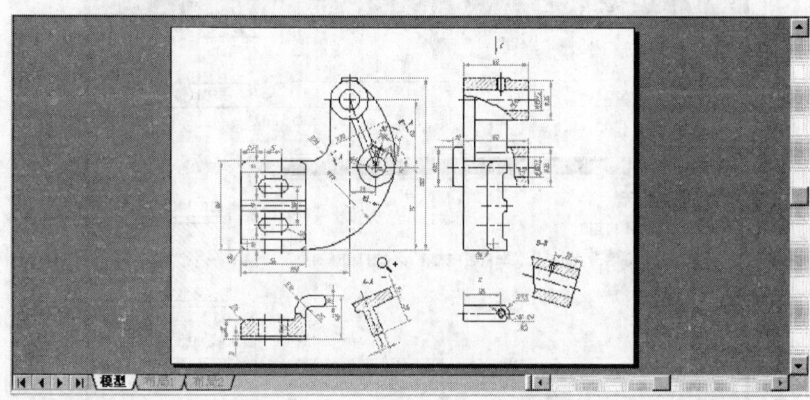

图 10.20 模型空间的预览效果

2) 图纸空间打印预览

在图纸空间的一个布局中完成了页面设置后,选择“文件”→“打印预览”或在命令行输入命令“PREVIEW”,即可预览从该布局中输出图形的效果。

【例 10.4】 从图纸空间打印预览图 10.1(a)。

(1) 打开图 10.1(a),使其处于图纸空间“布局 1”中。

(2) 重复例 10.3 步骤(2)至(9),出现如图 10.21 所示的预览效果。

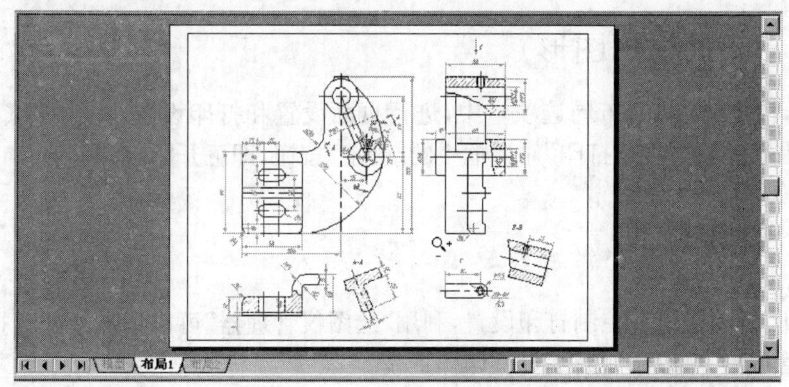

图 10.21 图纸空间的预览效果

10.2.2 模型空间输出图形

对打印效果满意后，就可以打印了。无论在哪个空间打印输出，均可按以下方法启动打印命令：

菜单命令：文件→打印

工 具 栏："标准"工具栏 按钮

命 令 行：PLOT

执行"PLOT"命令后，AutoCAD 弹出如图 10.22 所示的"打印"对话框。

"打印"对话框与"页面设置"对话框极为相似，也是用于设置打印设备、打印样式、图纸尺寸、打印比例等，且其设置自动与"页面设置"中的保持一致，即用户既可以通过"页面设置"对话框进行打印设置，也可以通过"打印"对话框进行设置。

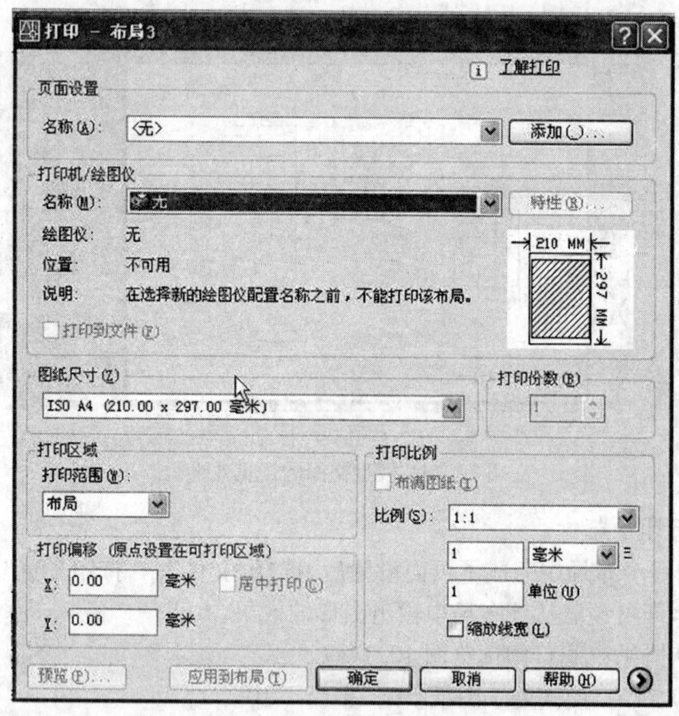

图 10.22 "打印"对话框

10.2.3 布局输出图形

将图形置于图纸空间的布局选项卡中，进行页面设置和打印设置，完成图纸空间打印预览，对打印效果满意后，单击"打印"对话框中的"确定"按钮，即可开始打印。

10.3 打印管理

利用"打印"选项卡可以控制打印设置，利用"绘图仪管理器"可以添加或配置打印设备，利用"打印样式管理器"可以添加或编辑打印样式表。

10.3.1 打印选项

选择“工具”→“选项”，弹出“选项”对话框，单击“打印和发布”选项卡，如图 10.23 所示。

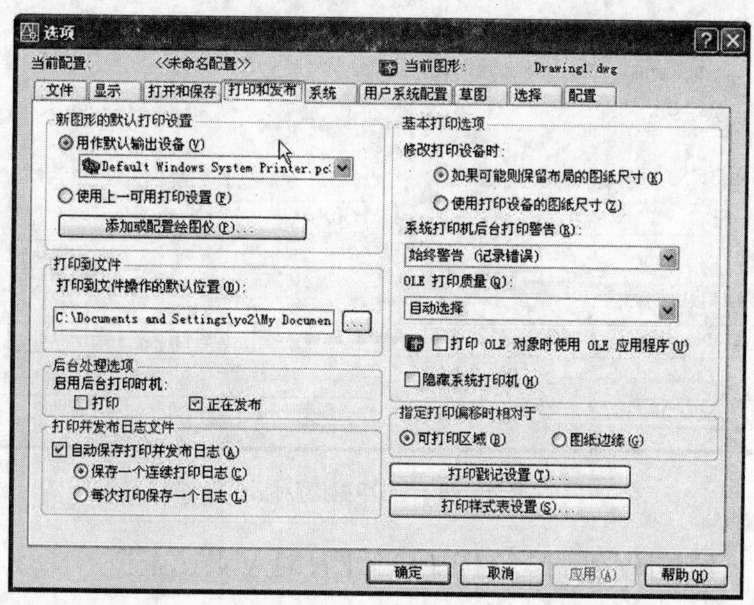

图 10.23 “选项”对话框中的“打印和发布”选项卡

“打印和发布”选项卡主要选项的意义如下：

(1) “新图形的默认打印设置”选项区域　用于设置图形的默认打印设置。选择“用作默认输出设备”单选按钮，可以从下拉列表中选择系统配置的所有打印机；选择“使用上一可用打印设置”单选按钮，设定与上一次成功打印的设置相匹配的打印设置；单击“添加或配置打印机…”按钮，AutoCAD 弹出“打印机管理器”窗口，在此窗口中可以添加或配置打印机。

(2) “基本打印选项”选项区域　控制与基本打印环境（包括图纸尺寸设置、系统打印机警告方式和 AutoCAD 图形中的 OLE 对象）有关的选项。选择“如果可能则保留布局的图纸尺寸”单选按钮，表示选定的输出设备支持在“页面设置”对话框的“布局设置”选项卡上指定的图纸尺寸；选择“使用打印设备的图纸尺寸”单选按钮，表示如果输出设备是系统打印机，则使用在打印机配置文件（PC3）或默认系统设置中指定的图纸尺寸；“系统打印机后台打印警告”下拉列表框用于控制在发生输入或输出端口冲突而导致通过系统打印机后台打印图形时是否发出警告；“OLE 打印质量”下拉列表框用于确定打印 OLE 对象的质量（OLEQUALITY 系统变量）；选择“打印 OLE 对象时使用 OLE 应用程序”复选框，表示当打印包含 OLE 对象的图形时，启动用于创建 OLE 对象的应用程序，优化打印 OLE 对象的质量；选择“隐藏系统打印机”复选框，可以控制是否在“打印”和“页面设置”对话框中显示 Windows 系统打印机。

(3) 点击“打印戳记设置”弹出图 10.24 所示的“打印戳记”对话框，可设置图纸上打印戳记。

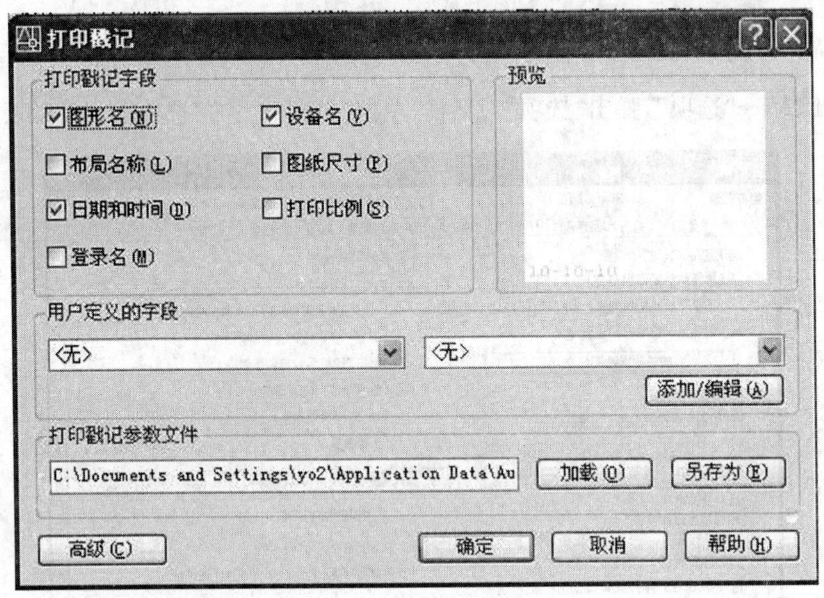

图 10.24 “打印戳记”对话框

10.3.2 绘图仪管理器(PLOTTERMANAGER)

命令调用方式：

菜单命令：文件→绘图仪管理器

快捷菜单：选项→打印→添加或配置绘图仪

快捷菜单：PLOTTERMANAGER

打开“绘图仪管理器”窗口(也是 Plotters 文件夹)，如图 10.25 所示。此窗口可执行下列任务：

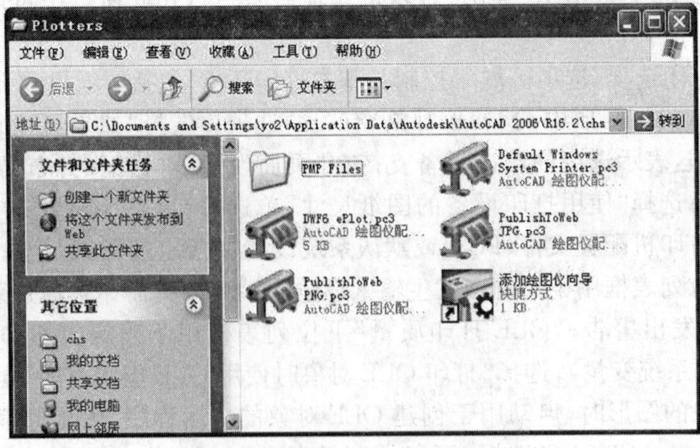

图 10.25 “打印机管理器”窗口

(1) 双击“添加绘图仪向导”可以添加和配置绘图仪和打印机。向导将生成一个 PC3 文件，存储在 AutoCAD 2006\plotters 文件夹中。

(2) 双击窗口内任一绘图仪配置文件(PC3)，将启动“绘图仪配置编辑器”。此编辑器包括“基本”、“端口”和“设备和文档设置”3 个选项卡。

10.3.3 打印样式管理器

命令调用方式：

菜单命令：文件→打印样式管理器

工具→选项→打印和发布

命 令 行：STYLESMANAGER

“打印样式管理器”窗口(也叫 Plot Styles 文件夹)如图 10.26 所示。默认情况下，颜色相关(CTB)打印样式表和命名(STB)打印样式表存储在此文件夹中。可以使用它来添加、删除、重命名、复制和编辑打印样式表。打印样式管理器列出了所有 AutoCAD 可用的打印样式表。

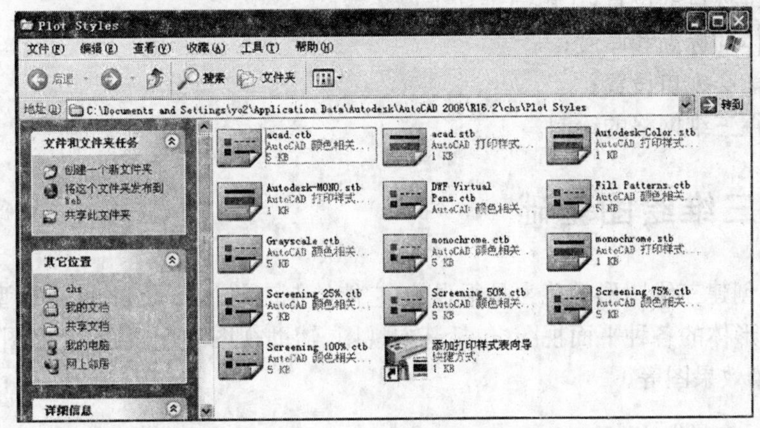

图 10.26 “打印样式管理器”窗口

11 绘制三维图形

学习目标

◎ 掌握三维坐标的输入方式和用户坐标系；

◎ 熟悉三维视点的设置，了解三维动态观察器；

◎ 了解实体的标高和厚度；

◎ 理解并学会视口设置；

◎ 熟练掌握三维网格的绘制。

11.1 三维绘图基础

AutoCAD 创建三维图形的能力是很强的，它能绘制三维图形元素、线框模型、表面模型、实体模型、三维形体的各种平面视图(包括基本视图、辅助视图和剖视图、断面图等)、轴测图、透视图以及渲染效果图等。

11.1.1 三维坐标

解析几何学中把空间点 A 用坐标表示为 A(X,Y,Z)。AutoCAD 三维绘图也需要用三维坐标来表示形体上的点的位置。

AutoCAD 在当前用户坐标系 UCS(默认坐标系)中，各种坐标表示为：

(1) 绝对直角坐标　X,Y,Z。

(2) 相对直角坐标　@X,Y,Z (X,Y,Z 分别表示相对于上一点的绝对直角坐标的增量)。

(3) 绝对圆柱坐标　d<A,Z，如图 11.1(a)所示。

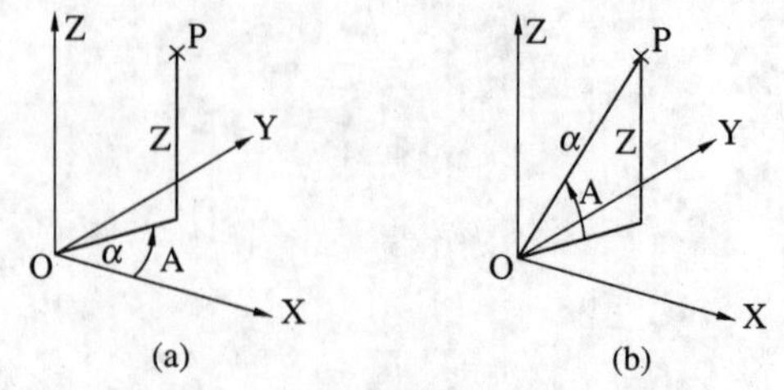

图 11.1　绝对圆柱坐标和球面坐标

(4) 相对圆柱坐标　@d<A,Z (d<A,Z 分别表示相对于上一点的绝对圆柱坐标的增量)。

(5) 绝对球面坐标　d<A<B，如图 11.1(b)所示。

在世界坐标系 WCS 中，输入绝对坐标时，前面需加“ * ”，如 * X,Y,Z。

11.1.2 设置三维视点

观看三维形体时，看到的效果会随观察角度的不同而改变。AutoCAD 设置三维视点的目的是通过指定视点，确定视线方向（视点与坐标原点的连线）。

1）命令调用方式

菜单命令：视图→三维视图→视点

命 令 行：VPOINT

2）格式

当前视图方向：VIEWDIR＝0.0000，0.0000，1.0000

指定视点或[旋转(R)]〈显示坐标球和三轴架〉：

3）说明

(1) VPOINT 命令的默认视点设置为(0，0，1)，即格式中的"当前视图方向：VIEWDIR＝0.0000，0.0000，1.0000"，观察到的是三维形体的俯视图。

(2) 如输入另一视点 X，Y，Z，则视线方向 V 改变，从而改变了三维形体的显示。

【例 11.1】 绘制一长方体（长 50，宽 40，高 10）。

命令：BOX

指定长方体的角点或［中心点(CE)］〈0，0，0〉：在屏幕上点击任意一点。

指定角点或［立方体(C)/长度(L)］：@50，40，10

在默认视点设置下，该形体显示如图 11.2(a)所示。

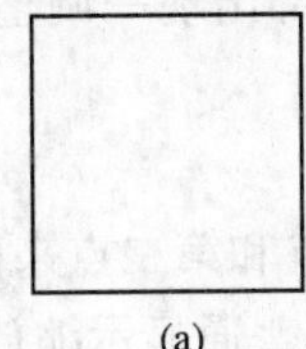

(a)

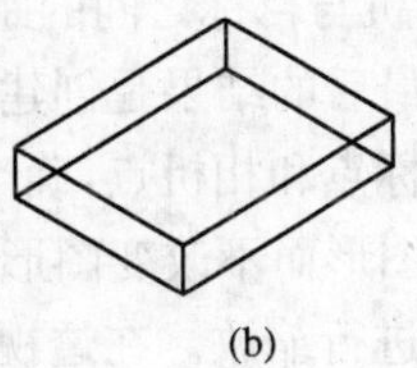

(b)

图 11.2 变换三维视点

执行 VPOINT 命令，如下：

命令：VPOINT

当前视图方向：VIEWDIR＝0.0000，0.0000，1.0000

指定视点或[旋转(R)]〈显示坐标球和三轴架〉：1，1，1

该形体立刻显示如图 11.2(b)所示图形。

(3) 如不输入视点，而是直接回车，则该命令执行默认操作〈显示坐标球和三轴架〉，在屏幕上显示一坐标球和三轴架。光标相对于坐标球的方位，决定了视点和视线，并在屏幕上动态显示三坐标轴。三坐标轴的长短及方位表示形体在相应的三轴上的投影情况，如图 11.3 所示。

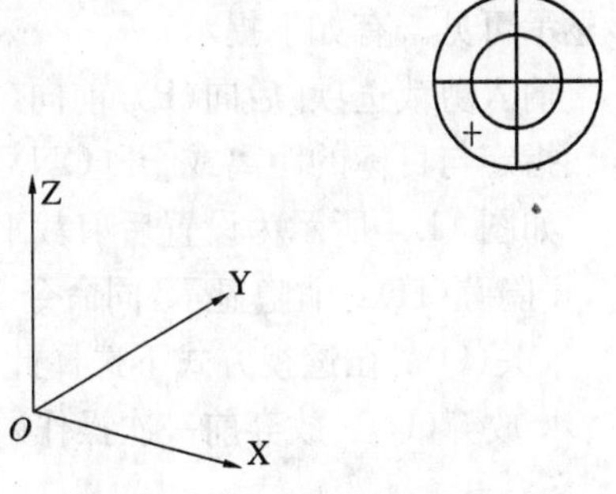

图 11.3 坐标球和三轴架

光标处在坐标球的内圈和外圈，相应的产生俯视和仰视的效果。

(4) 如输入 R，则出现以下提示：

输入 XY 平面中与 X 轴的夹角〈270〉：

输入与 XY 平面的夹角〈90〉：

只要输入上述两个夹角，就能确定视线方向。

(5) VPOINT 命令的扩展命令 DVIEW 采用相机（Camera）和目标（Target）来动态模拟取景过程，相机到目标的连线就是视线。利用该命令还可生成透视图。

① 格式

选择对象或〈使用 DVIEWBLOCK〉：（选择预视对象来查看取景效果，如直接回车，则使用 DVIEWBLOCK 块为预视对象。DVIEWBLOCK 是系统自行提供的一所小房子。）

* * * 切换到 WCS * * *

② 输入选项

[相机(CA)/目标(TA)/距离(D)/点(PO)/平移(PA)/缩放(Z)/扭曲(TW)/剪裁(CL)/隐藏(H)/关(O)/放弃(U)]：

③ 说明

a 相机(CA)：目标点不动，移动相机来设置视线的方向角。选择该项后提示：

指定相机位置，输入与 XY 平面的角度，或[切换角度单位(T)]〈90.0000〉：

输入角度，继续提示：

指定相机位置，输入与在 XY 平面上与 X 轴的角度，或[切换角度单位(T)]〈90.0000〉：

这时可以移动鼠标来进行动态观察，击一下左键，可以设置视向。

b 目标(TA)：相机不动，移动目标点来设置视向，与选择"相机"操作相同。

c 距离(D)：改变相机与目标之间的距离。在屏幕上部出现一调整杆，移动鼠标可调整相机与目标之间的距离。最后的结果是创建了透视图效果。

d 点(PO)：指定目标点和相机点，确定视向。

e 平移(PA)：平移图形而不改变图形大小。输入基点和第二点来确定图形移动的距离。

f 缩放(Z)：对图形进行缩放。在透视方式关闭时，为普通显示缩放。选择该项后提示：

指定缩放比例因子〈1〉：

这时可输入比例因子，也可用鼠标来调整缩放比例。在透视方式打开时，调整焦距值（默认为 50mm），提示：

指定镜头长度〈50.000mm〉：

g 扭曲(TW)：绕视线旋转形体，逆时针为正。

h 剪裁(CL)：设置前、后剪裁平面的位置，以目标点的位置为基础，指向相机一侧的距离为正，远离相机一侧的距离为负。用前、后剪裁平面剪裁形体，在前、后剪裁平面之间的部分图形显示可见。有如下提示：

输入剪裁选项[后向(B)/前向(F)/关(O)]〈关〉：选择 B 或 F，回车。

指定与目标的距离或[开(ON)/关(OFF)]〈415.7158〉：

如图 11.4 所示为设置后剪裁平面之前、之后的效果比较。

i 隐藏(H)：消隐显示，同命令 HIDE。

j 关(O)：在透视方式下选择此项关闭透视方式，恢复平行投影方式。

k 放弃(U)：放弃前一次操作。

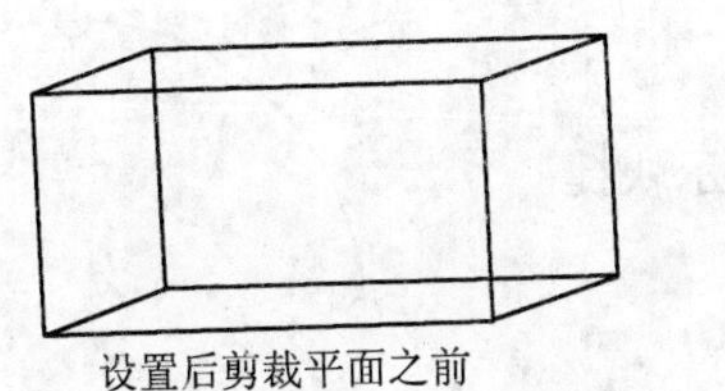

设置后剪裁平面之前

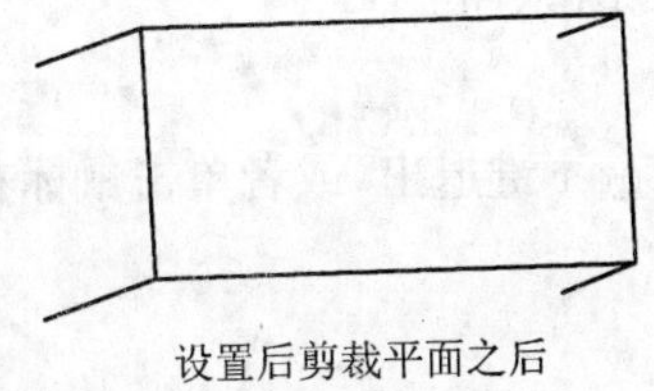

设置后剪裁平面之后

图 11.4　设置剪裁平面

11.1.3　利用 DDVPOINT 命令进行视点设置

1）命令

菜单命令：视图→三维视图→视点预置

命 令 行：DDVPOINT

2）格式

视点预置，如图 11.5 所示。

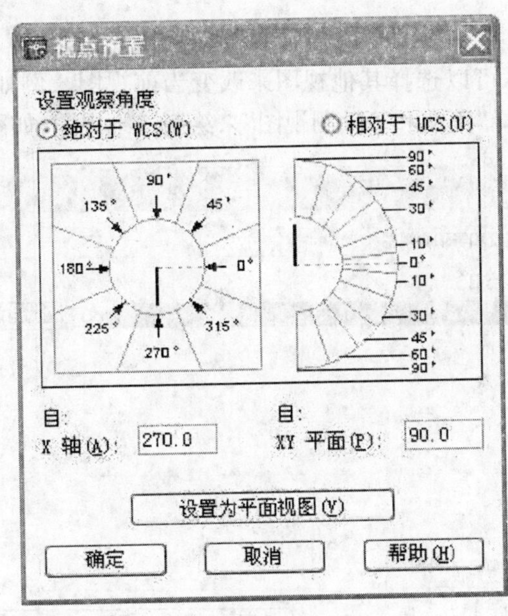

图 11.5　视点预置

3）说明

(1) 视点设置有“绝对于 WCS(W)”和“相对于 CUS(U)”两种情况，其选择要根据坐标系的实际情况来定，默认为前者。

(2) 通过调整“与 X 轴的角度”和“与 XY 平面的角度”后的值，可实现视线的准确定向。

(3) 可把图形设为平面视图。

11.1.4　利用三维动态观察器观察三维对象

1）命令

菜单命令：视图→三维动态观察器

工 具 栏：“三维动态浏览器”工具栏 按钮

命 令 行：3DORBIT

2）格式

按 Esc 或 Enter 键退出，或者单击鼠标右键显示快捷菜单。

3）说明

按住左键移动光标，可调整视线方向，实现控制观察三维形体，如图 11.6 所示。

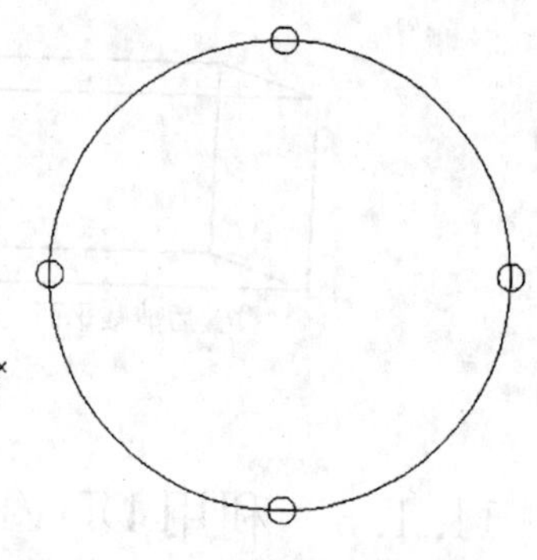

图 11.6 三维动态观察器

11.1.5 利用“三维视图”菜单和视图工具栏生成标准视图

1）命令

菜单命令：视图→三维视图

工具栏：“视图”工具栏 按钮

命 令 行：VIEW

2）说明

该命令默认为俯视图，可以选择其他视图来改变当前视图。例如通过“视图”→“命名视图”打开“视图”对话框，选择“正交和等轴测视图”来绘制三维视图，如图 11.7 所示。

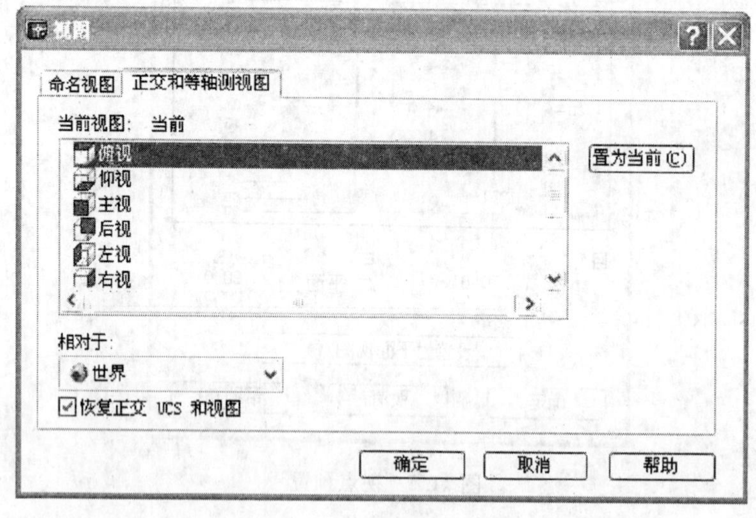

图 11.7 视图的选择

11.2 用户坐标系（UCS）

AutoCAD 通常是以当前用户坐标系 UCS 的 XOY 平面作为绘图基准面的，通过改变 UCS 的设置，可以方便地绘制各种方位的三维形体。

11.2.1 UCS 的定义

在 AutoCAD 中，世界坐标系（WCS）是 AutoCAD 用来定义其他坐标系的基础。

用户坐标系 UCS 是指操作者(用户)定义并使用的坐标系,用来定义三维空间的 X、Y 和 Z 轴的方向,确定图形中几何对象的默认位置。坐标输入和显示均相对于当前的 UCS。

可以通过 UCS 图标命令来设置 UCS 的属性,即 UCS 图标是否显示以及是否显示在 UCS 原点的位置。

1)命令

菜单命令:视图→显示→UCS 图标

命 令 行:UCSICON

2)格式

输入选项 [开(ON)/关(OFF)/全部(A)/非原点(N)/原点(OR)/特性(P)]〈开〉:

3)说明

(1) 开(ON)/关(OFF)　在图中显示或不显示 UCS 图标,默认设置为显示〈开〉。

(2) 全部(A)　在所有视口显示 UCS 图标的改动情况。

(3) 非原点(N)　UCS 图标显示在图形窗口左下角,不在原点处(0,0,0)。

(4) 原点(OR)　UCS 图标显示在原点处(0,0,0)。

(5) 特性(P)　可改变图标样式、图标大小和颜色,如图 11.8 所示。

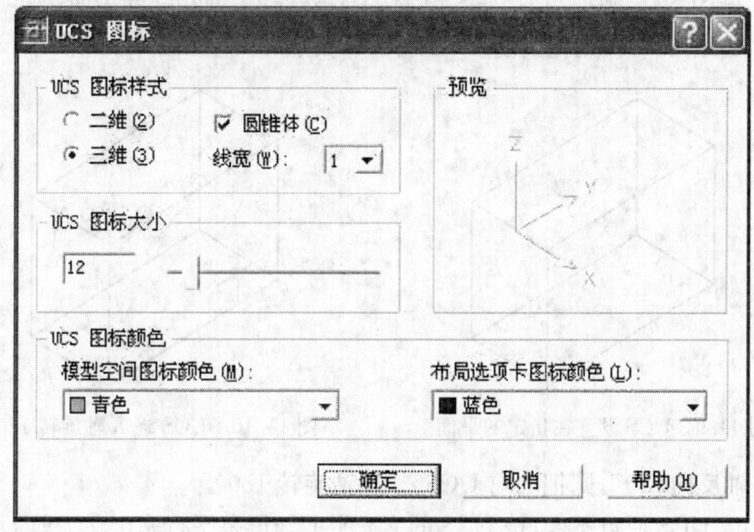

图 11.8　UCS 图标属性

11.2.2　管理 UCS

管理用户坐标系 UCS 用于更改原点(0,0,0)的位置与 XY 平面及 Z 轴的方向。可以在三维空间的任意位置定位和定向 UCS,并根据需要定义、保存和调用任意数量的 UCS。

1)命令

菜单命令:工具→新建 UCS

工 具 栏:"UCS"工具栏"UCS" ⊾ 按钮

命 令 行:UCS

2)格式

当前 UCS 名称:*俯视*

输入选项[新建(N)/移动(M)/正交(G)/上一个(P)/恢复(R)/保存(S)/删除(D)/应用(A)/? /世界(W)]〈世界〉:

3) 解释

(1) 新建(N) 选择后提示:

指定新 UCS 的原点或[Z 轴(ZA)/三点(3)/对象(OB)/面(F)/视图(V)/X/Y/Z]〈0,0,0〉:

输入新的坐标后,UCS 的原点就移到了新原点。其他选项解释如下:

① Z 轴(ZA):指定新原点和新坐标的 Z 轴指向来定义当前 UCS。

② 三点(3):指定新原点、新 X 轴正向上一点和 XY 平面上 Y 轴正向一侧的一点,用三点定义当前 UCS。

③ 对象(OB):选定一个对象(如圆、矩形、多段线等),按 AutoCAD 规定对象的局部坐标系定义当前 UCS。

④ 面(F):把当前 UCS 设置于指定的实体表面上。选择后提示:

选择实体对象的面:

输入选项[下一个(N)/X 轴反向(X)/Y 轴反向(Y)]〈接受〉:

若直接回车,则把当前 UCS 设置在默认的位置上,如图 11.9 所示;

若选择"下一个(N)",则把当前 UCS 设置在与被选择表面相邻的表面;

若选择"X 轴反向(X)",则把当前 UCS 绕 X 轴旋转 180°,如图 11.10 所示;

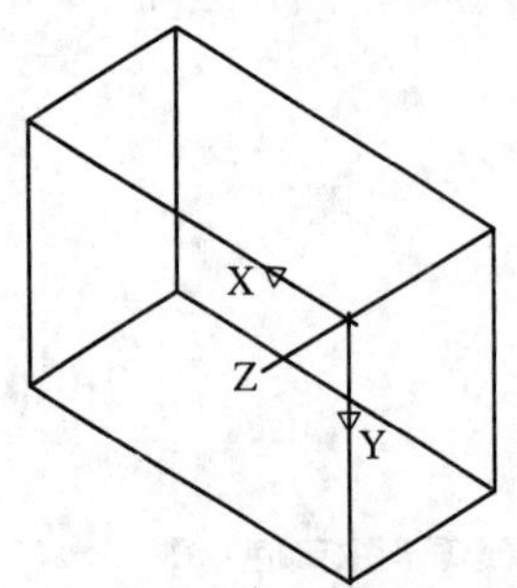

图 11.9 UCS 设置在指定的平面上

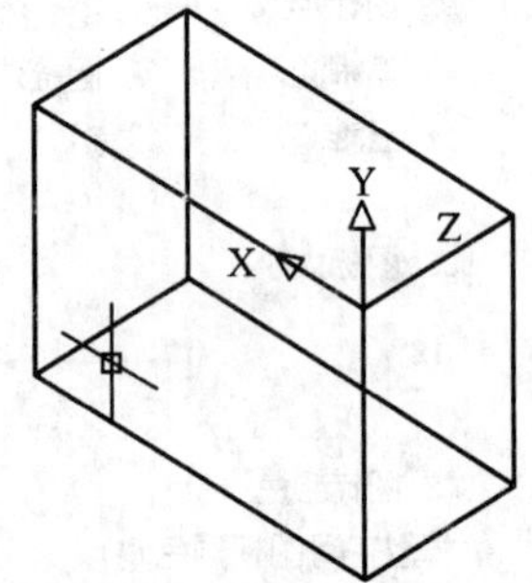

图 11.10 UCS 绕 X 轴旋转 180°

若选择"Y 轴反向(Y)",则把当前 UCS 绕 Y 轴旋转 180°。

⑤ 视图(V):UCS 原点不变,按 UCS 的 XY 平面与屏幕平行来定义当前 UCS。

⑥ X/Y/Z:分别绕 X,Y,Z 轴旋转一指定角度,定义当前 UCS。

(2) 移动(M) 通过改变原点或 Z 轴的位移设置当前 UCS,但不改变各个轴的方向。位移为正时,当前 UCS 的原点向 Z 轴的正向移动,否则,向 Z 轴的负向移动。

(3) 正交(G) 设置预置视图,即 6 个基本视图。

(4) 上一个(P) 恢复上一次的 UCS 为当前 UCS。

(5) 恢复(R) 把命名保存的一个 UCS 恢复为当前 UCS。

(6) 保存(S) 把当前 UCS 命名保存。

(7) 删除(D) 删除一个命名保存的 UCS。

(8) 应用(A) 将 UCS 应用到指定的视图或全部视图。

(9) ? 列出保存的 UCS 名表。

(10)世界(W) 把世界坐标系 WCS 定义为当前 UCS,此为默认设置。

11.3　实体的标高和厚度

11.3.1　实体的标高和厚度的定义

1）标高

当前标高是指一个三维点已有了 X 值和 Y 值时，AutoCAD 所使用的 Z 值。AutoCAD 将当前标高在模型空间和图纸空间分别保存。在一个视口中指定一个标高设置将使该标高在所有视口中置为当前，而不考虑这些视口是否设置为保留自己的用户坐标系(UCS)。

无论何时，当改变了坐标系后，AutoCAD 将把标高重置为 0.0。

2）厚度

对象的厚度是对象在所处的空间位置向上或向下拉伸或延伸的距离。正的厚度按 Z 轴正向向上拉伸，负的厚度按 Z 轴负向向下拉伸，零(0)厚度表示没有拉伸。*Z* 方向由创建对象时 UCS 的方向确定。具有厚度的对象可以进行着色，还可以在其后面隐藏其他对象。

厚度改变圆、直线、多段线(包括样条曲线拟合多段线、矩形、多边形、边界和圆环)、圆弧、二维实体和点的外观。更改其他类型对象的厚度不影响它们的外观。

可使用 PROPERTIES 命令(即属性命令)更改现有对象的标高和厚度。

11.3.2　设置标高和拉伸厚度

1）命令

菜单命令：格式→厚度(标高命令只能用命令行)

命 令 行：ELEV(标高) THICKNESS(厚度)

2）格式

指定新的默认标高〈0.0000〉：(输入新值或按 Enter 键选择默认值 0)

指定新的默认厚度〈0.0000〉：(输入新值或按 Enter 键选择默认值 0)

3）说明

(1) ELEV 只控制新对象，而不影响现有对象，如图 11.11 所示。

(2) 拉伸厚度时只能均匀拉伸对象，即单个对象上各个点的厚度必须一致。

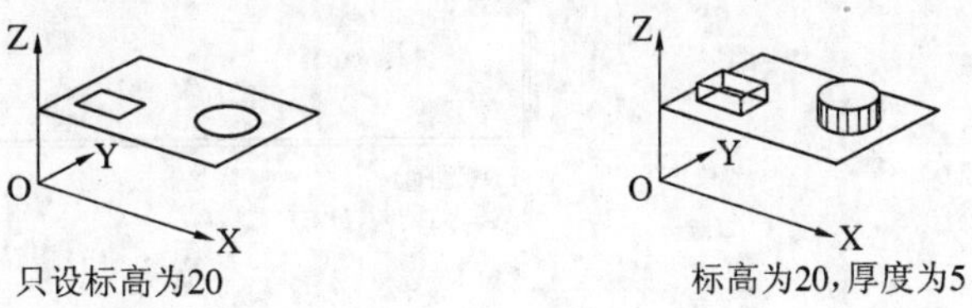

图 11.11　标高和厚度

11.4　三维空间的多视图显示

11.4.1　三维空间的视图区

为了便于绘图，AutoCAD 设有多个基本视图和轴测视图，用户可任意选择所需的视图来绘图。

基本视图有俯视图、仰视图、左视图、右视图、主视图和后视图。

轴测视图有西南等轴测图、东南等轴测图、东北等轴测图、西北等轴测图。

也可以把多个视图布置在一个视区中，如图 11.12 所示。

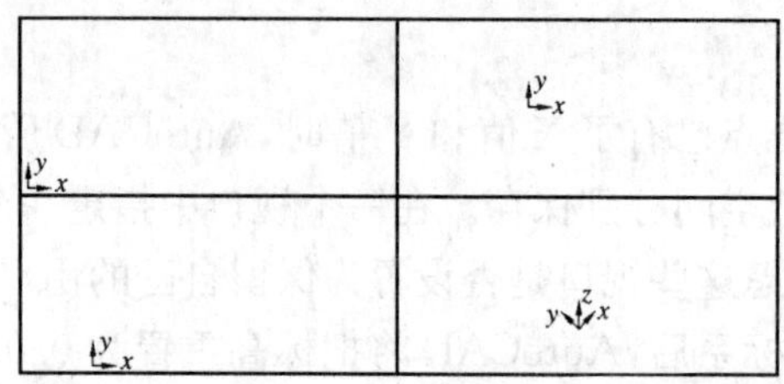

图 11.12　三维视区

11.4.2　保存和设置视口

1）命令

菜单命令：视图→视口→命名视口

工 具 栏："视口"工具栏 按钮

命 令 行：VPORTS

2）格式

打开"视口"对话框，如图 11.13 所示。

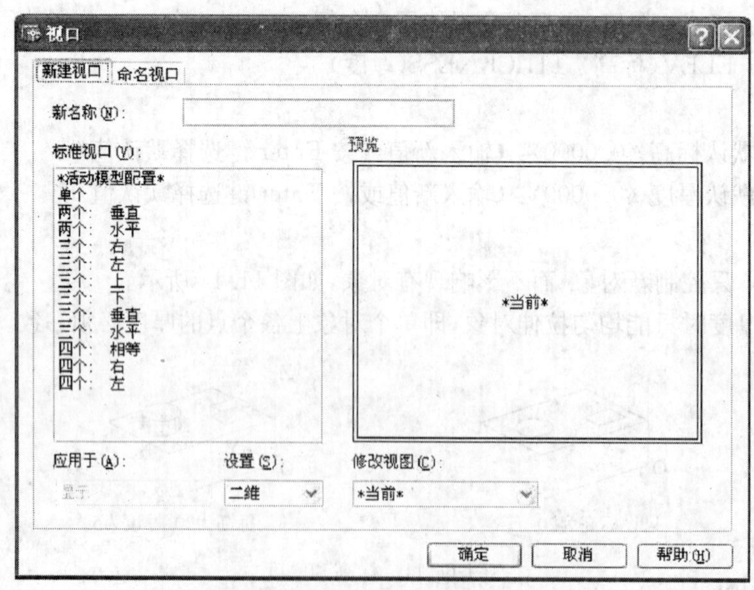

图 11.13　"视口"对话框

3）说明

选择合适的视口，如选择"三个：右"，并把下面的设置改为"三维"，还可命名该视口，如图 11.14 所示。

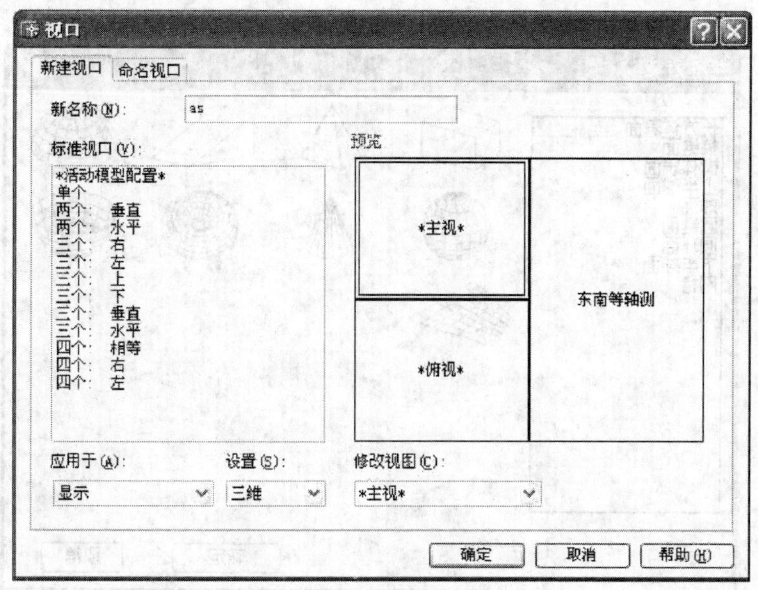

图 11.14　视口设置

11.5　绘制三维网格

11.5.1　创建预定义三维曲面网格

绘制三维网格命令用于绘制常见基本三维形体表面网格，例如长方体表面、圆锥表面、球面和圆环表面网格等。

1）命令

菜单命令：绘图→曲面→三维曲面

工 具 栏："曲面"工具栏

命 令 行：3D

2）格式

命令：3D

正在初始化...　已加载三维对象。

输入选项：

[长方体表面(B)/圆锥面(C)/下半球面(DI)/上半球面(DO)/网格(M)/棱锥面(P)/球面(S)/圆环面(T)/楔体表面(W)]：

如果是通过菜单输入，则会出现如图 11.15 所示的界面。

3）说明

(1) 长方体表面(B)　通过给定长方体的角点、长度、宽度、高度以及长方体表面绕 Z 轴旋转的角度，可以绘制长方体和正方体表面。

(2) 圆锥面(C)　通过给定圆锥的底面中心、底面半径或直径、圆锥的高度以及表面的线段数，可以绘制圆锥面。

(3) 下半球面(DI)　通过给定球面中心、球面半径或直径以及表面的经纬线数目，可以绘

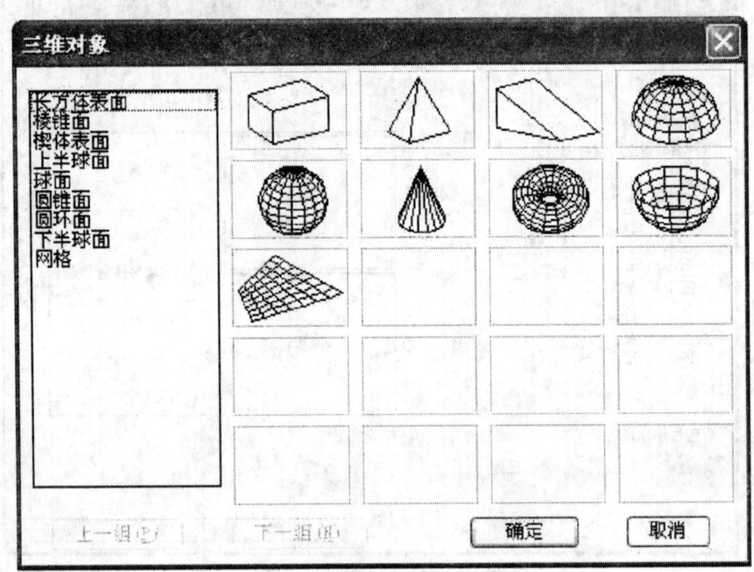

图 11.15 三维对象

制下半球面。

(4) 上半球面(DO) 与绘制下半球面的操作相同。

(5) 网格(M) 通过给定网格的 4 个角点以及 M 和 N 方向上的网格数量,可以绘制三维网格面,如图 11.16 所示。

(6) 棱锥面(P) 通过给定棱锥面的 4 个角点和 1 个顶点(或是一条棱,或是一顶面),可以绘制四棱锥面(或是以一条棱代替顶点的表面或四棱台表面),如图 11.17 和图 11.18 所示。

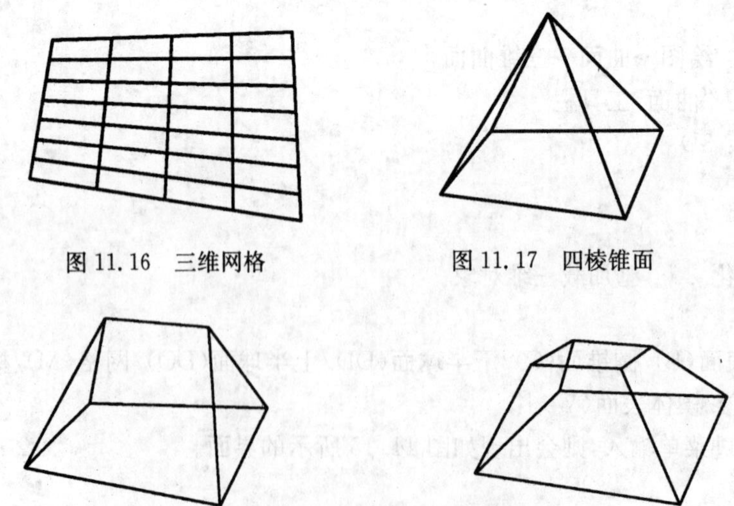

图 11.16 三维网格

图 11.17 四棱锥面

图 11.18 其他形状的棱锥面

(7) 球面(S) 给定球面的中心、半径或直径以及经纬线数目,可以绘制球面。

(8) 圆环面(T) 给定圆环面的中心、半径或直径,圆管的半径或直径以及圆管和圆环的线段数目,可以绘制圆环面,如图 11.19 所示。

(9) 楔体表面(W)　指定楔体表面的角点、长度、宽度、高度以及楔体表面绕 Z 轴旋转的角度,可以绘制楔体表面,如图 11.20 所示。

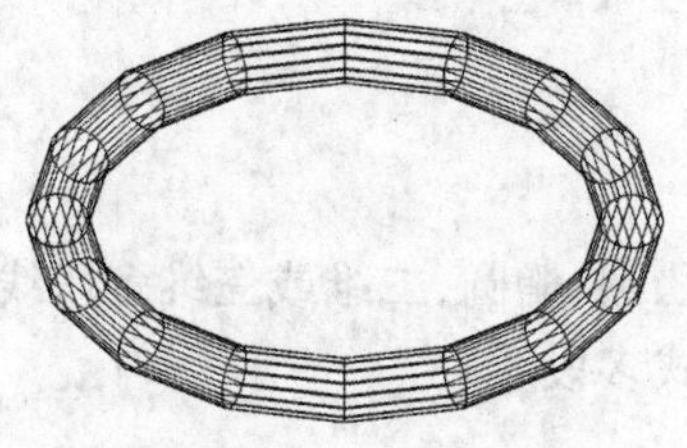

图 11.19　圆环面

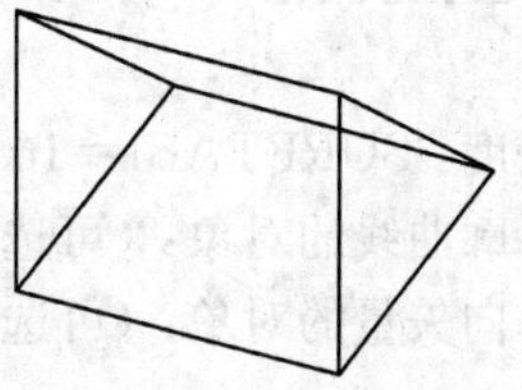

图 11.20　楔体表面

11.5.2　复杂的三维表面网格

AutoCAD 提供了 4 个曲面造型命令,用以生成较为复杂的三维表面网格。

1) 旋转曲面

(1) 命令

命 令 行: REVSURF

菜单命令: 绘图→曲面→旋转曲面

工 具 栏: "曲面"工具栏 按钮

(2) 格式

当前线框密度: SURFTAB1=6　SURFTAB2=6

选择要旋转的对象: (可选直线、圆弧、圆、二维或三维多段线)

选择定义旋转轴的对象: (可选直线、开式二维或三维多段线)

指定起点角度〈0〉: (相对于路径曲线的起始角,逆时针为正)

指定包含角 (+为逆时针,一为顺时针)〈360〉: (输入旋转曲面所张圆心角)

(3) 说明

① 如要改变旋转方向的分段数,可在旋转成型前先设定 SURFTAB1 命令进行修改(其默认值为 6)。

② 如要改变路径曲线的分段数,可在旋转成型前先设定 SURFTAB2 命令进行修改(其默认值为 6)。

③ 通过指定包含角,可形成闭合的或有张角的旋转曲面网格,如图 11.21 所示。

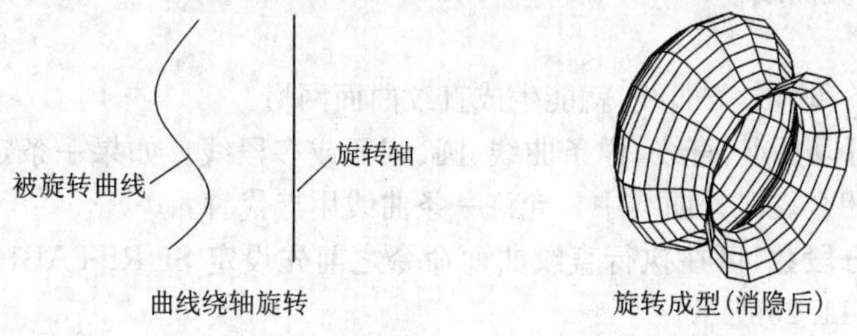

图 11.21　旋转曲面(SURFTAB1=16 SURFTAB2=16)

2) 平移曲面

(1) 命令

菜单命令：绘图→曲面→平移曲面

工 具 栏："曲面"工具栏 按钮

命 令 行：TABSURF

(2) 格式

当前线框密度：SURFTAB1=16

选择用作轮廓曲线的对象：(可选直线、圆弧、圆、椭圆、二维或三维多段线)

选择用作方向矢量的对象：(可选直线或开式多段线)

(3) 说明

① 如要改变路径曲线的分段数，可在执行平移曲面命令之前先设定 SURFTAB1 命令进行修改(其默认值为 6)。

② 用作轮廓曲线的线条必须是完整的一段线，如不是，可用 PEDIT 命令来处理。

③ 用作方向矢量的线条，是有方向性的，如图 11.22(a)中样条曲线沿直线平移及图 11.22(b)中封闭多段线沿直线平移形成封闭的曲面。

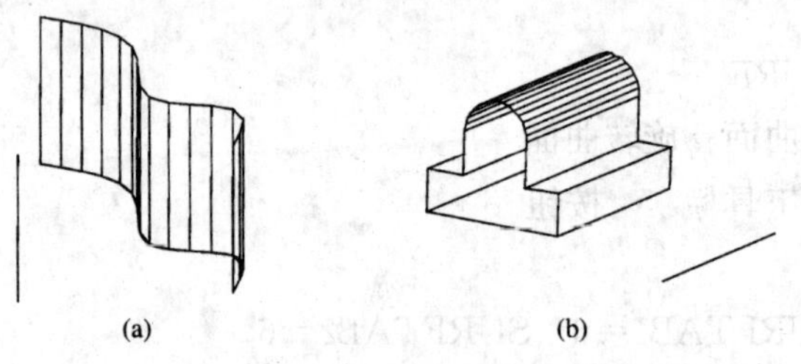

图 11.22 平移曲面

3) 直纹曲面

(1) 命令

菜单命令：绘图→曲面→直纹曲面

工 具 栏："曲面"工具栏 按钮

命 令 行：RULESURF

(2) 格式

当前线框密度：SURFTAB1=16

选择第一条定义曲线：

选择第二条定义曲线：

(3) 说明

① 指定第一条和第二条曲线，就能生成直纹曲面网格。

② 定义曲线可以是点、直线、样条曲线、圆、圆弧或多段线。如果一条定义曲线是闭合曲线，则另一条必须闭合。二条曲线中只允许一条曲线用点代替。

③ 如要改变分段数，可在执行直纹曲面命令之前先设定 SURFTAB1 命令进行修改(其默认值为 6)，如图 11.23 所示。

4) 边界曲面

(1) 命令

菜单命令：绘图→曲面→边界曲面

工 具 栏："曲面"工具栏 按钮

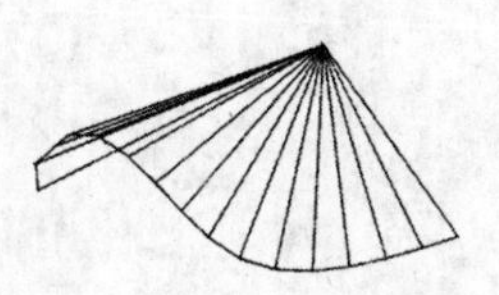
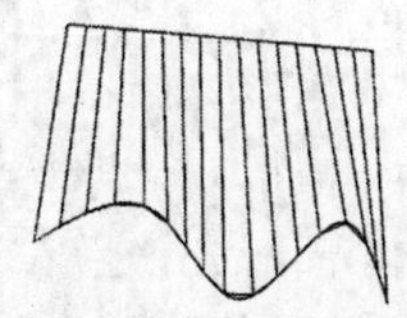
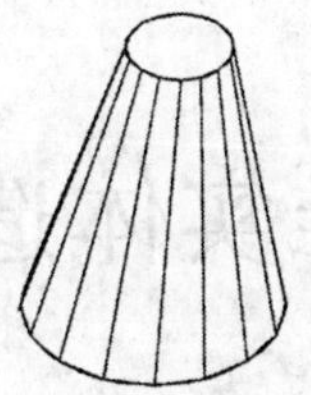

图 11.23　直纹曲面

命 令 行：EDGESURF

(2) 格式

当前线框密度：SURFTAB1＝16 SURFTAB2＝16

选择用作曲面边界的对象 1：

选择用作曲面边界的对象 2：

选择用作曲面边界的对象 3：

选择用作曲面边界的对象 4：

(3) 说明

① 指定首尾相连的 4 条边界，生成边界曲面网格。

② 边界可以是直线段、圆弧、样条曲线、开式二维或三维多段线。

③ 靠近拾取点的边界顶点为起点，边 1 的方向为 M 方向，从起点出发的另一边方向为 N 方向。

沿 M 和 N 方向的分段线由系统变量 SURFTAB1 和 SURFTAB2 控制(默认值为 6)，如图 11.24 所示。

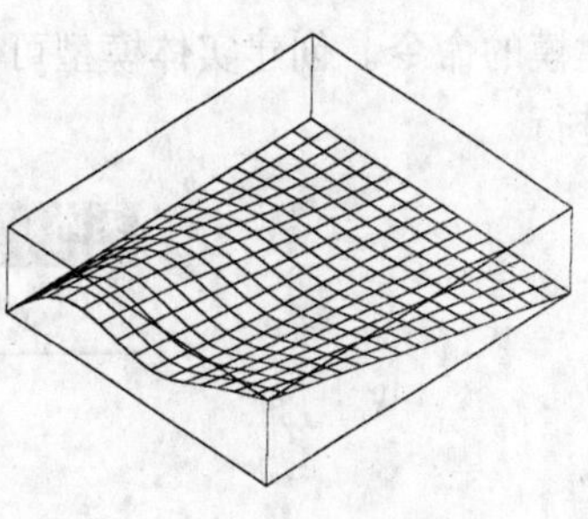

图 11.24　边界曲面

12 三维实体造型

学习目标

◎ 熟练掌握基本体造型命令；
◎ 掌握用面域拉伸与旋转造型；
◎ 掌握布尔运算方法；
◎ 掌握实体平移、旋转、剖切和截面等命令；
◎ 熟悉面编辑和体编辑等实体编辑命令。

实体模型是三维建模中最重要的一部分。AutoCAD 中提供了直接创建基本形体的实体建模的命令。创建实体模型可以通过菜单命令、命令行和在如图 12.1 所示的"实体"工具栏中进行。

图 12.1 "实体"工具栏

12.1 基本体造型

12.1.1 长方体

1）命令

菜单命令：绘图→实体→长方体

工 具 栏："实体"工具栏 按钮

命 令 行：BOX

2）格式

指定长方体的角点或［中心点(CE)］〈0,0,0〉：

指定角点或［立方体(C)/长度(L)］：

指定高度：

3）说明

指定长方体的长、宽、高，可绘制长方体，如图 12.2 所示。

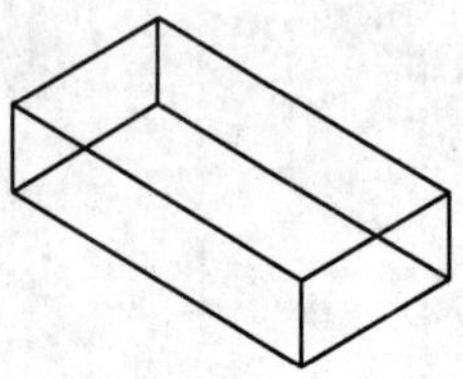

图 12.2 长方体

12.1.2　球体

1）命令

菜单命令：绘图→实体→球体

工 具 栏："实体"工具栏 按钮

命 令 行：SPHERE

2）格式

当前线框密度：ISOLINES＝4

指定球体球心〈0,0,0〉：

指定球体半径或［直径(D)］：

3）说明

(1) 指定球体的球心、半径或直径，可绘制球体。

(2) 线框密度可用变量 ISOLINES(默认为 4)修改，也可事先在"工具→选项→显示→显示精度"中修改"曲面轮廓素线"数字，如图 12.3 所示。

图 12.3　球体

12.1.3　圆柱体

1）命令

菜单命令：绘图→实体→圆柱体

工 具 栏："实体"工具栏 按钮

命 令 行：CYLINDER

2）格式

当前线框密度：ISOLINES＝4

指定圆柱体底面的中心点或［椭圆(E)］〈0,0,0〉：

指定圆柱体底面的半径或［直径(D)］：

指定圆柱体高度或［另一个圆心(C)］：

3）说明

指定圆柱体的底面圆心、半径或直径以及高度，可绘制圆柱体，如图 12.4 所示。也可通过这条命令绘制椭圆柱。

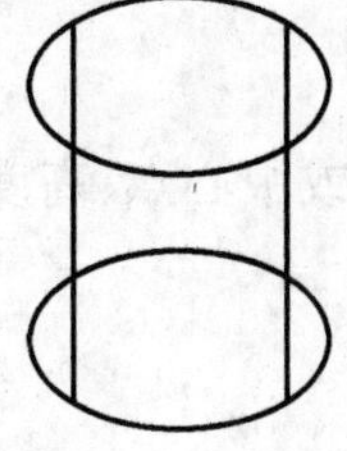

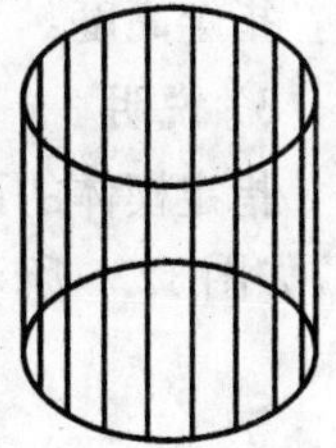

图 12.4　圆柱体

12.1.4 圆锥体

1）命令

菜单命令：绘图→实体→圆锥体

工 具 栏："实体"工具栏 按钮

命 令 行：CONE

2）格式

当前线框密度：ISOLINES=4

指定圆锥体底面的中心点或［椭圆(E)］〈0,0,0〉：

指定圆锥体底面的半径或［直径(D)］：

指定圆锥体高度或［顶点(A)］：

3）说明

指定圆锥体的底面圆心、半径或直径以及高度或顶点，即可绘制圆锥体，如图 12.5 所示。也可通过这条命令绘制椭圆锥体。

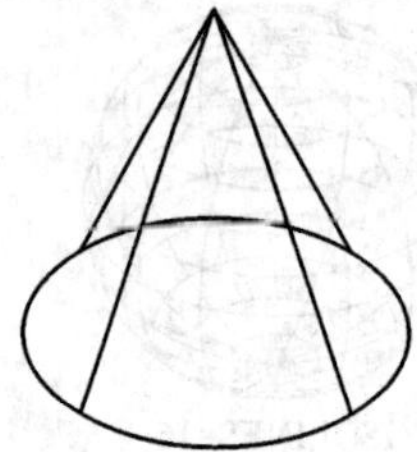

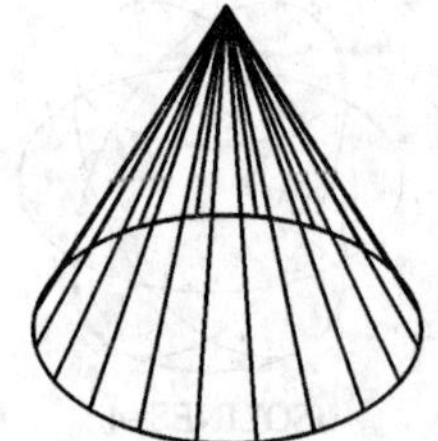

图 12.5 圆锥体

12.1.5 楔体

1）命令

菜单命令：绘图→实体→楔体

工 具 栏："实体"工具栏 按钮

命 令 行：WEDGE

2）格式

指定楔体的第一个角点或［中心点(CE)］〈0,0,0〉：

指定角点或［立方体(C)/长度(L)］：

指定高度：

3）说明

指定楔体的两个角点或中心点、高度，可绘制楔体，如图 12.6 所示。

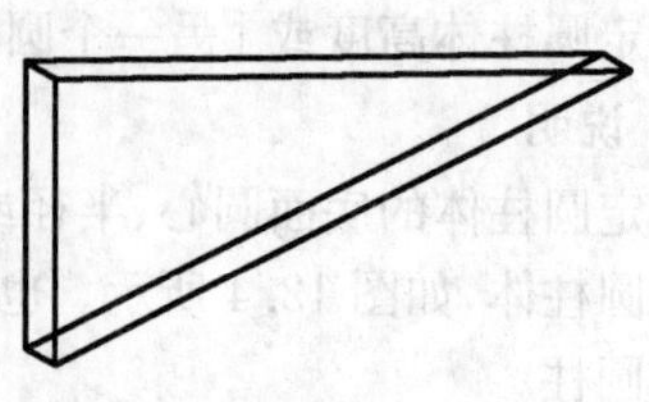

图 12.6 楔体

12.1.6　圆环体

1）命令

菜单命令：绘图→实体→圆环体

工 具 栏："实体"工具栏 按钮

命 令 行：TORUS

2）格式

当前线框密度：ISOLINES=4

指定圆环体中心〈0,0,0〉：

指定圆环体半径或［直径(D)］：

指定圆管半径或［直径(D)］：

3）说明

指定圆环体的中心、半径或直径以及圆管半径或直径，绘制圆环体，如图 12.7 所示。

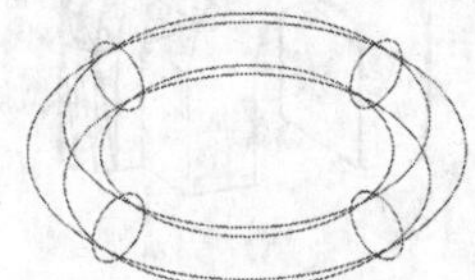

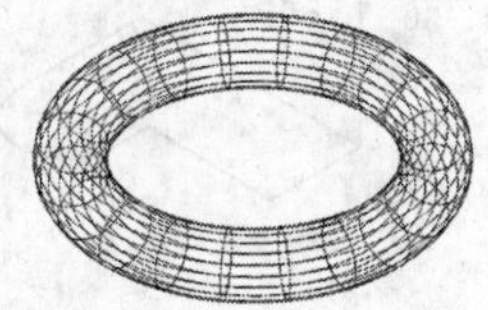

图 12.7　圆环体

12.2　创建拉伸实体和旋转体

AutoCAD 还提供了用拉伸和旋转的方法来生成实体，这两种方法更为实用。

12.2.1　创建拉伸实体

1）命令

菜单命令：绘图→实体→拉伸

工 具 栏："实体"工具栏 按钮

命 令 行：EXTRUDE

2）格式

当前线框密度：ISOLINES=4

选择对象：

指定拉伸高度或［路径(P)］：

指定拉伸的倾斜角度〈0〉：

3）说明

(1) 对象可选择闭合多段线、正多边形、圆、椭圆、闭合样条曲线、圆环和面域。对于宽线，忽略其宽度；对于带厚度的二维对象，忽略其厚度。如拉伸的对象是面域，则创建的是实体，否则创建的是曲面。

(2) 默认拉伸角度为 0，如输入新的角度值(有正负号)，则拉伸的实体出现不同的斜度，如

图 12.8 所示。

图 12.8　不同的拉伸角度

(3) 如选择沿路径拉伸，则路径曲线不能和拉伸轮廓共面。在拉伸时，拉伸轮廓处处与路径曲线垂直。图 12.9(a)所示为拉伸对象和路径曲线，图 12.9 (b)所示为拉伸结果。

(4) 当路径曲线一端点位于拉伸对象上时，拉伸对象沿路径曲线拉伸，否则，AutoCAD 将路径曲线平移到拉伸对象的重心点处，再沿该路径曲线拉伸。

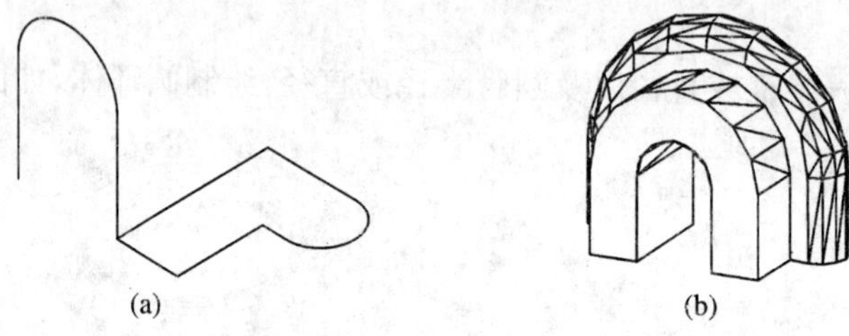

图 12.9　沿路径曲线拉伸

12.2.2　创建旋转体

1) 命令

菜单命令：绘图→实体→旋转

工 具 栏："实体"工具栏 按钮

命 令 行：REVOLE

2) 格式

当前线框密度：ISOLINES=4

选择对象：

指定旋转轴的起点或定义轴依照[对象(O)/X 轴(X)/Y 轴(Y)]：

指定轴端点：

指定旋转角度〈360〉：

3) 说明

(1) 该命令的功能是通过将二维图形(闭合多段线、正多边形、圆、椭圆、闭合样条曲线、圆环和面域)绕轴(自定义轴或 X 轴或 Y 轴)旋转创建旋转体。如旋转对象是面域，则创建的是实体，否则创建的是曲面。

(2) 默认为输入旋转轴的起点及轴端点，如图 12.10 所示。

(3) 对象(O)　选择已画出的直线段或多线段为旋转轴。

(4) X 轴(X)　选择当前 UCS 的 X 轴为旋转轴。

(5) Y 轴(Y)　选择当前 UCS 的 Y 轴为旋转轴。

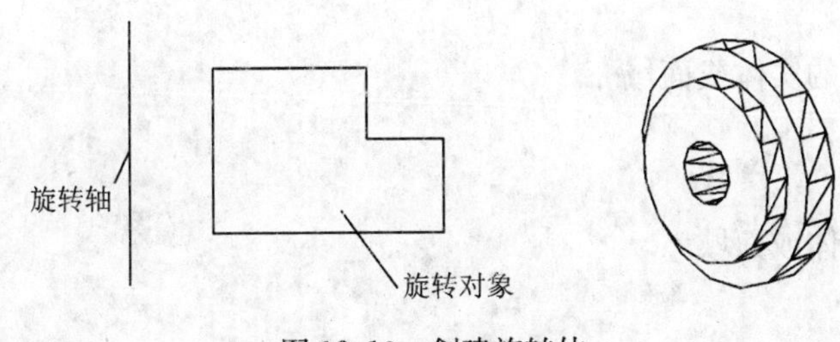

图 12.10　创建旋转体

12.3　布尔运算

实体造型中的布尔运算是指形体之间进行的并集、差集、交集逻辑运算，用以创建组合实体。

12.3.1　并集组合实体

1）命令

菜单命令：修改→实体编辑→并集

工 具 栏："实体编辑"工具栏 按钮

命 令 行：UNION

2）格式

选择对象：

选择对象：

3）说明

(1) 该命令是把相交叠的面域或实体合并成一个组合面域或实体，如图 12.11 所示。

(2) 选择对象时可连续选择需要合并的面域或实体，最后回车即可。

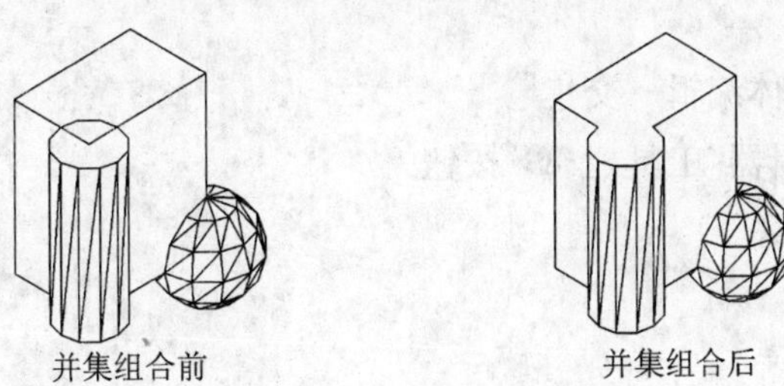

图 12.11　并集组合实体

12.3.2　差集组合实体

1）命令

菜单命令：修改→实体编辑→差集

工 具 栏："实体编辑器"工具栏 按钮

命 令 行：SUBTRACT

2）格式

选择要从中减去的实体或面域...

选择对象：

选择对象：

选择要减去的实体或面域...

选择对象：

选择对象：

3）说明

(1) 该命令是从一组被减对象(面域或实体)中减去另一组与之相交叠的对象，创建为一个组合面域或实体，如图 12.12 所示。

(2) 选择要减去的实体或面域时，也可连续选择。也就是说，差集命令可先并集运算，再实现差集运算。

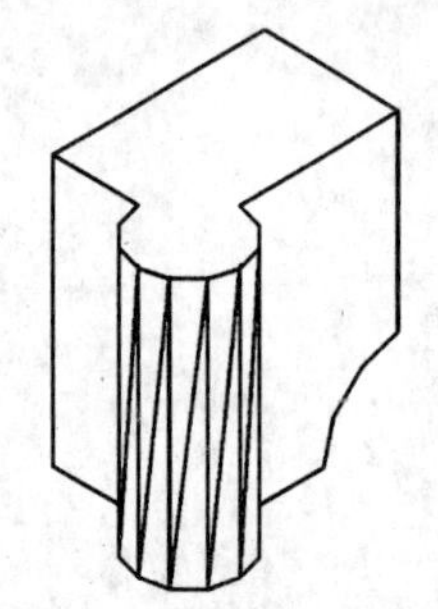

长方体与圆柱体合并后减去球体

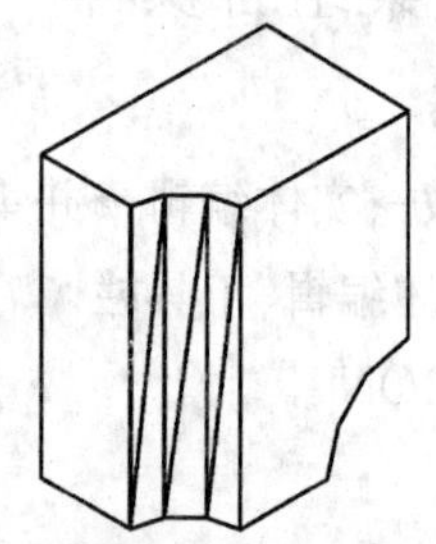

长方体减去圆柱体和球体

图 12.12　差集组合实体

12.3.3　交集组合实体

1）命令

菜单命令：修改→实体编辑→交集

工 具 栏："实体编辑器"工具栏 ⓪ 按钮

命 令 行：INTERSECT

2）格式

选择对象：

选择对象：

3）说明

(1) 该命令是把相交叠的面域或实体，取其交叠部分创建为一个组合面域或实体。

(2) 选择对象时可连续选择需要交集运算的面域或实体，回车后出现的是所有被选对象的交叠部分，如图 12.13 所示。

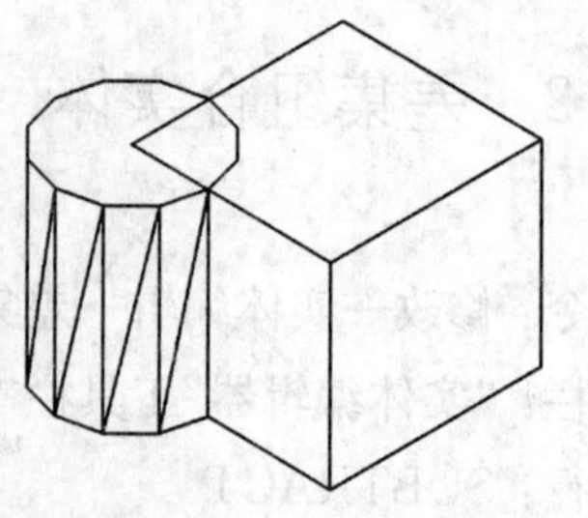

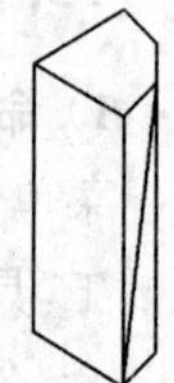

图 12.13　交集组合实体

12.4 实体的编辑

前面所学的编辑二维图形的大多数命令也适用于实体编辑，例如：删除、移动、复制、旋转、缩放、镜像、倒圆、倒角。其中，倒圆、倒角命令还适用于三维形体的特定功能。此外也有专门用于三维形体的编辑命令，下面逐一介绍。

12.4.1 旋转三维对象

1）命令

菜单命令：修改→三维操作→三维旋转

命 令 行：ROTATE3D

2）格式

当前正向角度：ANGDIR＝逆时针 ANGBASE＝0

选择对象：

指定轴上的第一个点或定义轴依据［对象(O)/最近的(L)/视图(V)/X 轴(X)/Y 轴(Y)/Z 轴(Z)/两点(2)］：

指定轴上的第二点：

指定旋转角度或［参照(R)］：

3）说明

(1) 该命令是把三维实体绕指定的轴旋转一指定角度。

(2) 旋转轴可由几种方式确定：

① 对象(O)：可选取直线、圆、圆弧或二维多段线线段为旋转依据。

② 最近的(L)：AutoCAD 自定最近的对象为旋转依据。

③ 视图(V)：可通过指定视图上的一点来确定旋转轴。

④ X 轴(X)：以 UCS 中 X 轴为旋转轴。

⑤ Y 轴(Y)：以 UCS 中 Y 轴为旋转轴。

⑥ Z 轴(Z)：以 UCS 中 Z 轴为旋转轴。

⑦ 两点(2)：指定空间两点来确定旋转轴(默认)。

12.4.2 创建三维对象的阵列

1）命令

菜单命令：修改→三维操作→三维阵列

命 令 行：3DARRAY

2）格式

正在初始化... 已加载 3DARRAY 选择对象：

输入阵列类型［矩形(R)/环形(P)］〈矩形〉：

3）说明

(1) 该命令是把三维实体进行矩形或环形阵列。

(2) 默认阵列类型为矩形，格式为：

输入行数（———）〈1〉：

输入列数（|||）〈1〉：

输入层数（...）〈1〉：

指定行间距（———）：

指定列间距（|||）：

指定层间距（...）：

通过输入行数、列数、层数和行间距、列间距、层间距，确定矩形阵列，如图 12.14 所示。

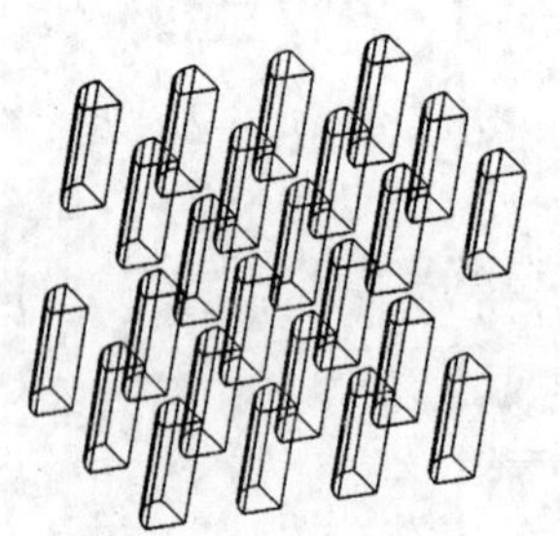

图 12.14　矩形阵列

（行数为 3，列数为 4，层数为 2）

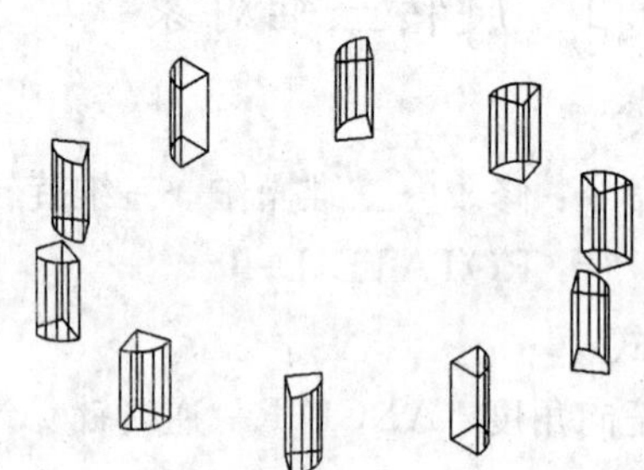

图 12.15　环形阵列

(3) 如选择环形阵列，格式为：

输入阵列中的项目数目：

指定要填充的角度（+为逆时针，-为顺时针）〈360〉：

旋转阵列对象？[是(Y)/否(N)]〈是〉：

指定阵列的中心点：

指定旋转轴上的第二点：

通过指定环形阵列中实体数、要填充的角度（默认为 360°）、是否旋转阵列对象和指定阵列的旋转轴，来确定环形阵列，如图 12.15 所示。

12.4.3　镜像三维对象

1）命令

菜单命令：修改→三维操作→三维镜像

命 令 行：MIRROR3D

2）格式

选择对象：

指定镜像平面（三点）的第一个点或[对象(O)/最近的(L)/Z 轴(Z)/视图(V)/XY 平面(XY)/YZ 平面(YZ)/ZX 平面(ZX)/三点(3)]〈三点〉：

在镜像平面上指定第二点：

在镜像平面上指定第三点：

是否删除源对象？[是(Y)/否(N)]〈否〉：

3）说明

(1) 该命令是把三维实体对指定的平面进行对称复制。

(2) 镜像面可由几种方式确定

① 指定面上的第一点、第二点和第三点：指定空间 3 点来确定镜像面。

② 对象(O)：可选取圆、圆弧或二维多段线线段所在平面为镜像面。

③ 最近的(L)：AutoCAD 自定最近的对象为镜像面。

④ Z 轴(Z)：以由指定的点和平面的法线方向确定的平面为镜像面。

⑤ 视图(V)：可通过指定视图上的一点来确定镜像面。

⑥ XY 平面(XY)：以 UCS 中 XY 平面为镜像面。

⑦ YZ 平面(YZ)：以 UCS 中 YZ 平面为镜像面。

⑧ ZX 平面(ZX)：以 UCS 中 ZX 平面为镜像面。

⑨ 三点(3)：以空间三点来确定镜像面(默认)，如图 12.16 所示。

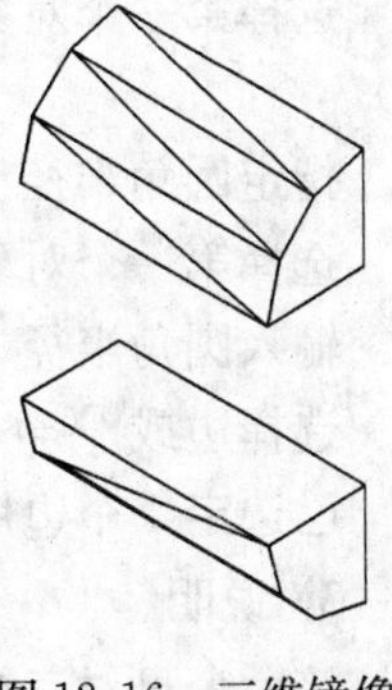

图 12.16　三维镜像

12.4.4　对三维实体倒角

1）命令

菜单命令：修改→倒角

工 具 栏："修改"工具栏 按钮

命 令 行：CHAMFER

2）格式

当前倒角距离 1 = 0.0000，距离 2 = 0.0000("修剪"模式)

选择第一条直线或[多段线(P)/距离(D)/角度(A)/修剪(T)/方式(M)/多个(U)]：

3）说明

(1) 该命令可对三维实体的棱边进行倒角。

(2) 默认当前倒角距离为 0，可输入 d，再回车，修改倒角距离值。格式为：

指定第一个倒角距离〈0.0000〉：(可输入倒角距离值，如 50)

指定第二个倒角距离〈50.0000〉：50

(3) 当选择一条棱边后，格式为：

选择第一条直线或[多段线(P)/距离(D)/角度(A)/修剪(T)/方式(M)/多个(U)]：

基面选择...

输入曲面选择选项[下一个(N)/当前(OK)]〈当前〉：

指定基面的倒角距离〈50.0000〉：

指定其他曲面的倒角距离〈50.0000〉：

选择边或[环(L)]：

该命令可对任意棱边进行倒角，如图 12.17 所示。

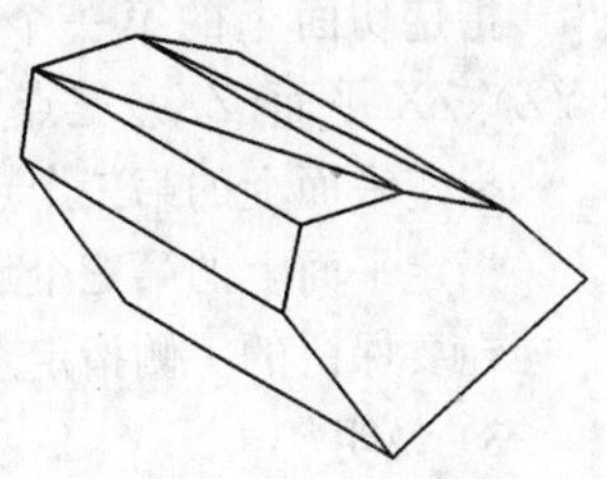

图 12.17　对三维实体倒角

12.4.5　对三维实体倒圆角

1）命令

菜单命令：修改→圆角

工 具 栏："修改"工具栏 按钮

命 令 行：FILLET

2）格式

当前设置：模式 ＝ 修剪，半径 ＝ 0.0000

选择第一个对象或［多段线(P)/半径(R)/修剪(T)/多个(U)］：(输入 r 来修改圆角半径)

指定圆角半径〈0.0000〉：(输入圆角半径值，如 50)

选择第一个对象或［多段线(P)/半径(R)/修剪(T)/多个(U)］：

输入圆角半径〈50.0000〉：

选择边或［链(C)/半径(R)］：

已选定 1 个边用于圆角。

3）说明

该命令可对三维实体的棱边进行倒圆角，如图 12.18 所示。

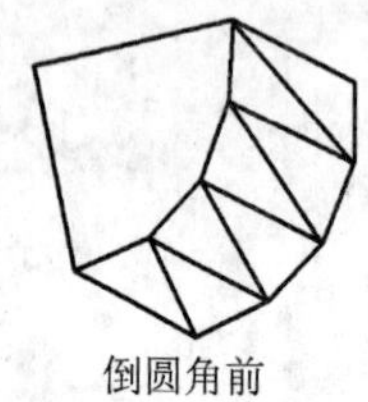

倒圆角前

倒圆角后

图 12.18　对三维实体倒圆角

12.4.6　实体的剖切

1）命令

菜单命令：绘图→实体→剖切

工 具 栏："实体"工具栏 按钮

命 令 行：SLICE

2）格式

选择对象：

指定切面上的第一个点，依照［对象(O)/Z 轴(Z)/视图(V)/XY 平面(XY)/YZ 平面(YZ)/ZX 平面(ZX)/三点(3)］〈三点〉：

指定平面上的第二个点：

指定平面上的第三个点：

在要保留的一侧指定点或［保留两侧(B)］：

3）说明

(1) 该命令是通过指定的平面对三维实体进行剖切。

(2) 默认为指定平面上的 3 个点，也可选择其他的方式确定剖切平面(平面的确定方式与镜像平面的相同)。

(3) 可以指定要保留的一侧，则剖切面另一侧的部分消失，如图 12.19 所示。也可保留剖切面的两侧，但两侧已是两个实体了。

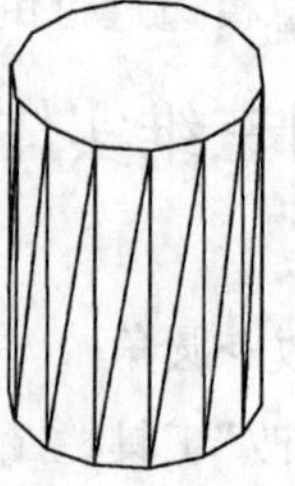

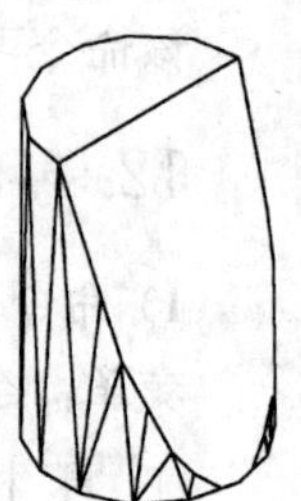

图 12.19　实体的剖切

12.4.7　实体的截面

1）命令

菜单命令：绘图→实体→截面

工 具 栏：“实体”工具栏 按钮

命 令 行：SECTION

2）格式

选择对象：

指定截面上的第一个点，依照［对象(O)/Z 轴(Z)/视图(V)/XY 平面(XY)/YZ 平面(YZ)/ZX 平面(ZX)/三点(3)］〈三点〉：

指定平面上的第二个点：

指定平面上的第三个点：

3）说明

(1) 该命令是创建指定的平面与三维实体的截面。

(2) 其操作与实体的剖切相同，只是得到的是截面，它是一个面域。

(3) 截面附着在实体上，可把它移出，并可利用 UCS 命令，把 XOY 平面定位到截面上，再进行图案填充，如图 12.20 所示。

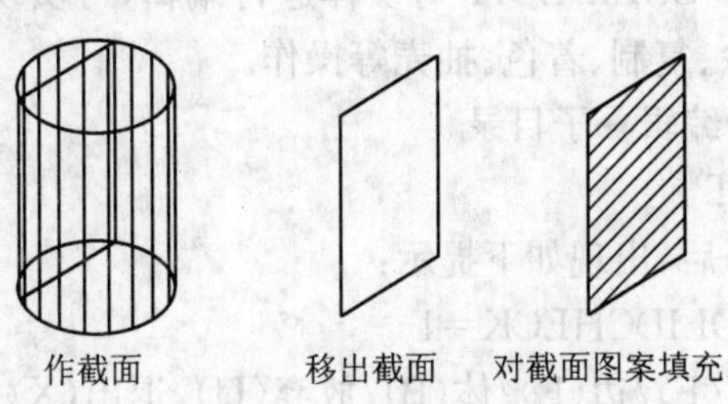

图 12.20　实体的截面

12.4.8　三维对齐

1）命令

菜单命令：修改→三维操作→对齐

命 令 行：ALIGN

2）格式

选择对象：

指定第一个源点：

指定第一个目标点：

指定第二个源点：

指定第二个目标点：

指定第三个源点：

指定第三个目标点：

是否基于对齐点缩放对象？［是(Y)/否(X)］〈否〉：

3）说明

(1) 该命令是把选定对象用平移和旋转的方式与指定位置对齐，如图 12.21 所示。

(2) 第一个源点和目标点控制对象的平移，第二个源点和目标点与第三个源点和目标点控制对象的旋转，使选定的三源点形成的平面与三目标点形成的平面重合。

(3) 可基于对齐点缩放对象。

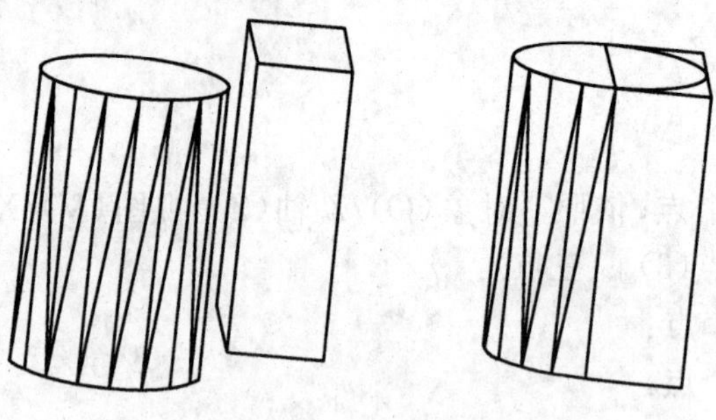

图 12.21　三维对齐

12.5　使用 SOLIDEDIT 编辑实体对象

使用三维实体编辑命令 SOLIDEDIT 对实体进行编辑，可实现实体的面、边或体的拉伸、移动、旋转、偏移、倾斜、删除、复制、着色、抽壳等操作。

菜单命令：修改→实体编辑→子目录

命 令 行：SOLIDEDIT

输入 SOLIDEDIT 命令后，出现如下提示：

实体编辑自动检查：SOLIDCHECK=1

输入实体编辑选项［面(F)/边(E)/体(B)/放弃(U)/退出(X)］〈退出〉：

如输入 e，选择编辑边，则进入边编辑操作。格式如下：

输入边编辑选项［复制(C)/着色(L)/放弃(U)/退出(X)］〈退出〉：

选择边或［放弃(U)/删除(R)］：

边编辑可对实体的边进行复制和着色操作。下面介绍三维实体的面编辑和体编辑。

12.5.1　三维实体的面编辑

如输入 f，选择编辑面，则进入面编辑操作。格式如下：

输入面编辑选项：

［拉伸(E)/移动(M)/旋转(R)/ 偏移(O)/倾斜(T)/删除(D)/复制(C)/着色(L)/放弃(U)/退出(X)］〈退出〉：

1）拉伸(E)

拉伸(E)命令用来拉伸面。

(1) 命令

菜单命令：修改→实体编辑→拉伸面

工 具 栏："实体编辑"工具栏 按钮

(2) 格式

选择面或[放弃(U)/删除(R)]:
选择面或[放弃(U)/删除(R)/全部(ALL)]:
指定拉伸高度或[路径(P)]:
指定拉伸的倾斜角度〈0〉:
已开始实体校验。
已完成实体校验。
(3) 说明
① 可用该命令把所选择的面拉伸指定高度,也可沿路径所选面拉伸一个高度。
② 可把面拉伸出一个倾斜角度(如拔模斜度)。
③ 如选取的是一条棱边,则会提示选取了该棱边的相邻两个面,拉伸时会同时拉伸两个面,如图 12.22 所示。

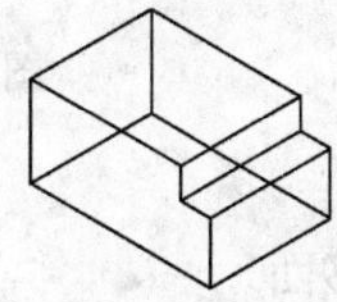

图 12.22 拉伸面

2) 移动(M)
移动(M)命令用来移动面。
(1) 命令
菜单命令:修改→实体编辑→移动面
工 具 栏:"实体编辑"工具栏 按钮
(2) 格式
选择面或[放弃(U)/删除(R)]:
选择面或[放弃(U)/删除(R)/全部(ALL)]:
指定基点或位移:
指定位移的第二点:
已开始实体校验。
已完成实体校验。

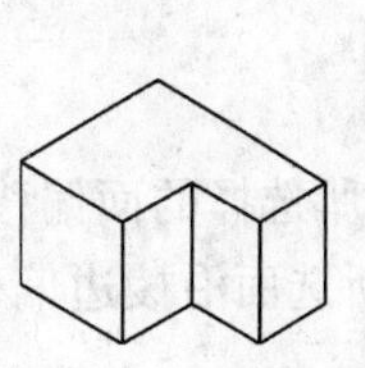
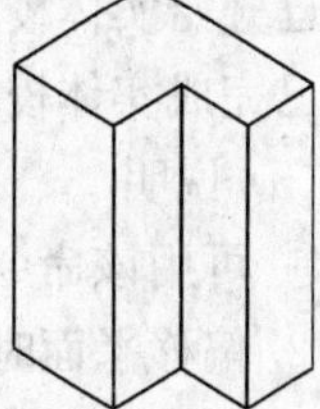

图 12.23 移动面

(3) 说明
可用该命令把所选择的面移动到指定位置(实体的尺寸发生了变化),如图 12.23 所示。
3) 旋转(R)
旋转(R)命令用来旋转面。
(1) 命令
菜单命令:修改→实体编辑→旋转面
工 具 栏:"实体编辑"工具栏 按钮
(2) 格式
选择面或[放弃(U)/删除(R)]:
选择面或[放弃(U)/删除(R)/全部(ALL)]:

指定轴点或[经过对象的轴(A)/视图(V)/X 轴(X)/Y 轴(Y)/Z 轴(Z)]〈两点〉:
指定旋转原点〈0,0,0〉:
指定旋转角度或[参照(R)]:
已开始实体校验。
已完成实体校验。
(3) 说明　可用该命令把所选择的面旋转命令角度,如图 12.24 所示。

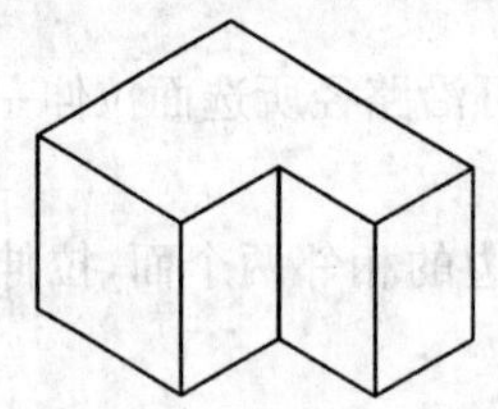
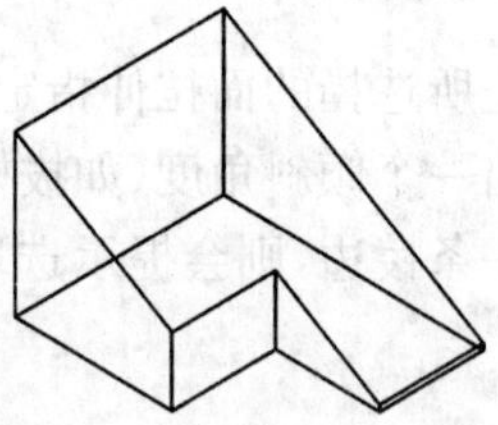

图 12.24　旋转面

4) 偏移(O)

偏移(O)命令用来偏移面。
(1) 命令
菜单命令:修改→实体编辑→偏移面
工 具 栏:"实体编辑"工具栏 按钮
(2) 格式
选择面或[放弃(U)/删除(R)]:
选择面或[放弃(U)/删除(R)/全部(ALL)]:
指定偏移距离:
已开始实体校验。
已完成实体校验。
(3) 说明
① 可用该命令把所选择的面偏移一个距离。
② 偏移平面时,所选面沿棱边偏移;偏移圆柱面时,圆柱半径会增大一个偏移值。

5) 倾斜(T)

倾斜(T)命令用来倾斜面。
(1) 命令
菜单命令:修改→实体编辑→倾斜面
工 具 栏:"实体编辑"工具栏 按钮
(2) 格式
选择面或[放弃(U)/删除(R)]:
选择面或[放弃(U)/删除(R)/全部(ALL)]:
指定基点:
指定沿倾斜轴的另一个点:
指定倾斜角度:
已开始实体校验。

已完成实体校验。

(3) 说明

① 可用该命令把所选择的面倾斜一个角度，如图 12.25 所示。

② 倾斜圆柱面时，圆柱会变为圆台或圆锥。

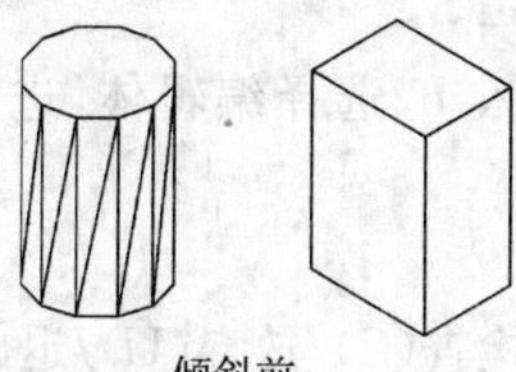

倾斜前

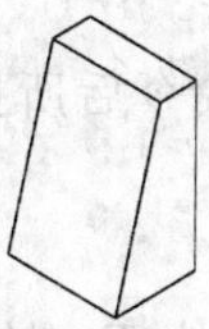

倾斜后(倾斜角为15°)

图 12.25　旋转面

6) 删除(D)

删除(D)命令用来删除面。

(1) 命令

菜单命令：修改→实体编辑→删除面

工 具 栏："实体编辑"工具栏 按钮

(2) 格式

选择面或[放弃(U)/删除(R)]:

选择面或[放弃(U)/删除(R)/全部(ALL)]:

已开始实体校验。

已完成实体校验。

(3) 说明　该命令可从三维实体对象上删除内表面、倒角或圆角。

7) 复制(C)

复制(C)命令用来复制面。

(1) 命令

菜单命令：修改→实体编辑→复制面

工 具 栏："实体编辑"工具栏 按钮

(2) 格式

选择面或[放弃(U)/删除(R)]:

选择面或[放弃(U)/删除(R)/全部(ALL)]:

指定基点或位移:

指定位移的第二点:

(3) 说明　该命令从三维实体对象上复制面。

8) 着色(L)

着色(L)命令用来对面着色。

(1) 命令

菜单命令：修改→实体编辑→着色面

工 具 栏："实体编辑"工具栏 按钮

(2) 格式

选择面或[放弃(U)/删除(R)]:
选择面或[放弃(U)/删除(R)/全部(ALL)]:
(3) 说明　该命令在三维实体上对所选面进行着色。

12.5.2　三维实体的体编辑

在 SOLIDEDIT 命令后所提供的选项中输入 b,选择编辑体,进入体编辑操作。格式如下:

输入体编辑选项:
[压印(I)/分割实体(P)/抽壳(S)/清除(L)/检查(C)/放弃(U)/退出(X)]〈退出〉:
选择三维实体:

1) 压印(T)

(1) 命令
菜单命令:修改→实体编辑→压印
工 具 栏:"实体编辑"工具栏 按钮
(2) 格式
选择三维实体:
选择要压印的对象:
是否删除源对象[是(Y)/否(N)]〈N〉:
选择要压印的对象:
(3) 说明
① 该命令在三维实体上对所选面进行压印操作。
② 要压印的对象必须处于所选表面,压印与实体成为一整体。
③ 可删除或不删除源对象,如图 12.26 所示。

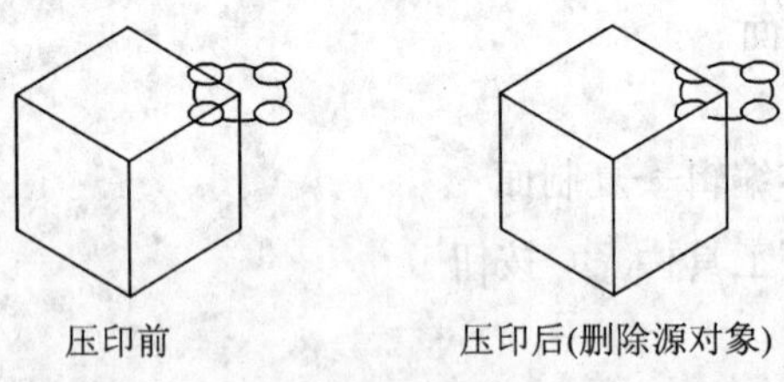

图 12.26　压印

2) 分割实体(P)

(1) 命令
菜单命令:修改→实体编辑→分割
工 具 栏:"实体编辑"工具栏 按钮
(2) 格式
选择三维实体:
(3) 说明　该命令可以将三维实体对象分解成原来组成三维实体的部件。

3) 抽壳(S)

(1) 命令

菜单命令：修改→实体编辑→抽壳

工 具 栏："实体编辑"工具栏 按钮

(2) 格式

选择三维实体：

删除面或［放弃(U)/添加(A)/全部(ALL)］：

输入抽壳偏移距离：

已开始实体校验。

已完成实体校验。

(3) 说明

① 该命令可以从三维实体对象中以指定的厚度创建壳体或中空的薄壁。

② 删除的面将不再显示。抽壳偏移距离就是壳体厚度，如图 12.27 所示。

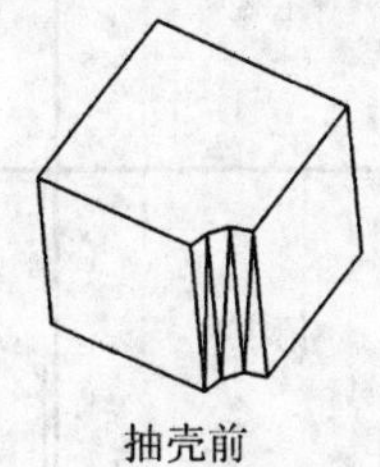

抽壳前

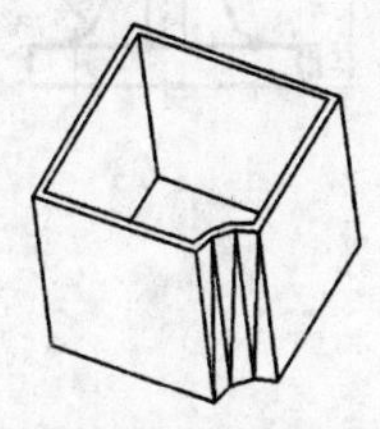

抽壳后(删除上表面)

图 12.27 抽壳

4）清除(L)

(1) 命令

菜单命令：修改→实体编辑→清除

工 具 栏："实体编辑"工具栏 按钮

(2) 格式

选择三维实体：

(3) 说明

① 该命令可删除三维实体对象上多余的、压印的以及未使用的边，如可清除图 12.25 中的压印痕迹。

② 如果边的两侧或顶点共享相同的曲面或顶点定义，那么可以删除这些边或顶点。

5）检查(C)

(1) 命令

菜单命令：修改→实体编辑→检查

工 具 栏："实体编辑"工具栏 按钮

(2) 格式

选择三维实体：

(3) 说明

① 该命令用于检查实体对象的体、面或边。

② 如果检查的对象是有效的 ShapeManager 实体，则可对该对象进行编辑。

12.6 实体造型示例

下面以绘制图 12.28 所示零件图的三维图形为例，介绍实体造型的方法和步骤。

12.6.1 设置视图

将视区设置为 4 个视图，如图 12.29 所示，左上角为主视图，左下角为俯视图，右上角为左视图，右下角为西南轴测图。

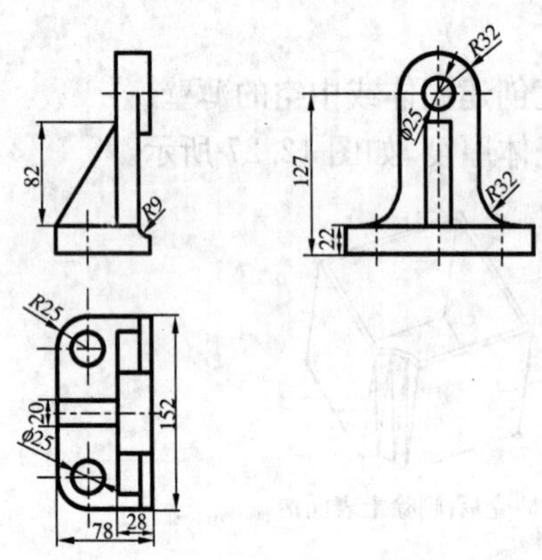

图 12.28 支架零件图

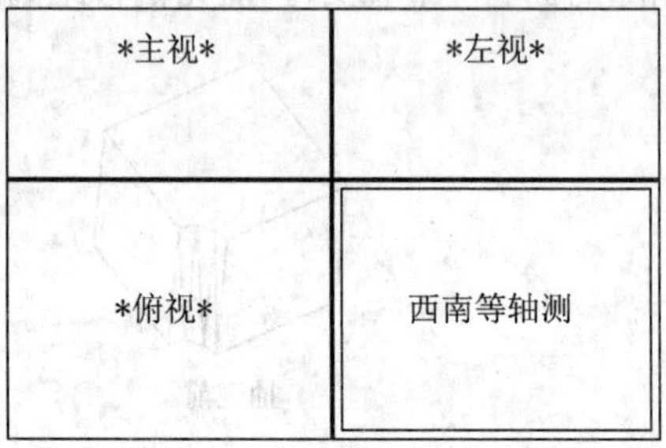

主视	*左视*
俯视	西南等轴测

图 12.29 视图设置

12.6.2 绘制底板

1）绘制长方体

命令：_box

指定长方体的角点或［中心点(CE)］〈0,0,0〉：(选择任意一点)

指定角点或［立方体(C)/长度(L)］：@78,152,22

结果如图 12.30 所示。

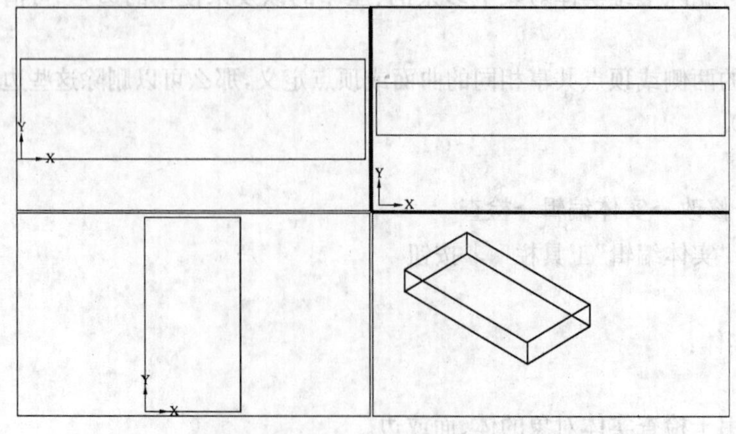

图 12.30 长方体

2）给长方体倒圆角

命令：_fillet

当前设置：模式 = 修剪，半径 = 12.0000

选择第一个对象或［多段线(P)/半径(R)/修剪(T)/多个(U)］：r

指定圆角半径〈12.0000〉：25

选择第一个对象或［多段线(P)/半径(R)/修剪(T)/多个(U)］：（选择 1 个棱边）

输入圆角半径〈25.0000〉：

选择边或［链(C)/半径(R)］：

已选定 1 个边用于圆角。

选择两条棱线用同样的方法进行倒圆角，如图 12.31 所示。

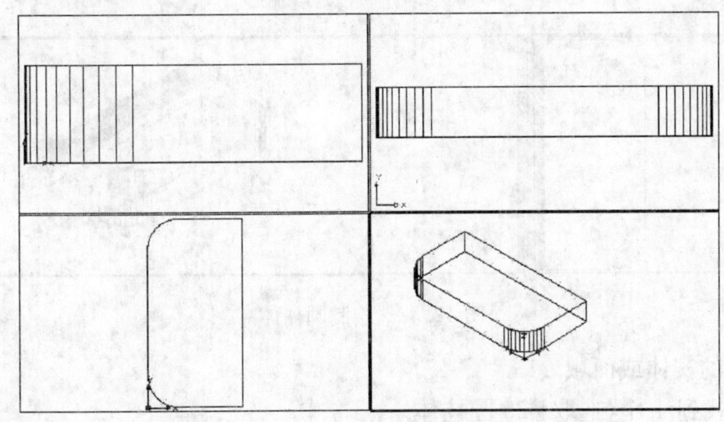

图 12.31　长方体倒圆角

3）在长方体上打孔和开槽

命令：_cylinder

当前线框密度：ISOLINES＝40

指定圆柱体底面的中心点或［椭圆(E)］〈0,0,0〉：（选取圆角中心）

指定圆柱体底面的半径或［直径(D)］：12.5

指定圆柱体高度或［另一个圆心(C)］：22

绘制一个 ϕ25 的圆柱体，再复制该圆柱体到指定位置。

命令：_copy

选择对象：找到 1 个（ϕ25 的圆柱体）

选择对象：（直接回车）

指定基点或位移，或者［重复(M)］：（选取圆柱体的底面中心）

指定位移的第二点或〈用第一点作位移〉：_cen 于（到第二个圆角中心）

绘制一个 ϕ18 的圆柱体。

命令：_cylinder

当前线框密度：ISOLINES＝40

指定圆柱体底面的中心点或［椭圆(E)］〈0,0,0〉：（捕捉长方体右下角顶点）

指定圆柱体底面的半径或［直径(D)］：9

指定圆柱体高度或［另一个圆心(C)］：c

指定圆柱的另一个圆心：(捕捉长方体对应的另一角顶点)
结果如图 12.32 所示。然后用差集组合实体进行打孔。
命令：_subtract 选择要从中减去的实体或面域...
选择对象：找到 1 个(选取长方体)
选择对象：(直接回车)

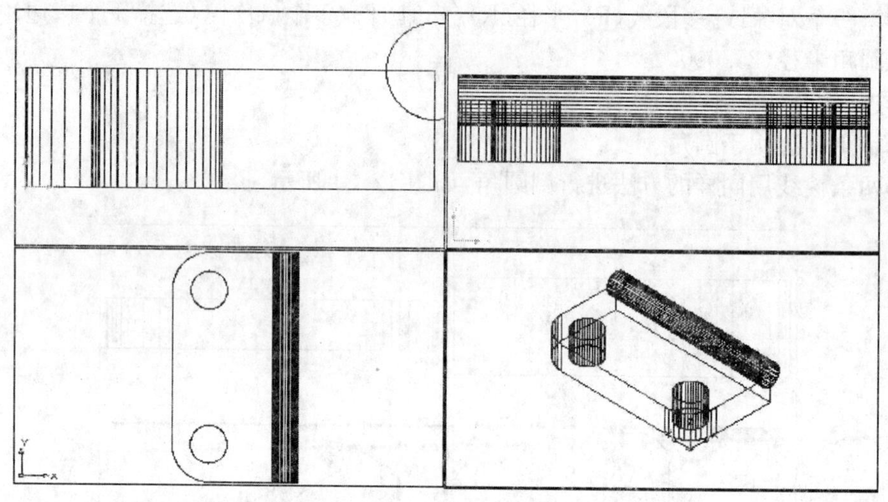

图 12.32　绘制圆柱体

选择要减去的实体或面域...
选择对象：找到 1 个(选取 φ25 圆柱体)
选择对象：找到 1 个，总计 2 个(选取另一个 φ25 圆柱体)
选择对象：找到 1 个，总计 3 个(选取 φ18 圆柱体)
选择对象：(直接回车)
消隐后如图 12.33 所示。

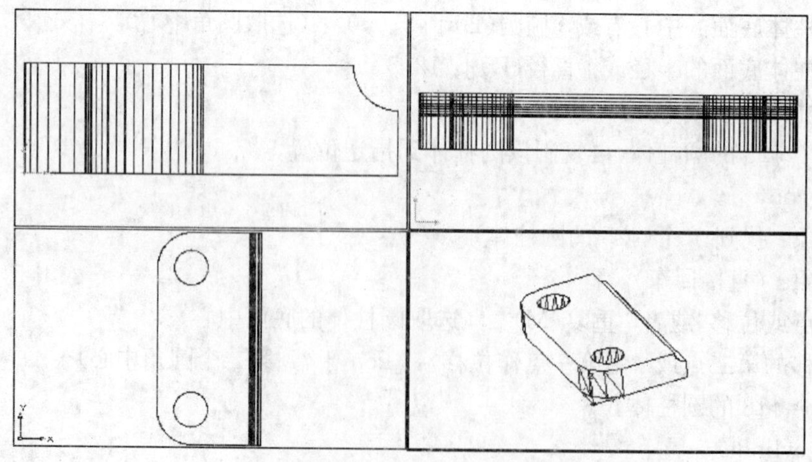

图 12.33　完成绘制底板

12.6.3 绘制支撑

1）设置 UCS

命令：ucs

当前 UCS 名称：＊俯视＊

输入选项：

[新建(N)/移动(M)/正交(G)/上一个(P)/恢复(R)/保存(S)/删除(D)/应用(A)/？/世界(W)]〈世界〉：n

指定新 UCS 的原点或[Z 轴(ZA)/三点(3)/对象(OB)/面(F)/视图(V)/X/Y/Z]〈0,0,0〉：_mid 于(选取右上棱边中点为新 UCS 的原点)

结果如图 12.34 所示。

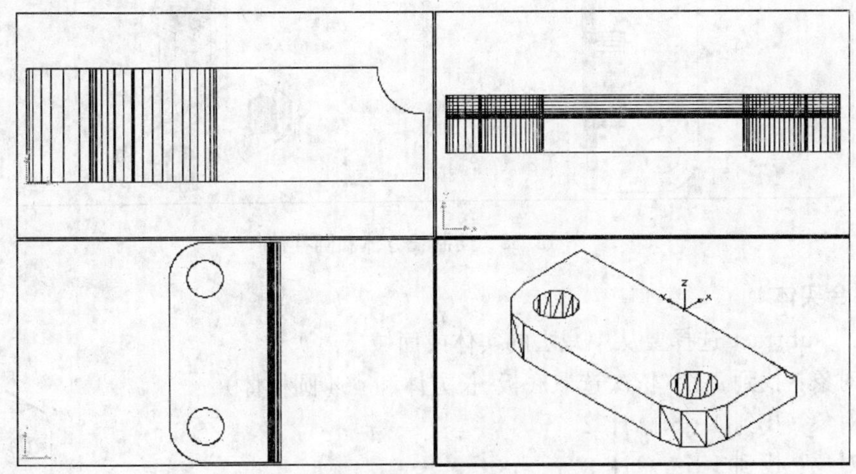

图 12.34 设置 UCS

2）绘制长方体和圆柱体

命令：_box

指定长方体的角点或[中心点(CE)]〈0,0,0〉：0,32,0

指定角点或[立方体©/长度(L)]：@－19,－64,105

先绘制长方体,再绘制 ϕ64 圆柱体和 ϕ25 圆柱体。

命令：_cylinder

当前线框密度：ISOLINES＝40

指定圆柱体底面的中心点或[椭圆(E)]〈0,0,0〉：_mid 于(取支撑板上部左棱边中点为圆柱体底面的中心点)

指定圆柱体底面的半径或[直径(D)]：32

指定圆柱体高度或[另一个圆心(c)]：c

指定圆柱的另一个圆心：@28,0,0(取支撑板厚度为 28)

命令：_cylinder

当前线框密度：ISOLINES＝40

指定圆柱体底面的中心点或[椭圆(E)]〈0,0,0〉：(取 ϕ64 圆柱体底面中心为 ϕ25 圆柱体底面的中心点)

指定圆柱体底面的半径或［直径(D)］：12.5
指定圆柱体高度或［另一个圆心 ©］：c
指定圆柱的另一个圆心：(取 ϕ64 圆柱体的另一中心为 ϕ25 圆柱体的另一中心点)
结果如图 12.35 所示。

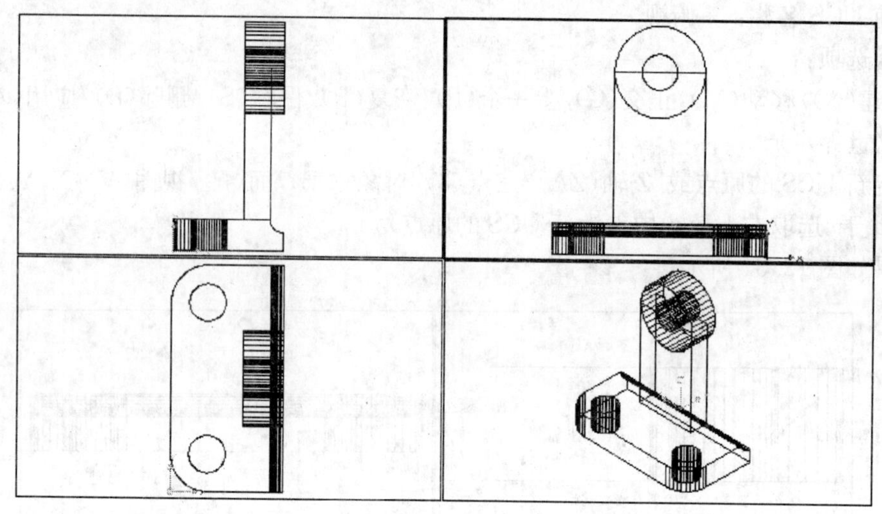

图 12.35 绘制长方体和圆柱体

3）组合实体

命令：_subtract 选择要从中减去的实体或面域...
选择对象：找到 1 个(依次选取底板、长方体和 ϕ64 圆柱体)
选择对象：找到 1 个，总计 2 个
选择对象：找到 1 个，总计 3 个
选择对象：
选择要减去的实体或面域...
选择对象：找到 1 个(选取 ϕ25 圆柱体)
选择对象：
结果如图 12.36 所示。

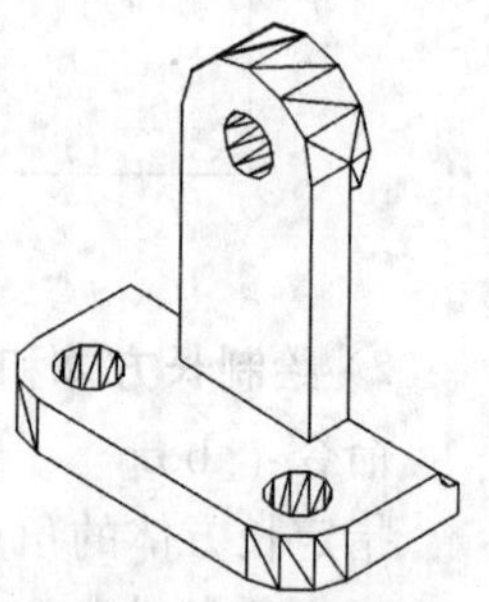

图 12.36 组合实体

4）圆角

命令：_fillet
当前设置：模式 = 修剪，半径 = 25.0000
选择第一个对象或［多段线(P)/半径(R)/修剪(T)/多个(U)］：r
指定圆角半径〈25.0000〉：32
选择第一个对象或［多段线(P)/半径(R)/修剪(T)/多个(U)］：
输入圆角半径〈32.0000〉：
选择边或［链(C)/半径(R)］：
已选定 1 个边用于圆角。
先后在支撑板与底板的两个连接处倒圆角，如图 12.37 所示。

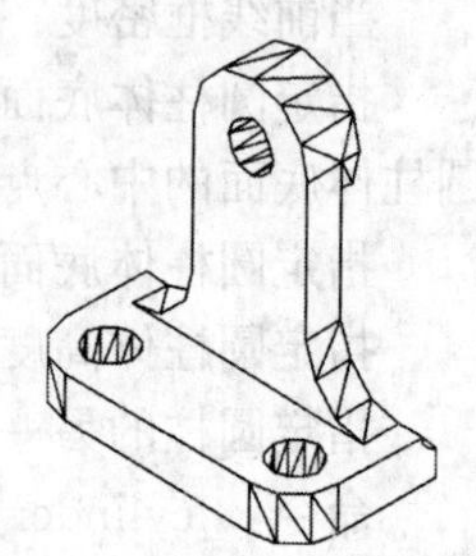

图 12.37 组合实体圆角

5）绘制筋板

命令：_wedge

指定楔体的第一个角点或［中心点(CE)］〈0,0,0〉：－19，－10,0

指定角点或［立方体(C)/长度(L)］：@－50,20,82

把筋板与前述所绘实体合并，如图 12.38 所示。

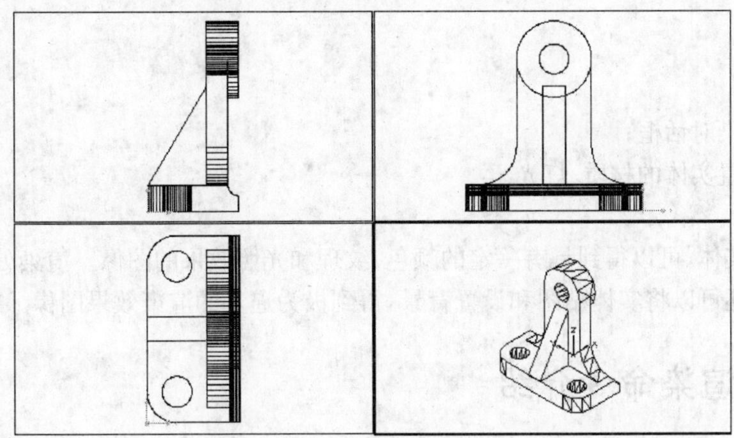

图 12.38　绘制筋板

完成该实体如图 12.39 所示。

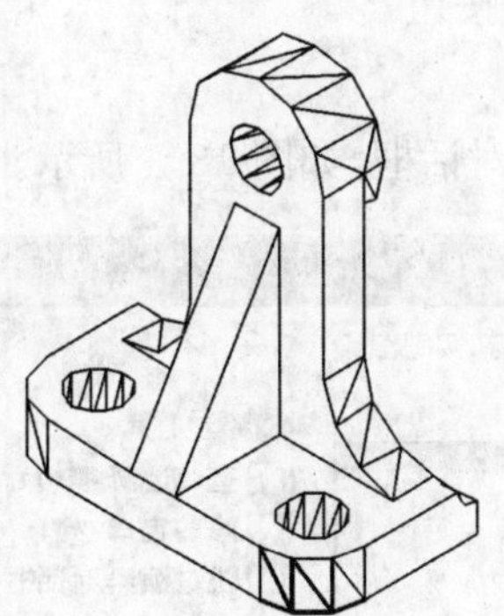

图 12.39　完成实体

13　视图渲染

学习目标

◎ 熟悉渲染对话框；
◎ 学会设置实体的材质、灯光。

渲染三维实体，可以得到具有一定的颜色、纹理和光照效果的图像。渲染处理可设置实体的材质、灯光，还可以将实体贴图和设置背景，得到极为逼真的渲染效果图像。

13.1　渲染命令介绍

命令调用方式：
菜单命令：视图→渲染
工 具 栏："渲染"工具栏 按钮
命 令 行：RENDER
执行该命令后，会出现"渲染"对话框，如图 13.1 所示。

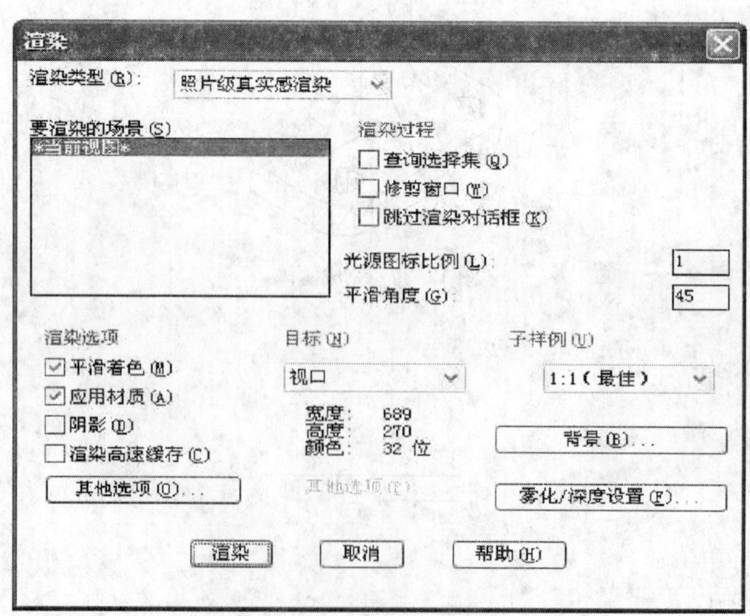

图 13.1　"渲染"对话框

通过"渲染"对话框选择"渲染类型"，有以下 3 种：① 一般渲染；② 照片级真实感渲染；③ 照片级光线追踪渲染。

当采用“一般渲染”类型进行渲染时，采用系统默认的灯光进行渲染，不能显示阴影和材质；当采用“照片级真实感渲染”或“照片级光线追踪渲染”进行渲染时，可以得到显示灯光效果和模型所赋予的材质效果的图像，但是这两种渲染需要的时间比“一般渲染”要多。

13.2 场景生成

1）建立渲染场景

在“渲染”对话框中，默认的渲染场景是“当前视图”。要建立渲染场景，可通过 3 种命令方式。

(1) 命令

菜单命令：视图→渲染→场景

工 具 栏：“渲染”工具栏 按钮

命 令 行：SCENE

(2) 格式

执行命令后，出现“场景”对话框。通过该对话框可以新建、修改或删除场景，如图 13.2 所示。

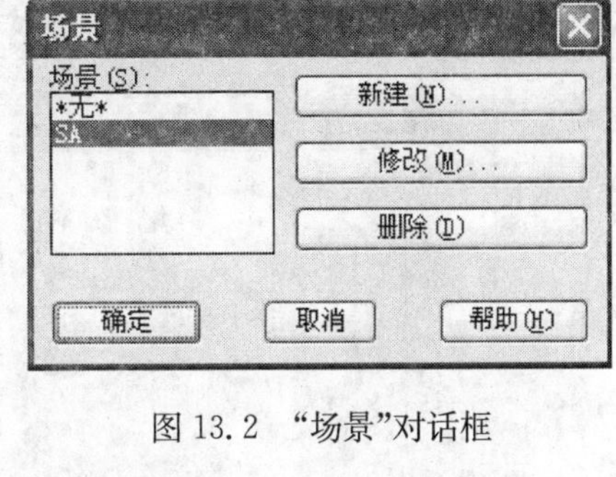

图 13.2 “场景”对话框

在新建立一个场景后，该场景名(图中“SA”)就出现在“渲染”对话框的“要渲染的场景”列表框内。

2）选择渲染过程

在“渲染”对话框的“渲染过程”选项区中，可设置不同类型的渲染过程。

(1) 查询选择集　渲染被选择的对象。

(2) 修剪窗口　对选择的窗口部分进行渲染，如图 13.3 所示。

图 13.3 “修剪窗口”渲染过程

(3) 跳过渲染对话框　选中以后，执行渲染命令时，不再显示“渲染”对话框。如果需要重新显示“渲染”对话框，可做如下操作：

菜单命令：视图→渲染→渲染系统配置

工 具 栏：“渲染”工具栏 按钮

命 令 行：RPREF

对这些渲染过程，可以单选，也可一次选择多个。

3）确定渲染目标

在“渲染”对话框的“目标”选项区的下拉列表框中可以选择以下 3 种渲染目标：

(1) 视口　将渲染效果显示在当前视口，如图 13.4 所示。

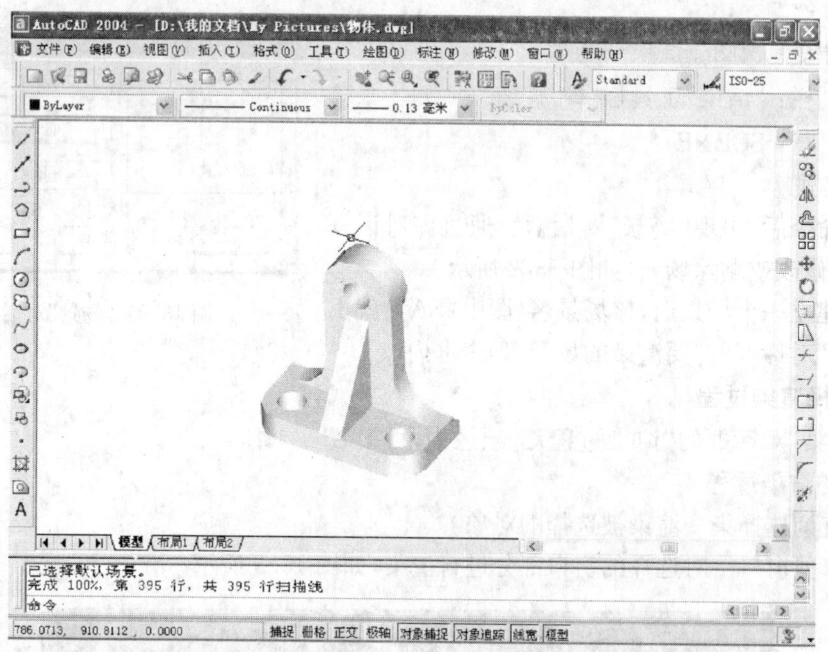

图 13.4　“视口”渲染目标

(2) 渲染窗口　渲染生成的图像显示在渲染窗口，如图 13.5 所示。

图 13.5　“渲染窗口”渲染目标

(3) 文件　将渲染图像存储到指定的文件。选中后，选项区下方的其他选项会显亮，可进入修改文件类型、颜色、TGA 选项和 Postscript 选项，如图 13.6 所示。

文件输出配置
文件类型(F)
BMP
640 x 480 (VGA)
X: 640　Y: 480
宽高比(R): 1.0000
颜色
单色(M)
8 位 (256 灰度)(G)
8 位 (256 色)(C)
16 位(B)
24 位(I)
32 位(T)
TGA 选项
压缩(D)　由下而上(U)
隔行
无(N)　2 到 1(2)　4 到 1(4)
PostScript 选项
横向(L)　纵向(P)
自动(A)
图像尺寸(S)
自定义(O)
图像尺寸(Z) 640
确定　取消　帮助(H)

图 13.6　“文件”渲染目标的输出配置

13.3　光线设置

在采用“照片级真实感渲染”或“照片级光线追踪渲染”类型进行渲染时，可以设置灯光效果。合理设置灯光可以大大加强模型的真实感。

1) 打开“光源”对话框

菜单命令：视图→渲染→光源

工 具 栏：“渲染”工具栏 按钮

命 令 行：LIDHT

输入 LIDHT，打开“光源”对话框，如图 13.7 所示。

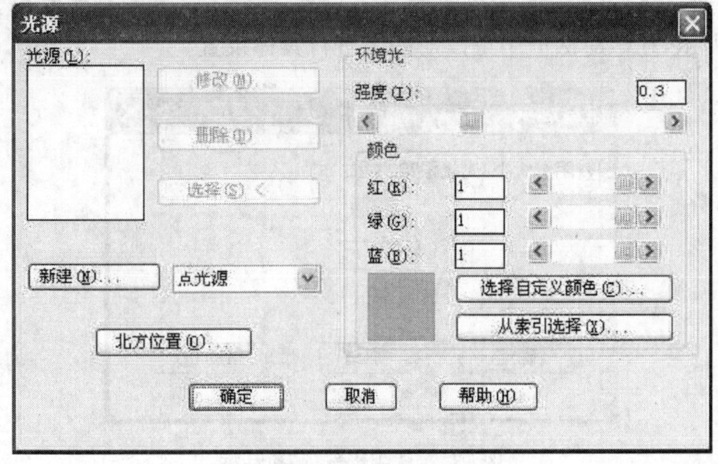

图 13.7　“光源”对话框

2）设置光源类型

可以设置的光源有 3 种：点光源、平行光和聚光灯。

(1) 点光源　提供由光源向周围均匀照射的光线。

(2) 平行光　提供具有一定方向的平行光束。

(3) 聚光灯　提供由光源发出的锥形光束。

3 种类型的光源的照射效果不同，可根据所需效果来选择。3 种光源的设置方法大致相同。下面以“点光源”的设置为例，来介绍光源的设置。

3）设置点光源属性

选择“点光源”类型，再进入“新建点光源”对话框，如图 13.8 所示。

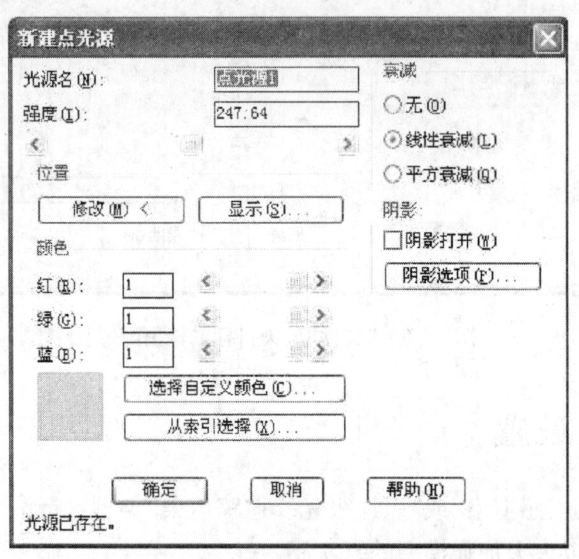

图 13.8　“新建点光源”对话框

(1) 光源名　输入新建点光源的名字。

(2) 强度　可设置光源的强度。

(3) 颜色　可设置光源的颜色。

(4) 衰减　选择光线的衰减类型：无衰减、线性衰减和平方衰减。

(5) 阴影　选择“阴影打开”，渲染时会显示阴影，增添了灯光的真实效果。“阴影选项”对话框如图 13.9 所示，在该对话框中可以对阴影进行具体设置。

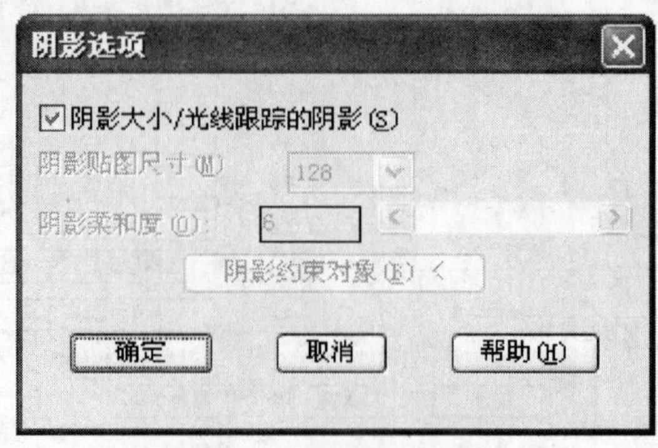

图 13.9　“阴影选项”对话框

如要得到具有尖锐边缘的阴影，则选择“阴影大小/光线跟踪的阴影”复选框，如图 13.10 所示，图中的阴影具有尖锐的边缘。如需要用“阴影贴图”和调整“阴影柔和度”，则去掉勾选，可设置“阴影贴图尺寸”和“阴影柔和度”及“阴影约束对象”，如图 13.11 所示，此时的渲染图中阴影具有柔和边缘。

(6) 位置　单击“修改”按钮，调整光源的位置。格式如下：

输入光源位置〈当前〉：

默认为“当前”，可输入坐标来修改光源的坐标。

单击“显示”按钮，可以显示当前光源所在位置的坐标，方便调整光源位置。

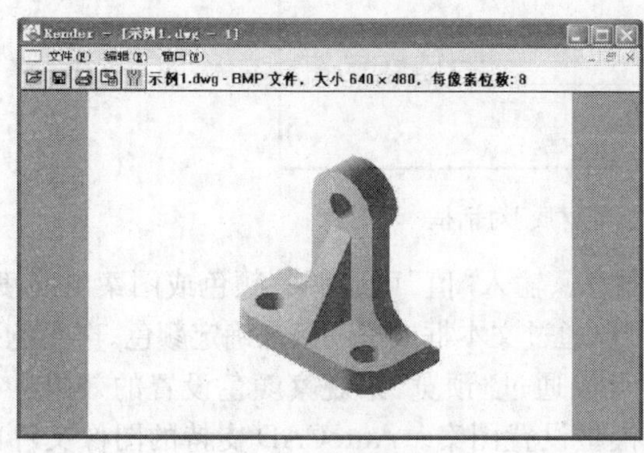

图 13.10　具有阴影的渲染

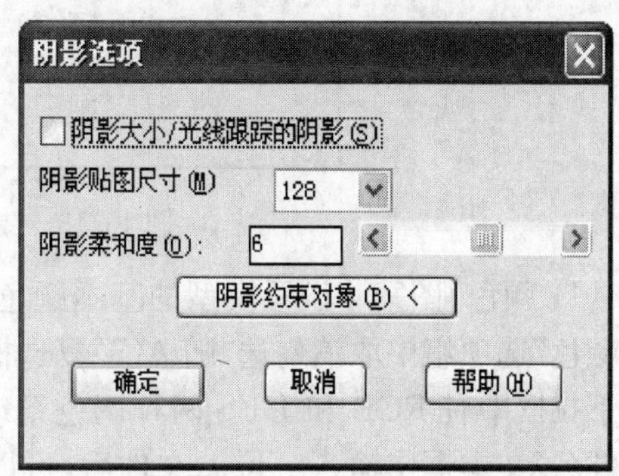

图 13.11　“阴影选项”对话框

4）使用环境光

在“光源”对话框中，还可调整环境光强度和颜色。

13.4　渲染材质的使用

渲染时，如果给模型赋予合理的材质，可以使模型具有一定的颜色和纹理，增加模型的真实感。

1）打开“材质”对话框

菜单命令：视图→渲染→材质

命 令 行：RMAT

“材质”对话框如图 13.12 所示。

2）选择材质类型

打开“材质”对话框中“新建(N)...”按钮下方的下拉列表框，可以看到有标准、大理石、花岗岩和木材 4 种不同类型的材质，可以根据渲染效果的需要选择不同类型的材质。

3）设置材质属性

选择“标准”类型材质，单击“新建(N)...”按钮，打开“新建标准材质”对话框，如图 13.13 所示。在“材质名”文本框中输入材质名“材质 1”。在“属性”选项组中设置材

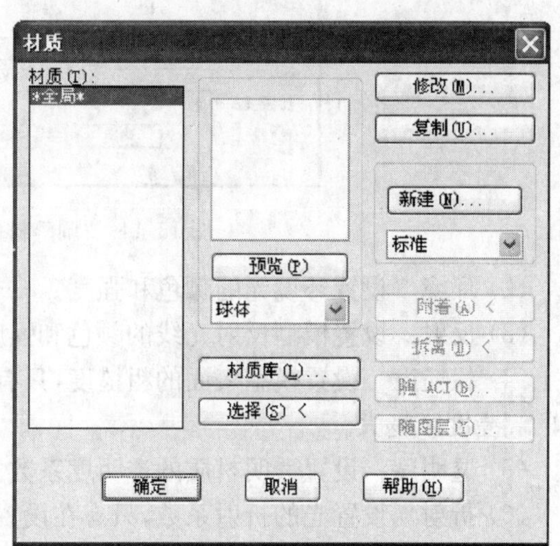

图 13.12　“材质”对话框

质属性,选项如下:

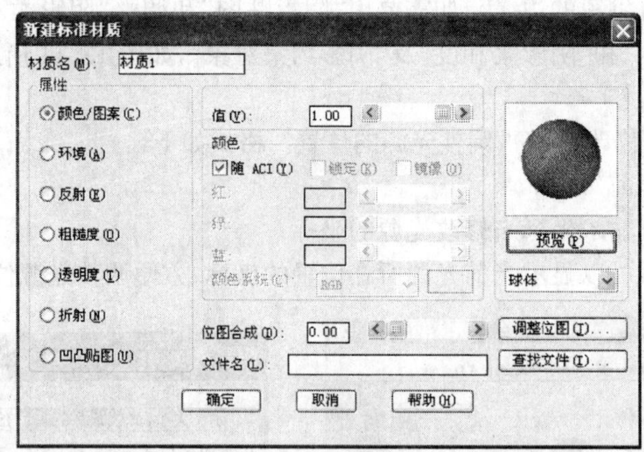

图 13.13 “新建标准材质”对话框

(1) 颜色/图案 设置模型的基本颜色或图案。输入“值”可以调整颜色或图案的亮度。在“颜色”选项组中取消勾选“随 ACI”复选框,可以通过文本框或滚动条来确定颜色。“颜色系统”下拉框中有 RGB 和 HLS 两种调色系统。可以通过“预览”来观察颜色设置的效果。在“文件名”文本框中输入一位图文件后,可以为模型设置图案。AutoCAD 支持的图像文件的格式有 TGA、BMP、TIFF、JPEG 和 PCX 等。此时可单击“调整位图”按钮打开“调整材质位图位置”对话框,如图 13.14 所示,可调整图案在模型表面的位置等。

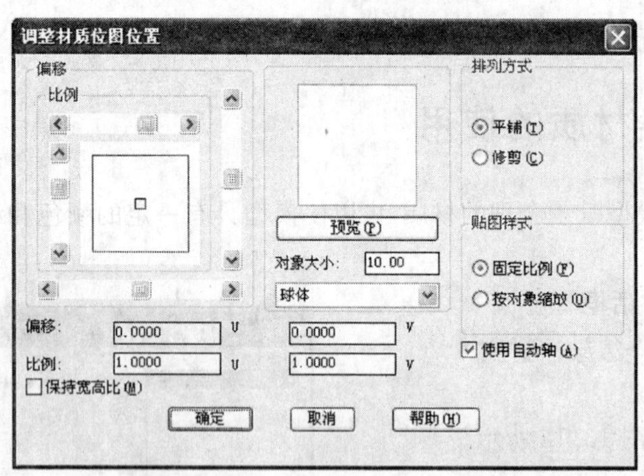

图 13.14 “调整材质位图位置”对话框

(2) 环境 设置环境光的颜色和强度。

(3) 反射 设置模型反射光线的颜色和强度。

(4) 粗糙度 设置模型表面的粗糙度,只有在设置了反射参数后才有效。粗糙度越大,模型的高亮度区越大。

(5) 透明度 设置透明材质的透明度系数。

(6) 折射 设置光的折射系数,只有在设置了透明度参数后才有效。

(7) 凸凹贴图 设置凸凹不平的效果。

4）附着和分离材质

退出“新建标准材质”对话框，回到“材质”对话框，这时在“材质”列表框中出现了已设置的“材质 1”。选择“材质 1”，单击“附着”按钮，提示格式如下：

选择要附着“材质 1”的对象：

选择模型后回车，系统会提示“更新图形...已完成。”图形附着完毕。

若需要将材质与模型分离，则单击“材质”对话框中“分离”按钮，操作与“附着”相同。

5）材质库

如需在渲染中使用更多的材质，可通过材质库输入所需的材质，也可向材质库输出材质。

在“材质”对话框中单击“材质库”按钮，或通过下列途径打开“材质库”对话框，如图 13.15 所示。

菜单命令：视图→渲染→材质库

命 令 行：MATLIB

(1)“当前图形”列表框　列出了当前图形能使用的材质。单击下方的“清理”按钮可清除未使用的材质；单击“另存为...”按钮可把“当前图形”列表框中的所有材质建立一个材质库，并出现在“材质”对话框中右上角的“当前库”下拉列表框中。

(2)“当前库”下拉列表框　可选择 render 或 mini 材质库，或添加的材质库，下方的列表框中列出了对应的材质库的所有材质。可“打开”所需的材质库（后缀为. mli 的文件），可“保存”当前材质库，也可“另存为”其他文件。

当选中“当前库”中的材质后，可以通过“预览”来观察材质的效果，可以单击“输入”按钮，向左边“当前图形”列表框输入材质。

当选中“当前图形”中的材质后，单击“输出”按钮，向右边“当前库”列表框输入材质。

单击“删除”按钮，可删除“当前图形”和“当前库”中的材质。

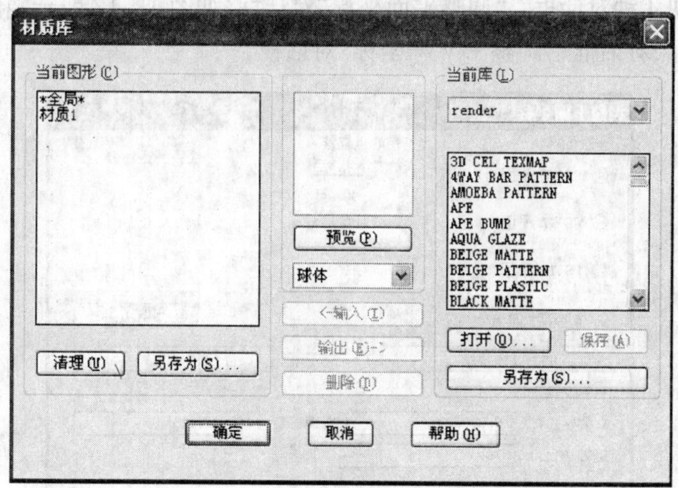

图 13.15　“材质库”对话框

13.5　渲染的其他设置

1）使用贴图

渲染模型时，贴图可以使模型的表面具有特定的图案，以增强渲染效果。

命 令 行：SETUV

菜单命令：视图→渲染→贴图

系统提示选择要贴图的对象，选定后，打开“贴图”对话框，如图 13.16 所示。

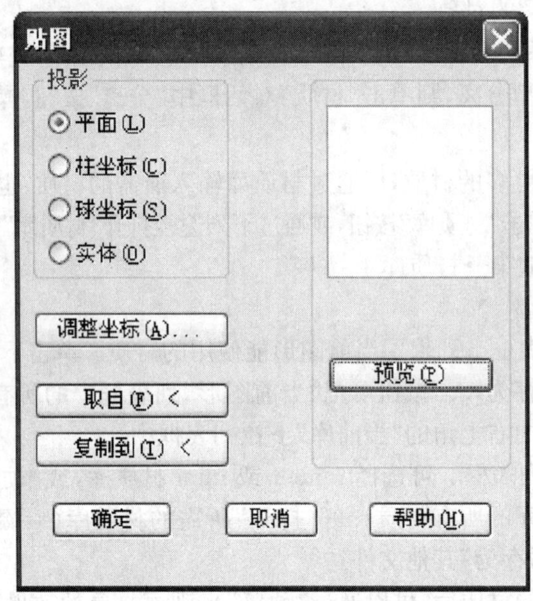

图 13.16 “贴图”对话框

(1) 贴图类型 有平面、柱坐标、球坐标和实体 4 种。

(2) 调整坐标 选择平面类型后，单击“调整坐标”按钮，可调整贴图的坐标位置。此时根据贴图类型会出现 4 种对话框：“调整平面坐标”对话框（如图 13.17 所示）和“调整柱坐标”对话框、“调整球坐标”对话框、“调整 UVW 坐标”对话框。

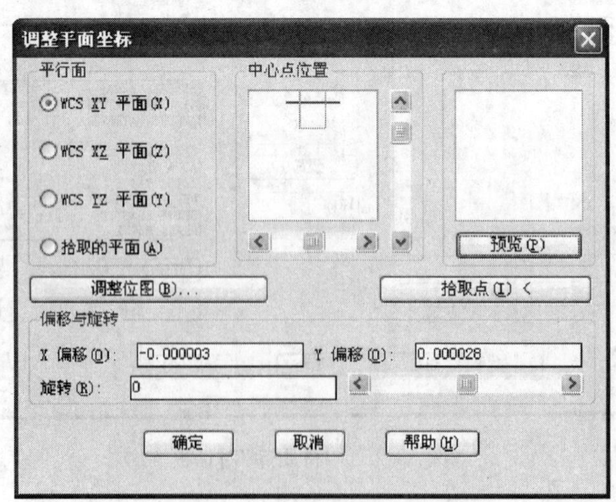

图 13.17 “调整平面坐标”对话框

单击“调整位图”按钮，出现“调整对象位图位置”对话框，如图 13.18 所示。如果选择“调整对象位图位置”对话框中的“平铺”选项，则几何图形投影的扩展区域对投影无影响。

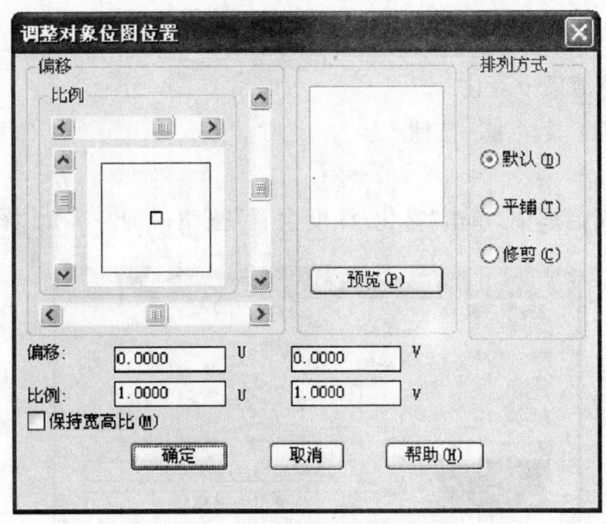

图 13.18 “调整对象位图位置”对话框

2）使用背景

添加逼真的背景，可衬托渲染的模型，使渲染的效果更好。

菜单命令：视图→渲染→背景

命 令 行：BACKGROUND

执行该命令打开“背景”对话框，如图 13.19 所示。

(1) 纯色　渲染的背景采用某一固定的颜色。系统默认使用 AutoCAD 背景，如清除勾选“AutoCAD 背景”，则可设置所需的颜色。

(2) 渐变色　渲染的背景颜色从上到下依次为“上”、“中”、“下”右侧色块的颜色。

(3) 图像　渲染的背景会采用一个图像。在“背景”对话框左下角的“图像”对话框中，可以通过文本框或“查找文件”按钮指定一个图像文件，以此作为背景图像，还可以调整背景图像的位图位置及排列方式等。

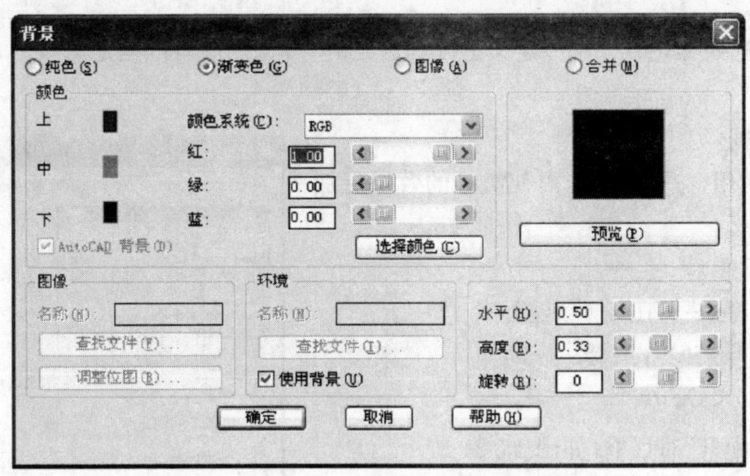

图 13.19 “背景”对话框

3）使用雾化

使用雾化，可以反映模型与当前观察点之间的距离。

菜单命令：视图→渲染→雾化

工 具 栏："渲染"工具栏 按钮

命 令 行：FOG

也可以在"渲染"对话框中，单击"雾化/深度设置"按钮，打开"雾化/深度设置"对话框，如图 13.20 所示。

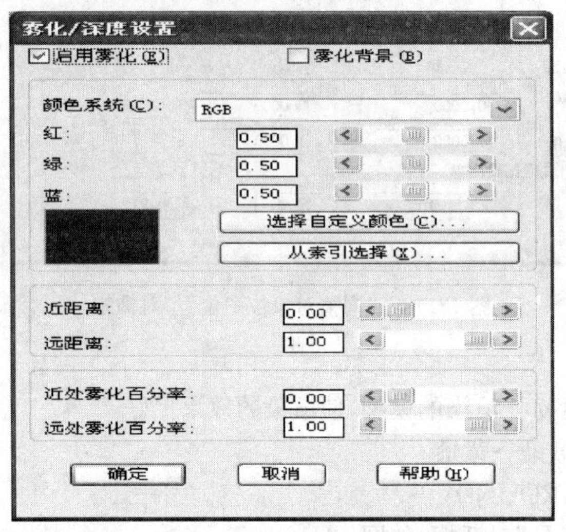

图 13.20 "雾化/深度设置"对话框

选择"启用雾化"，可对雾化进行设置。

(1) 雾化背景　不仅对背景进行雾化，而且对几何图形也进行雾化。

(2) 颜色系统　可调整雾化颜色。有红、绿、蓝（RGB）和色调、亮度、饱和度（HLS）两种颜色系统。

(3) 近/远距离　定义雾化起始和中止的位置。它们的值是相机到后剪裁平面之间距离的比值。

(4) 近处/远处雾化百分率　定义近处和远处的雾化百分率，范围是从零雾化到百分之百雾化。

4）使用配景

在渲染时使用合适的配景，可使渲染的效果更加逼真。

(1) 新建配景

菜单命令：视图→渲染→新建配景

工 具 栏："渲染"工具栏 按钮

命 令 行：LSNEW

打开"新建配景"对话框，如图 13.21 所示。

通过该命令可从配景图库中选取所需的配景，定义其几何图形和高度，并在合适的位置将其加入到图形中。

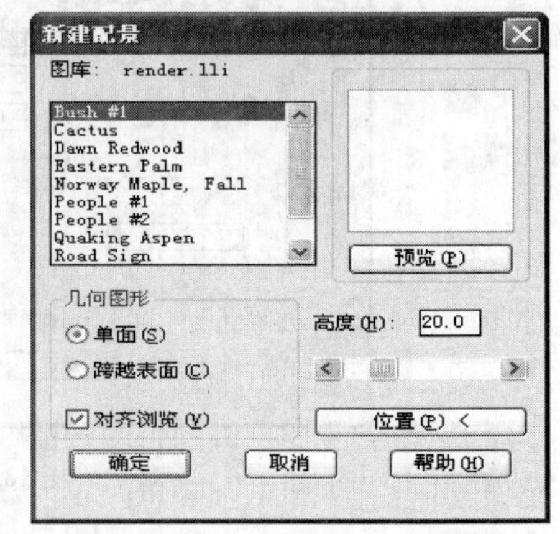

图 13.21 "新建配景"对话框

(2) 编辑配景

菜单命令：视图→渲染→编辑配景

工具栏："渲染"工具栏 按钮

命令行：LSEDIT

格式：

选择配景对象：

选择配景对象后，打开"编辑配景"对话框，如图 13.22 所示。在对话框中用该命令修改配景对象。

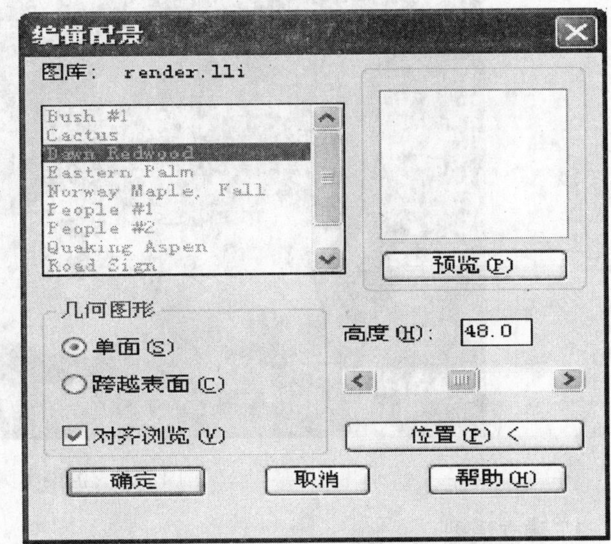

图 13.22 "编辑配景"对话框

(3) 配景库

菜单命令：视图→渲染→配景库

工具栏："渲染"工具栏 按钮

命令行：LSLIB

打开"配景库"对话框，如图 13.23 所示。在该对话框中，可以修改、新建或删除配景图，并"保存"，也可通过"打开"按钮，打开其他的配景图库。

图 13.23 "配景库"对话框

13.6 渲染实例

下面根据图 13.24 所示模型，分步骤地对其进行渲染。

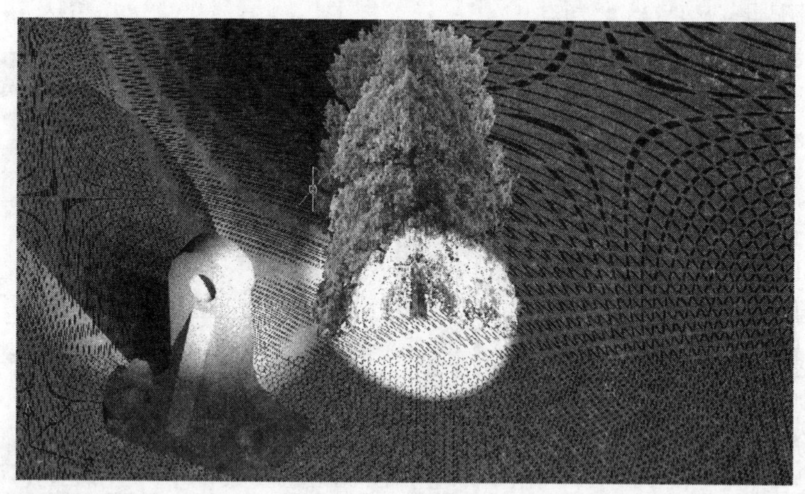

图 13.24　渲染实例

1）建立模型

绘制或直接调用图 12.39 所示的零件图。在该零件底部绘制一尺寸为 2000×2000×20 的薄板，如图 13.25 所示。

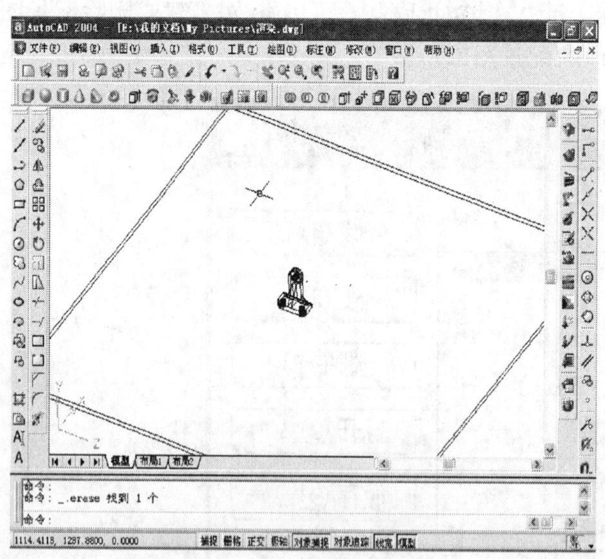

图 13.25　建立模型

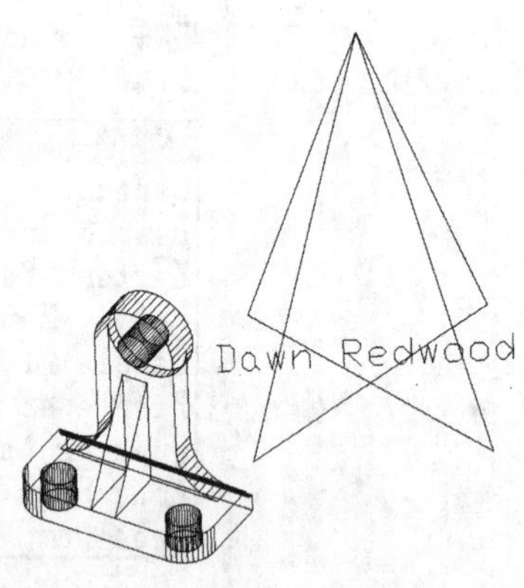

图 13.26　添加配景树

2）附着材质

给薄板附着材质“DACK WOOD TILE”，给零件附着材质“3WAY BAR PATERN”。

3）添加配景

在零件的旁边添加一名为“Dawn Redwood”的配景树，如图 13.26 和图 13.27 所示。

4）添加灯光

添加平行光，设置如图 13.28 所示，平行光渲染效果如图 13.29 所示。添加聚光灯“JGD1 和 JGD2”，如图 13.30 所示。调整聚光灯，如图 13.31 和图 13.32 所示，直至效果如图 13.24 所示。

图 13.27 未添加灯光的渲染

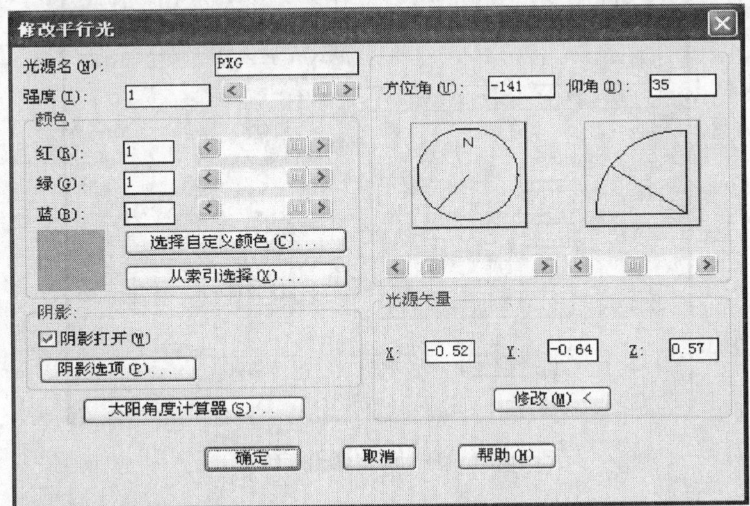

图 13.28 平行光设置

图 13.29 只加平行光的渲染

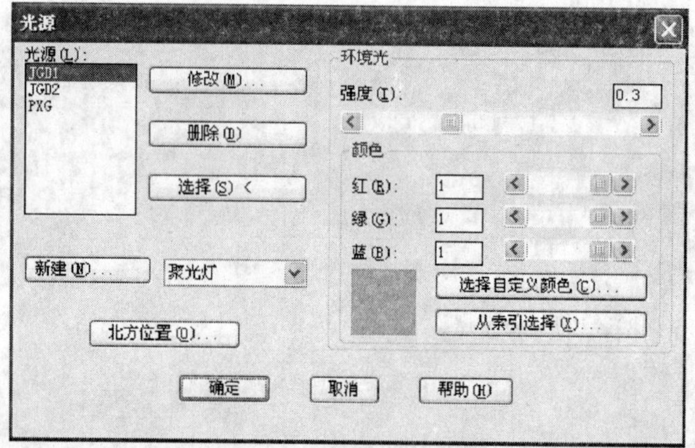

图 13.30　添加聚光灯

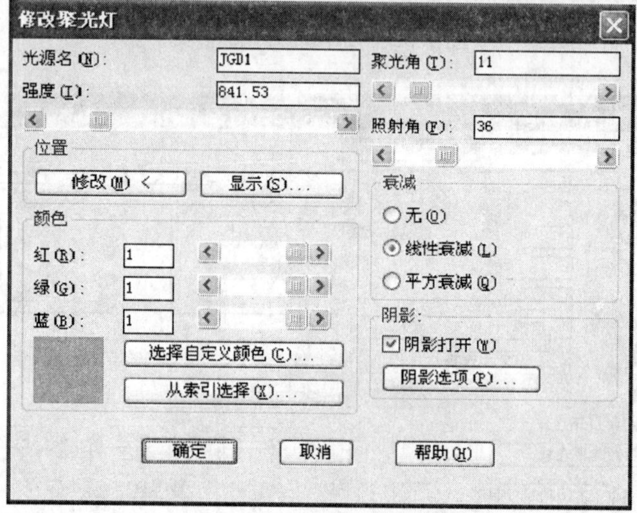

图 13.31　调整聚光灯(1)

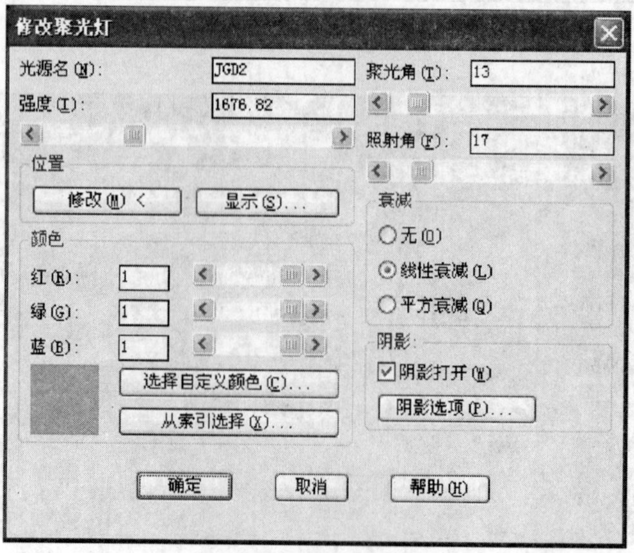

图 13.32　调整聚光灯(2)

附录　图形练习

附录 1　基础部分

1）基础训练

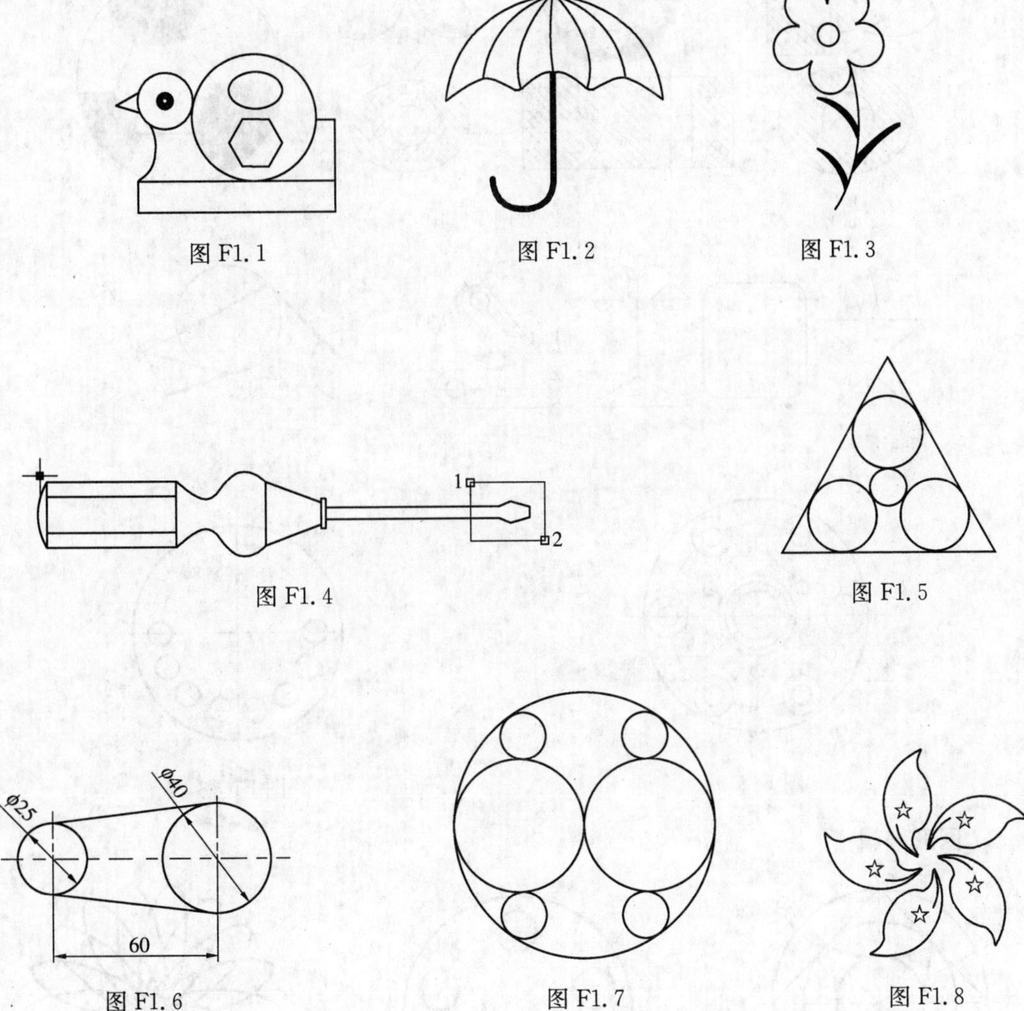

图 F1.1

图 F1.2

图 F1.3

图 F1.4

图 F1.5

图 F1.6

图 F1.7

图 F1.8

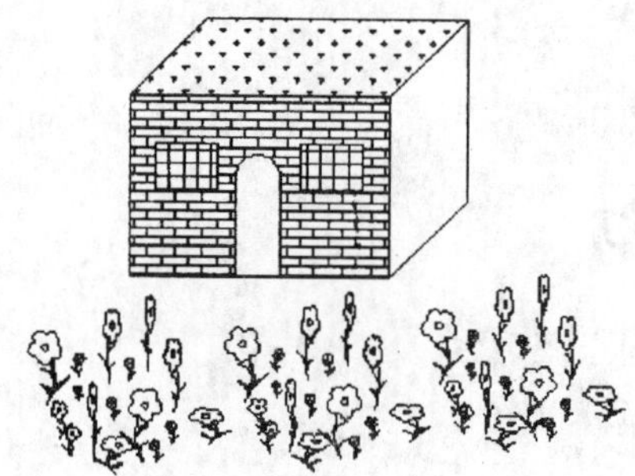

图 F1. 9

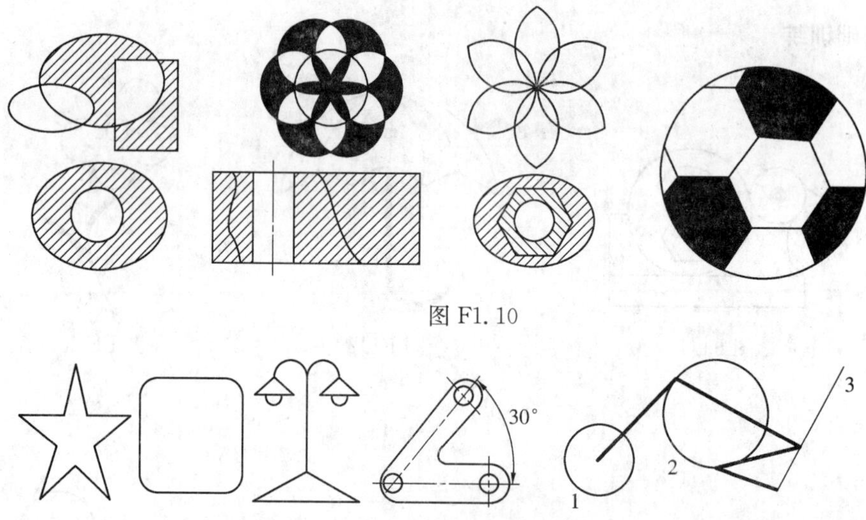

图 F1. 10

图 F1. 11

图 F1. 12

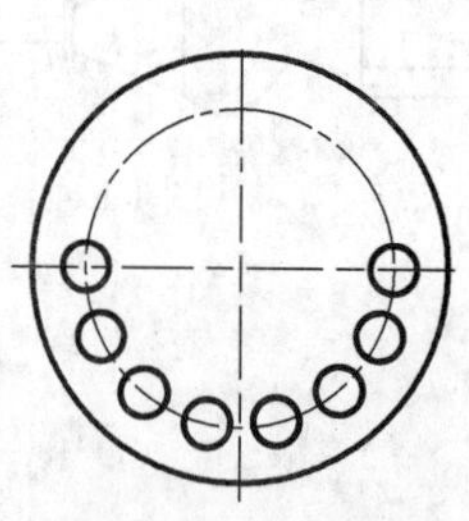

图 F1. 13

2）图形编辑

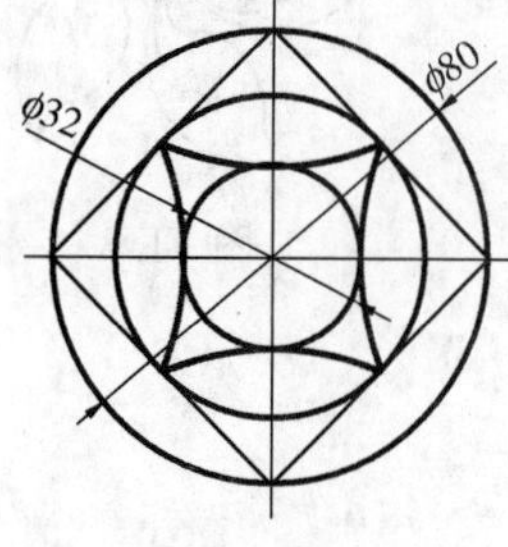

图 F1. 14

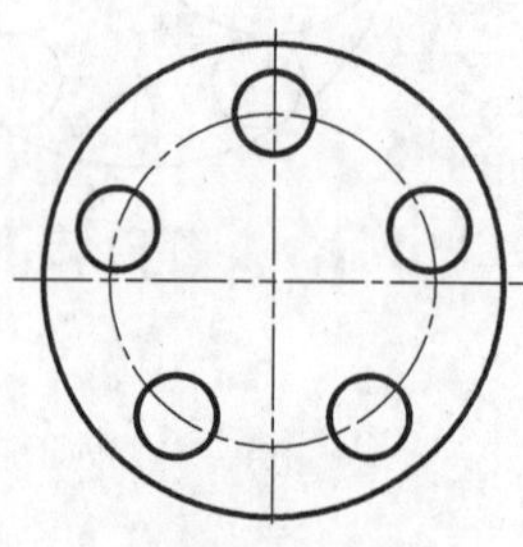

图 F1. 15

图 F1. 16

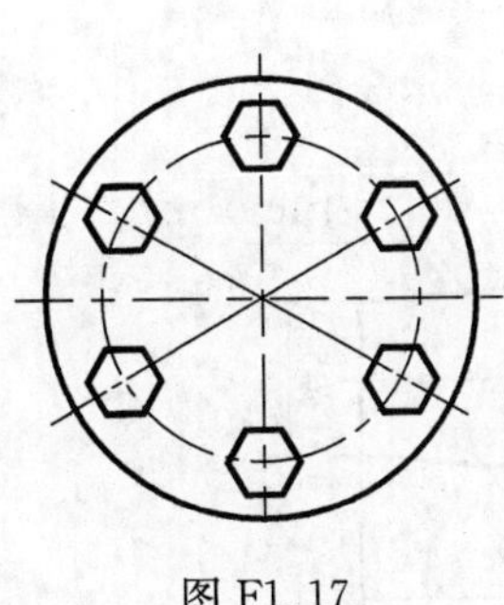
图 F1.17

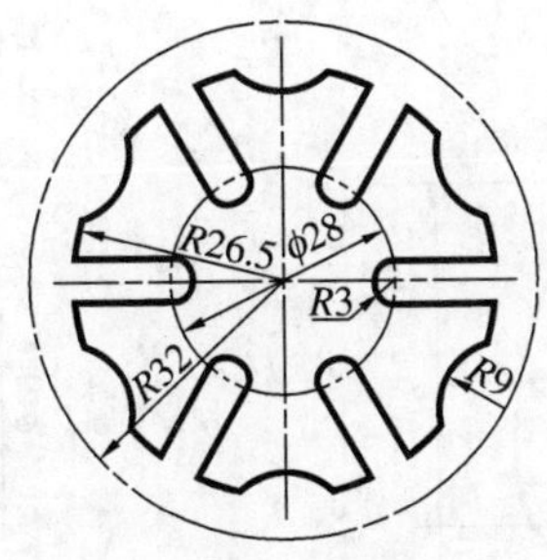

图 F1.18

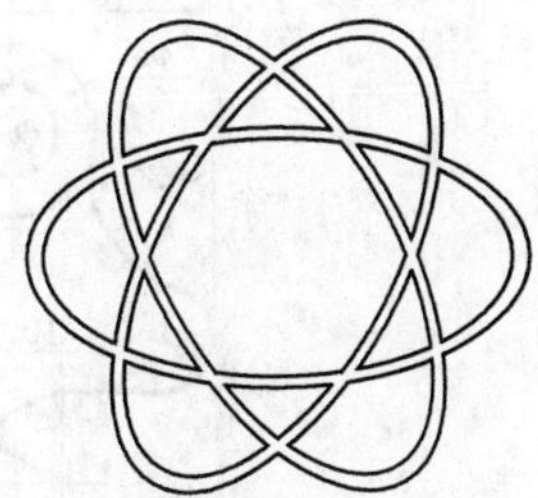
图 F1.19

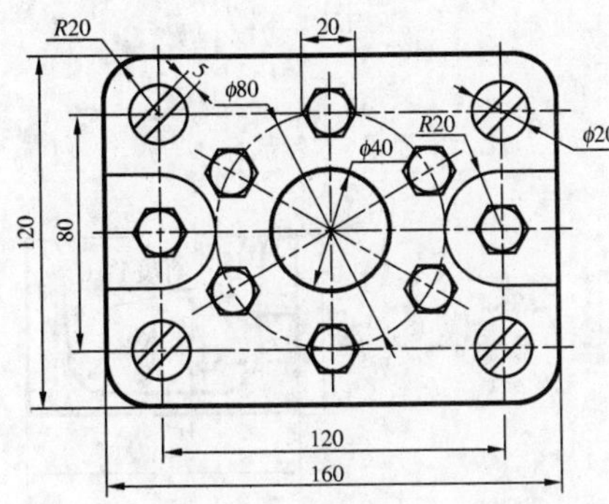

图 F1.20

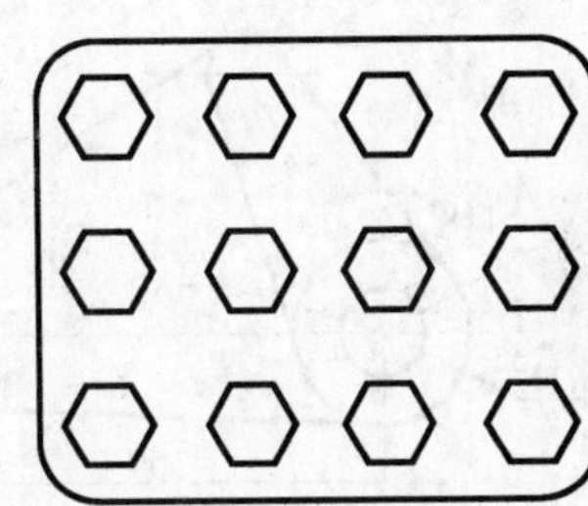
图 F1.21

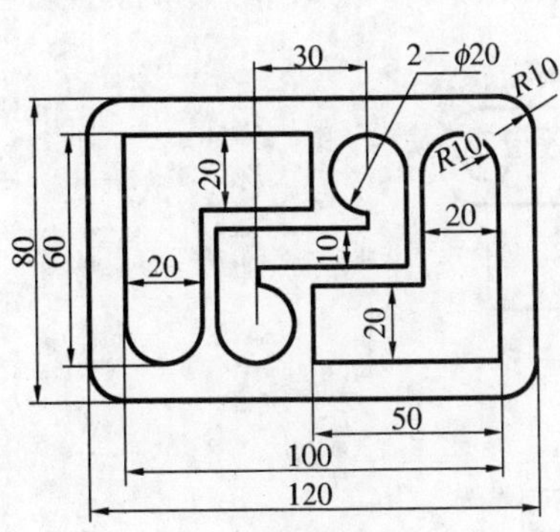

图 F1.22

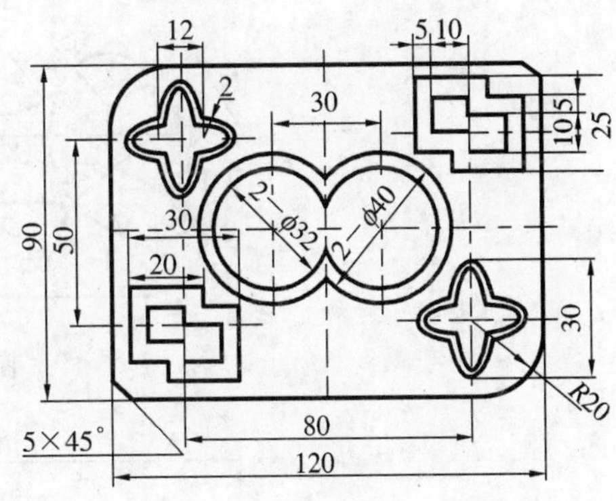

图 F1.23

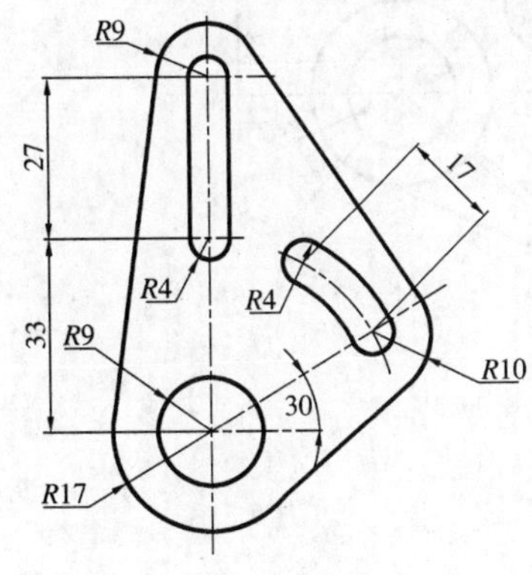

图 F1.24

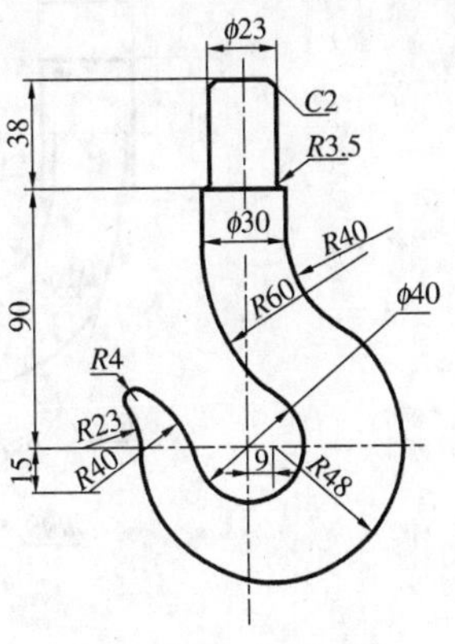

图 F1.25

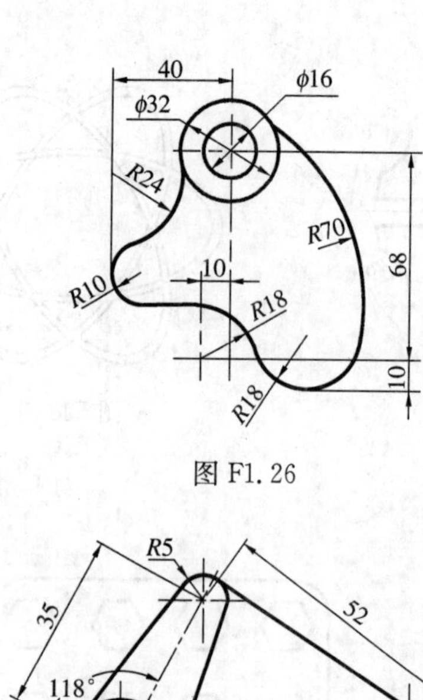

图 F1.26

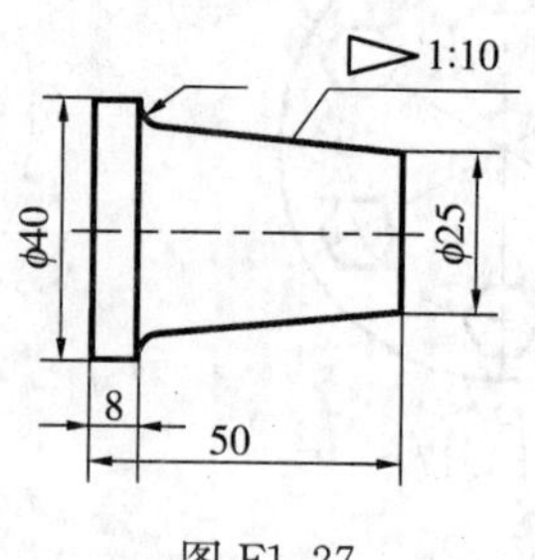

图 F1.27

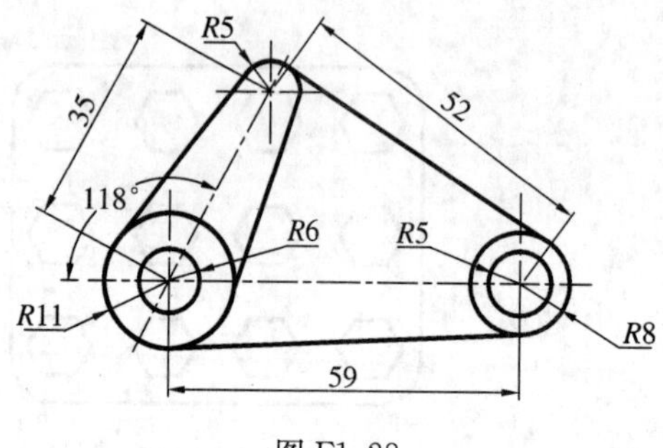

图 F1.28

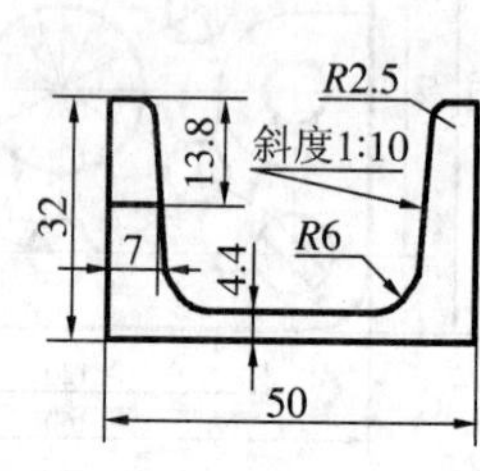

图 F1.29

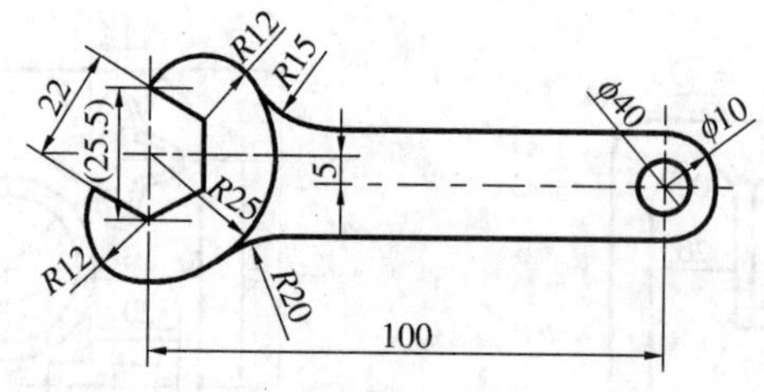

图 F1.30

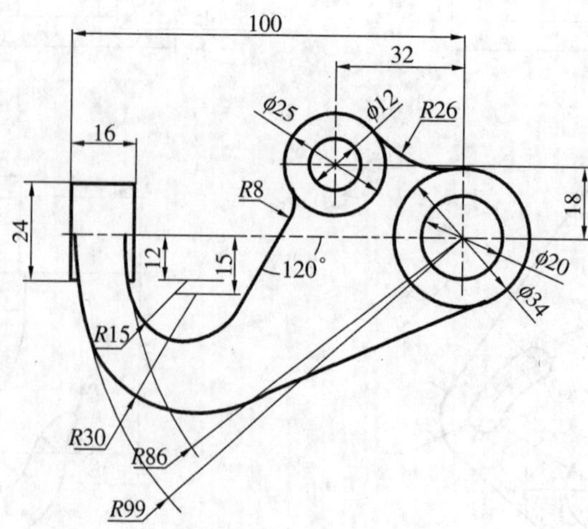

图 F1.31

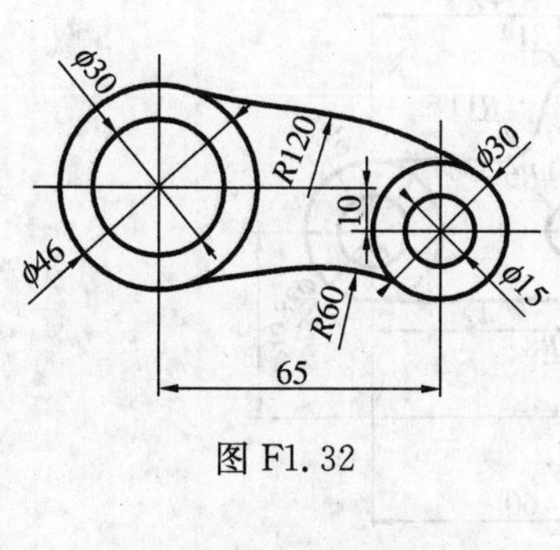

图 F1.32

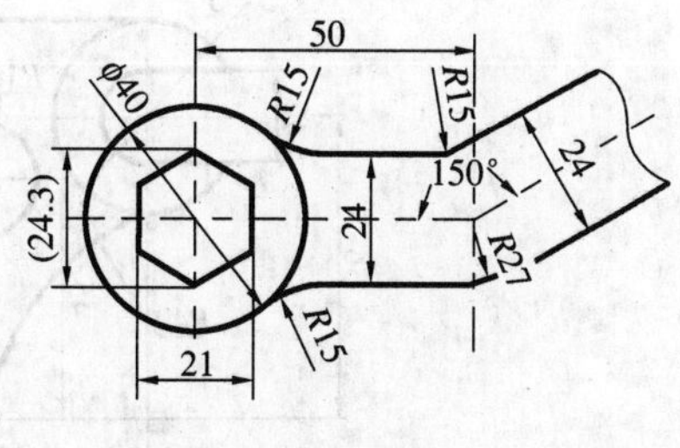

图 F1.33

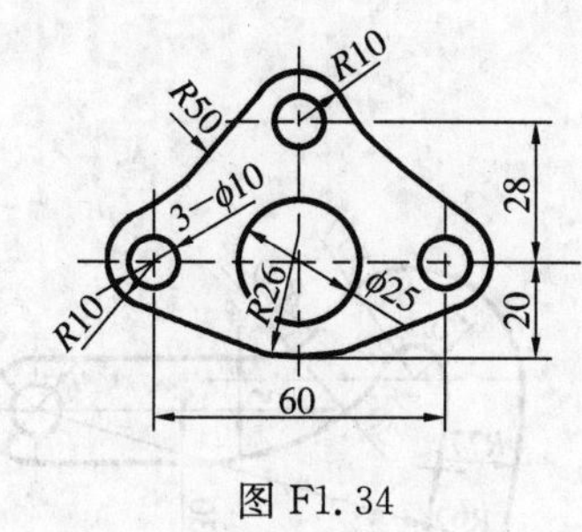

图 F1.34

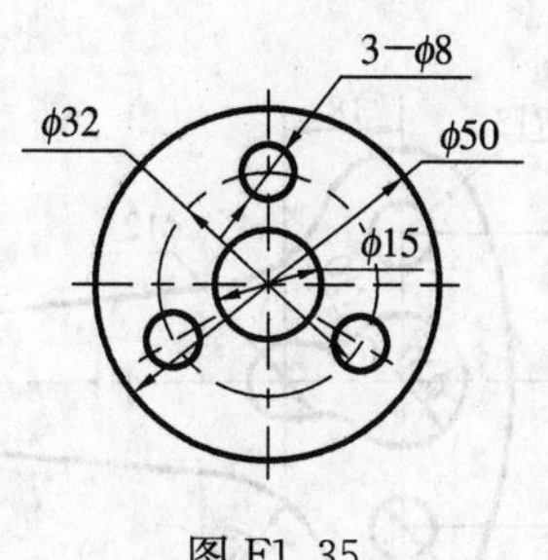

图 F1.35

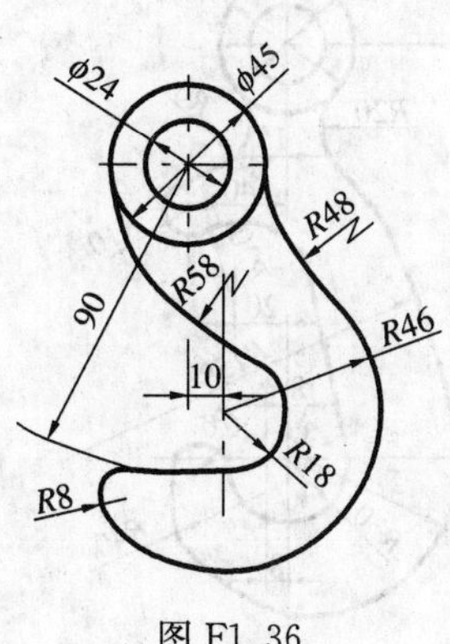

图 F1.36

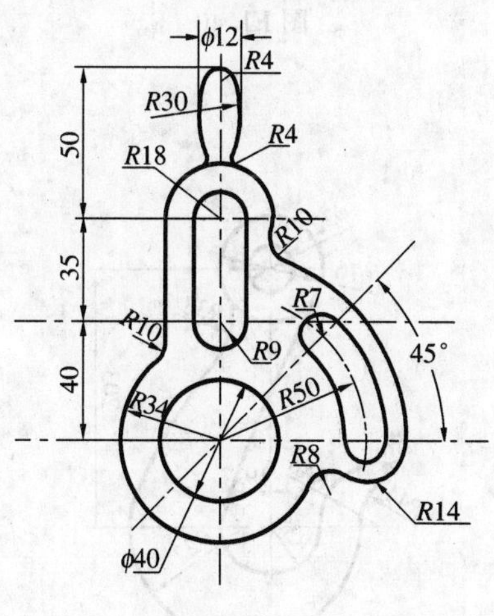

图 F1.37

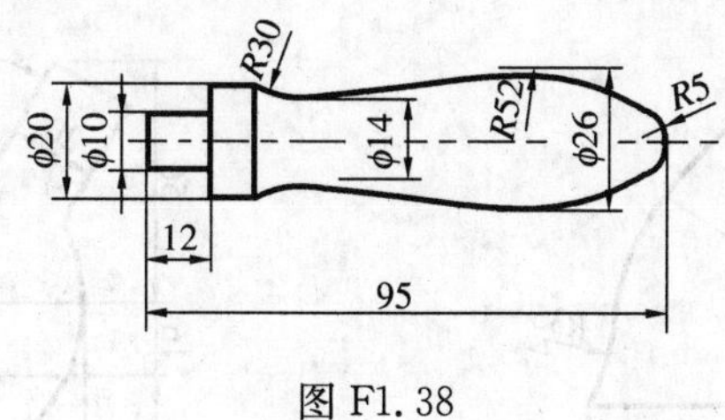

图 F1.38

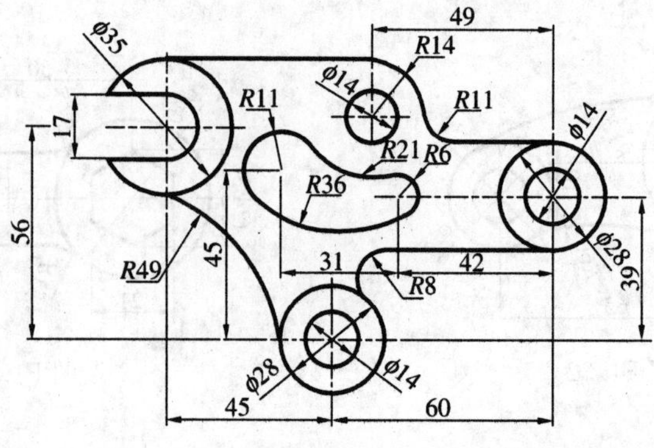

图 F1.39

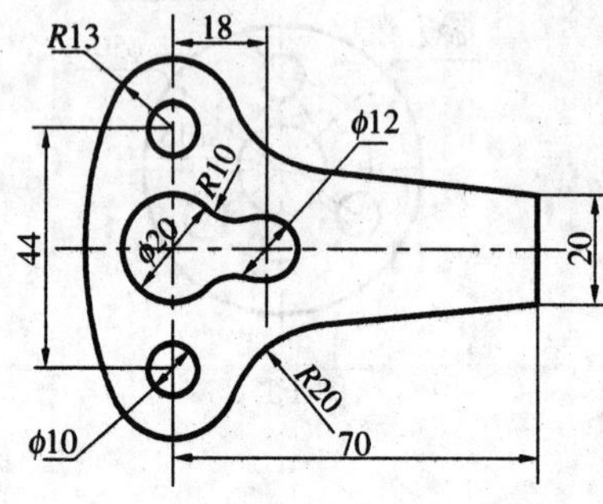

图 F1.40

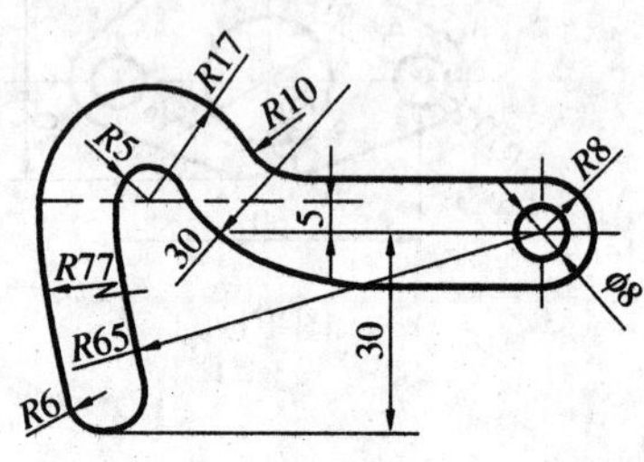

图 F1.41

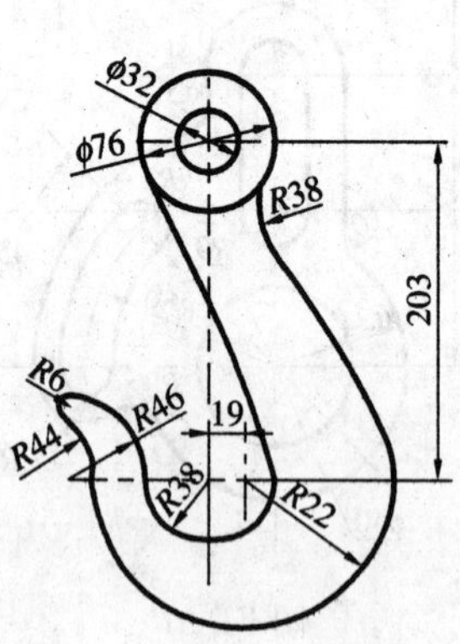

图 F1.42

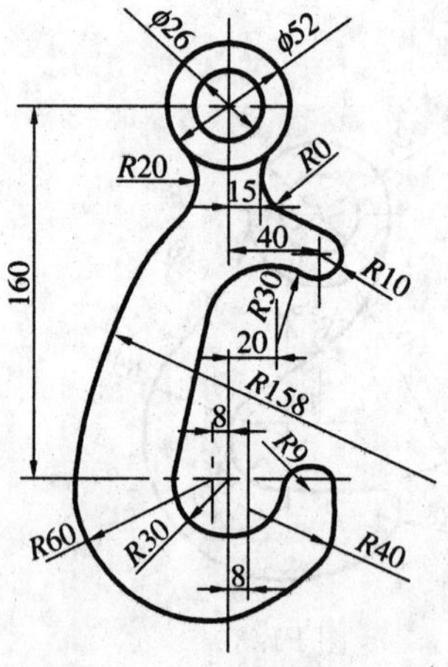

图 F1.43

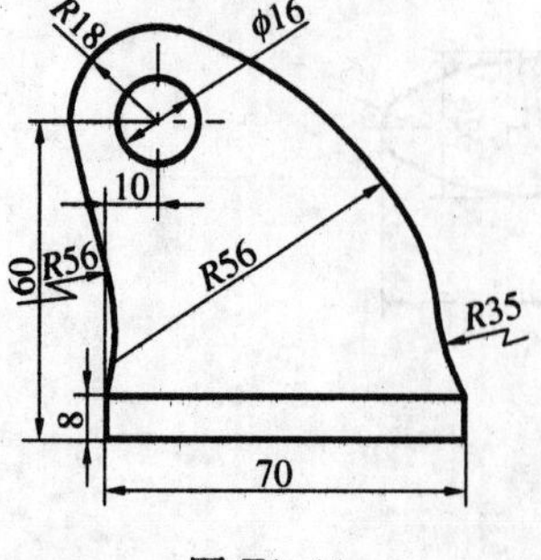

图 F1.44

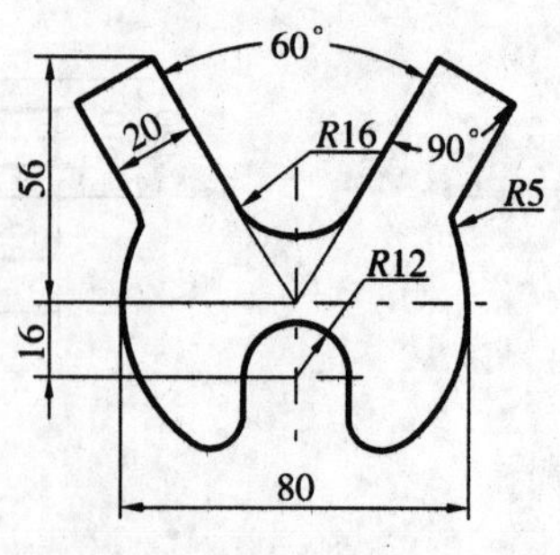

图 F1.45

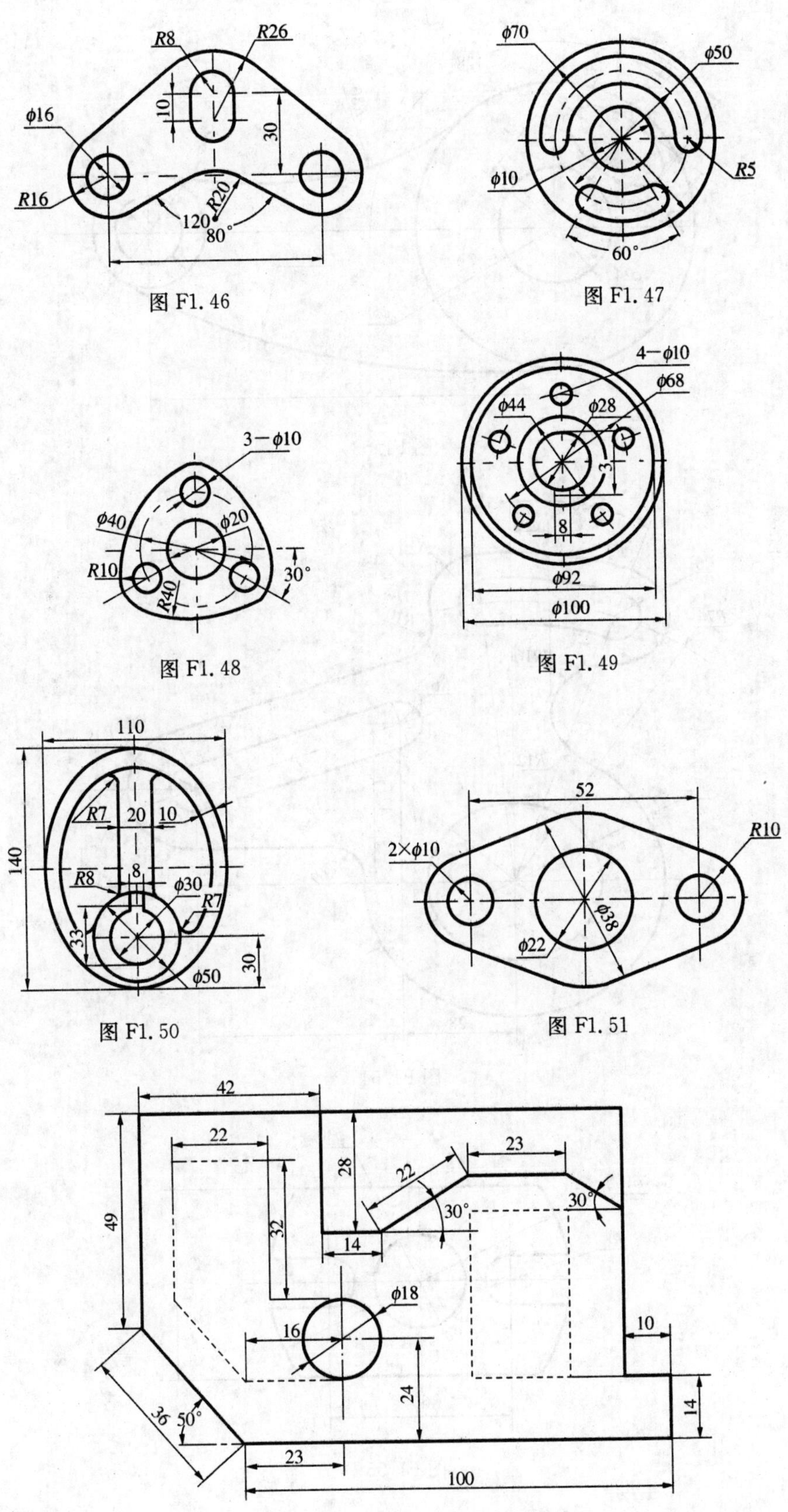

图 F1.46

图 F1.47

图 F1.48

图 F1.49

图 F1.50

图 F1.51

图 F1.52

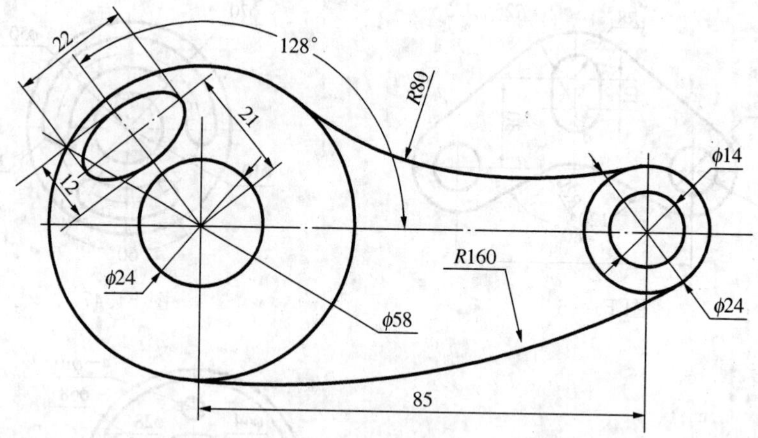

图 F1.53

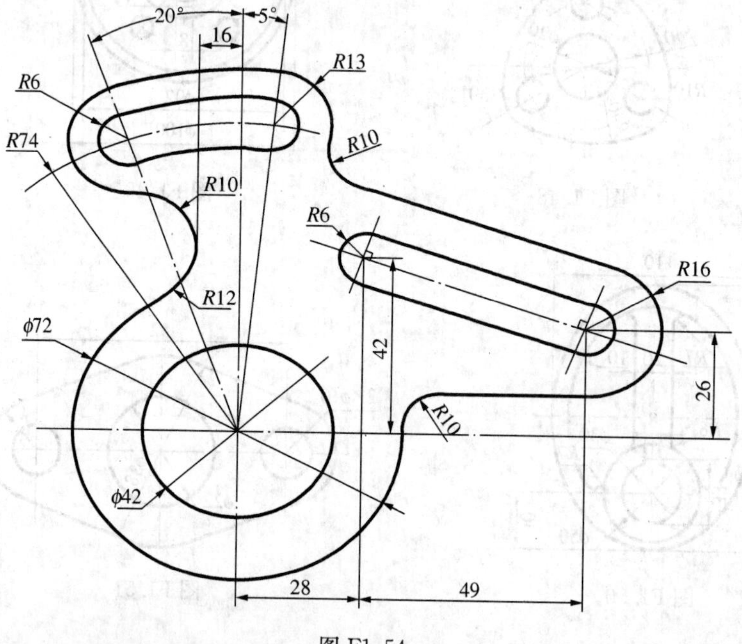

图 F1.54

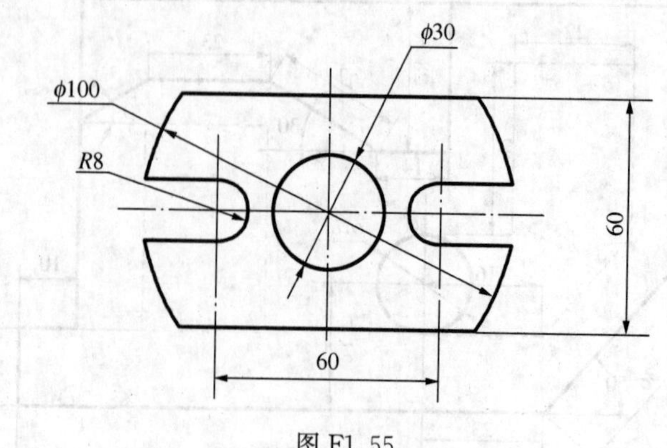

图 F1.55

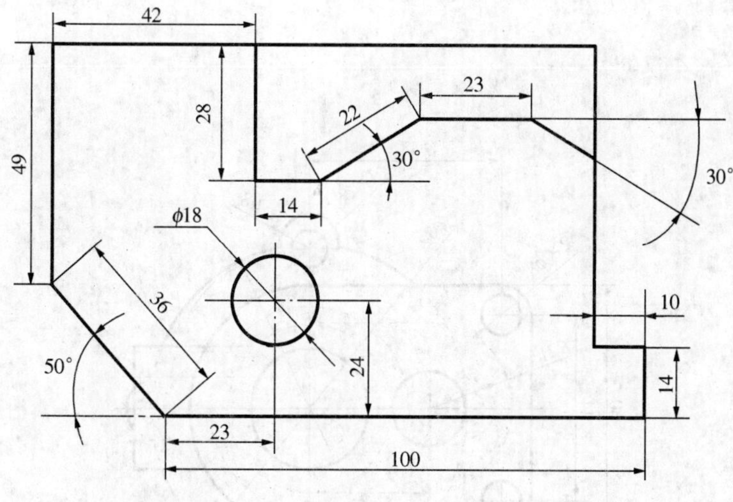

图 F1.56

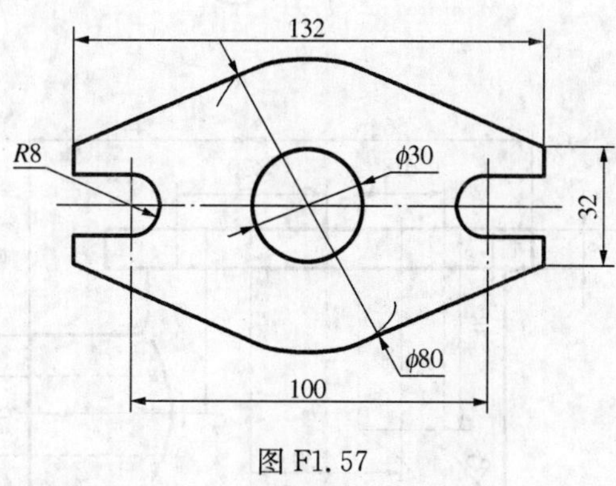

图 F1.57

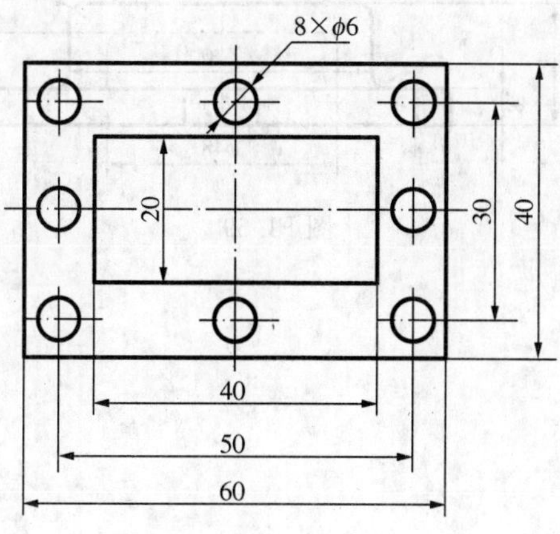

图 F1.58

48
4×ϕ8
R8
ϕ82
2×ϕ8
R21
60
44
ϕ78
R8

56
44
ϕ18
ϕ30
8
38
35
56
90
ϕ16
ϕ30
R5
30
ϕ42
R5
25
ϕ60
19
8
ϕ48

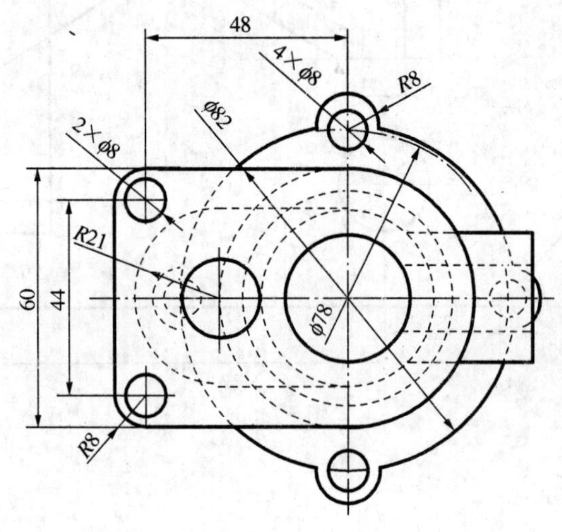

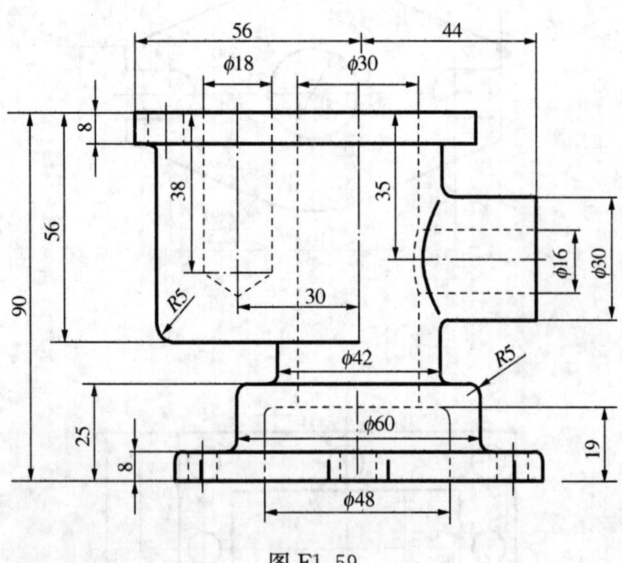

图 F1.59

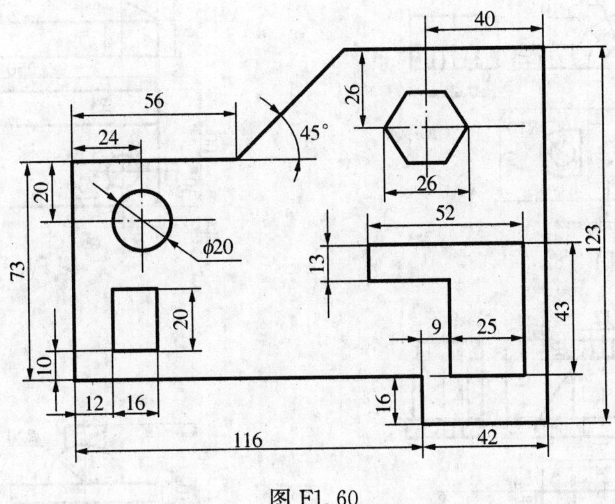

图 F1.60

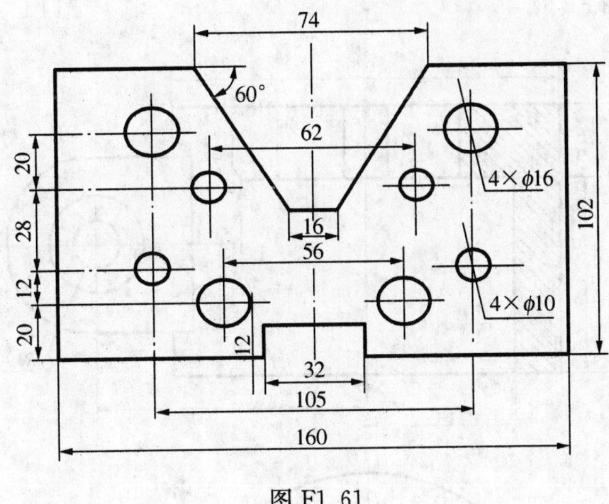

图 F1.61

3）形体训练

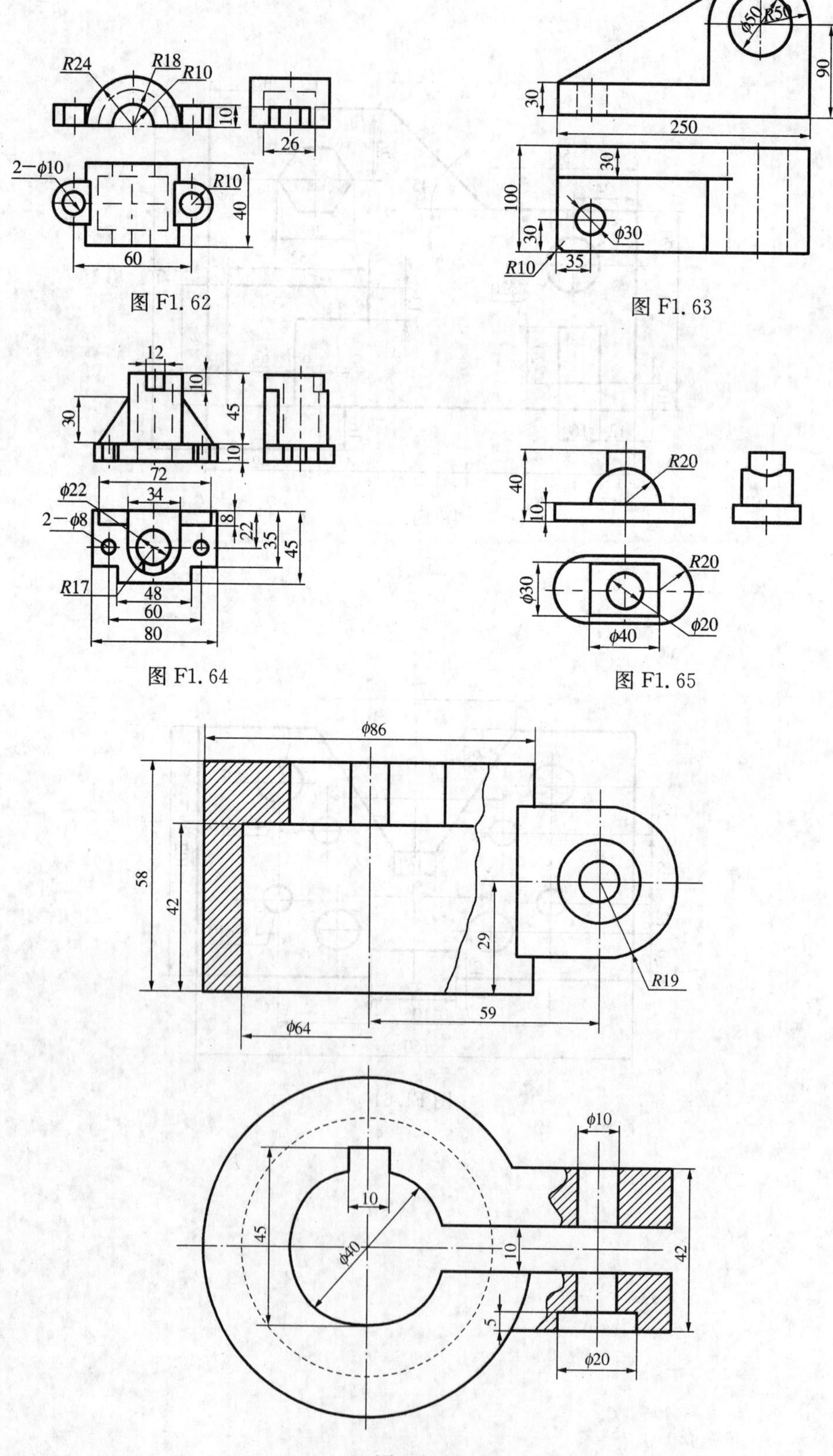

图 F1.62

图 F1.63

图 F1.64

图 F1.65

图 F1.66

φ45
φ32
8
φ12
φ22
45
24
10
67

48
4×φ11
38
58
31
R10
8

图 F1. 67

φ50
φ34
R17
φ14
φ44
φ28
10°
50
30
15
80
60
45
35
φ56
φ70
7×φ10
R9
3×φ8
R40
10
50
φ100
30
R30
100

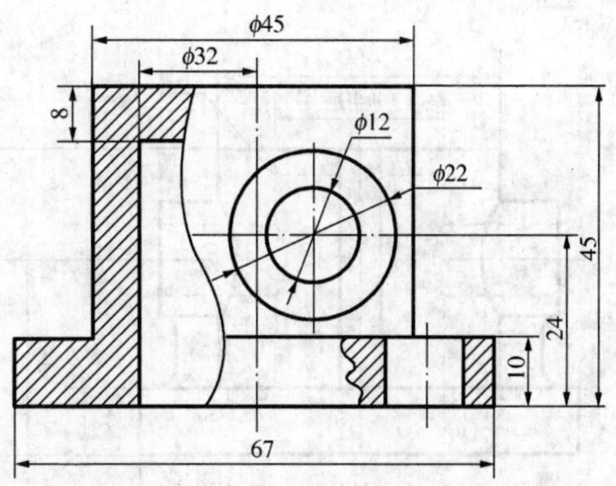

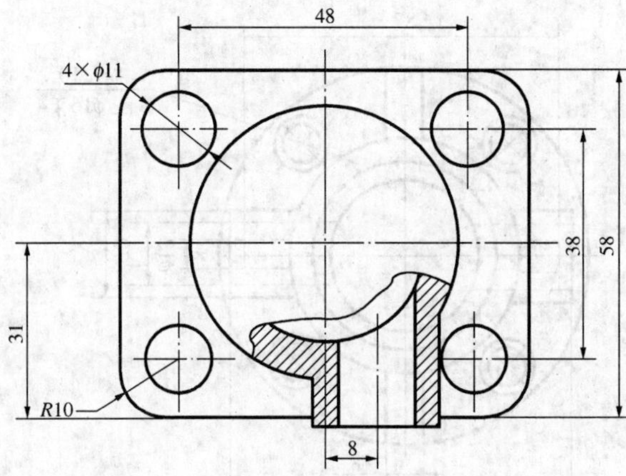

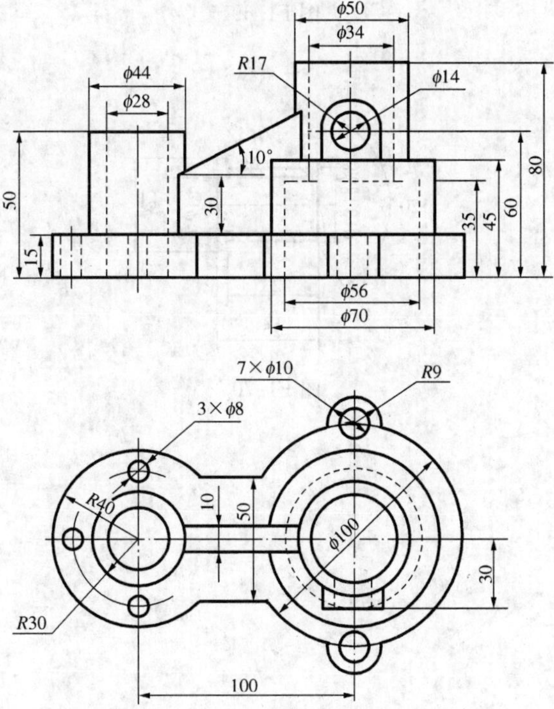

图 F1. 68

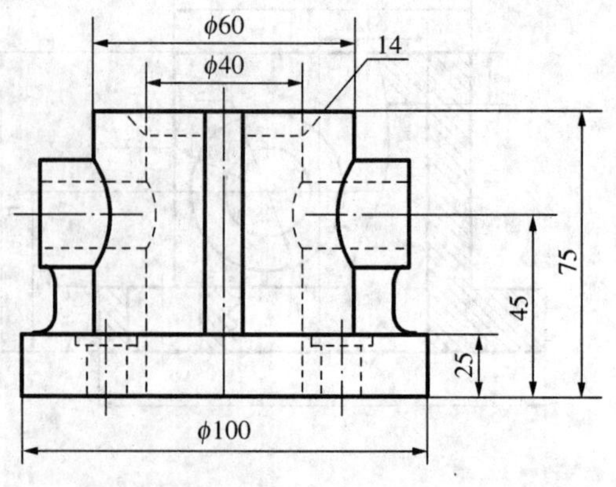

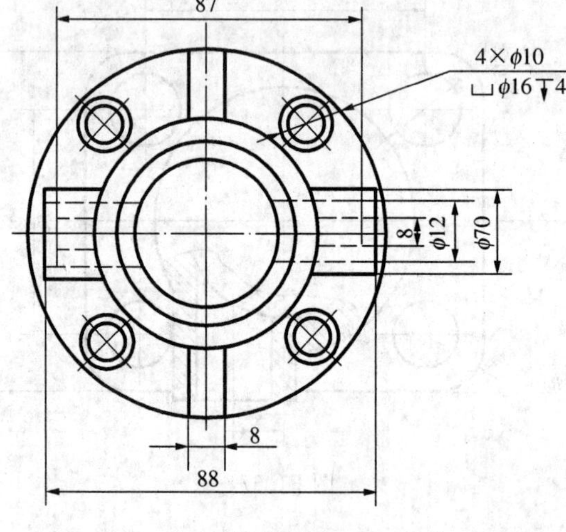

图 F1.69

4）图案填充

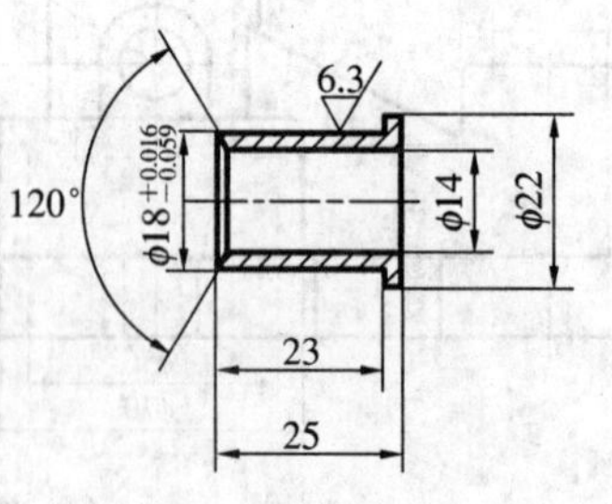

图 F1.70

附录 2　综合应用

1）尺寸标注

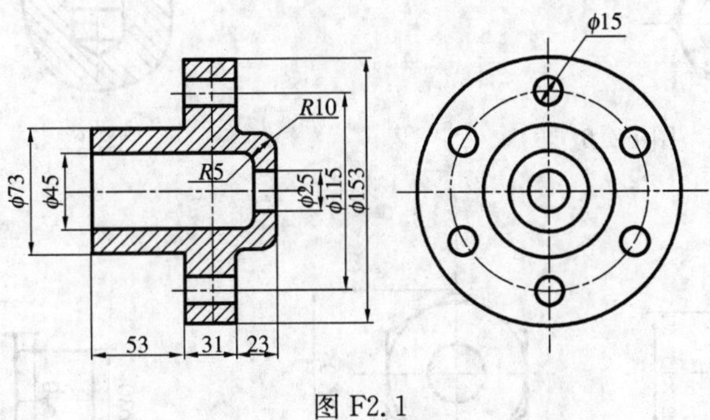

图 F2.1

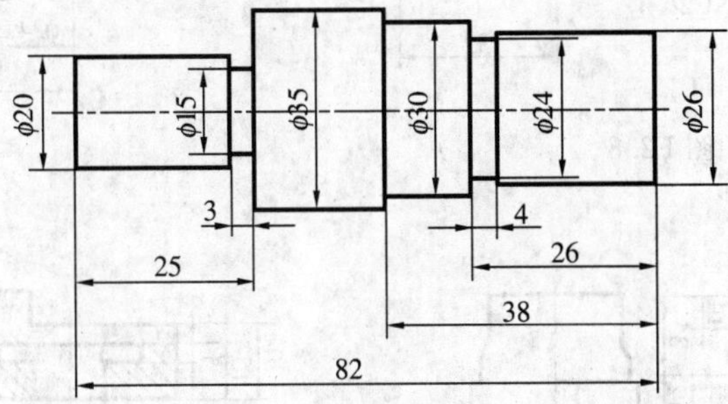

图 F2.2

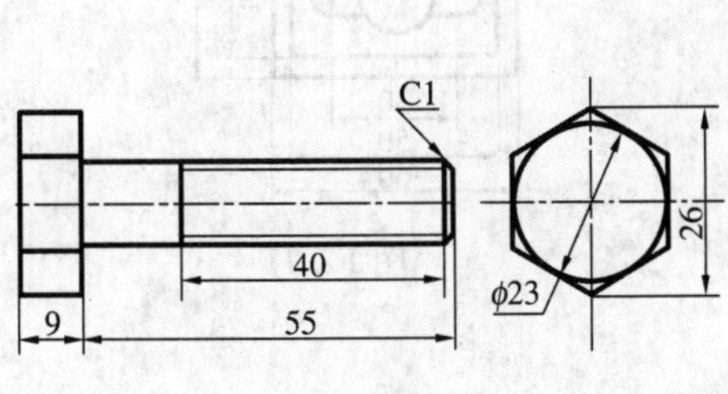

图 F2.3

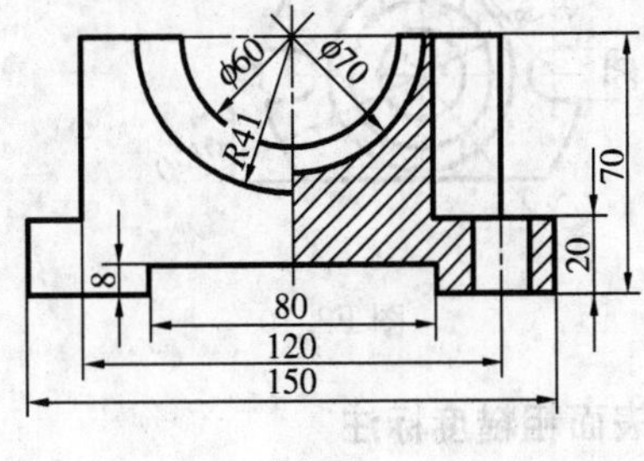

图 F2.4

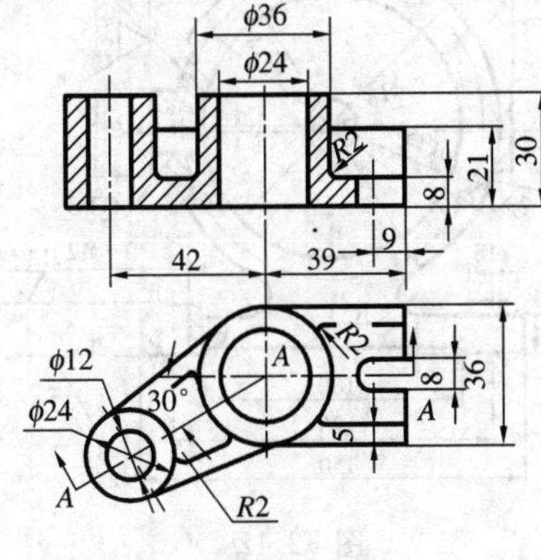

图 F2.5

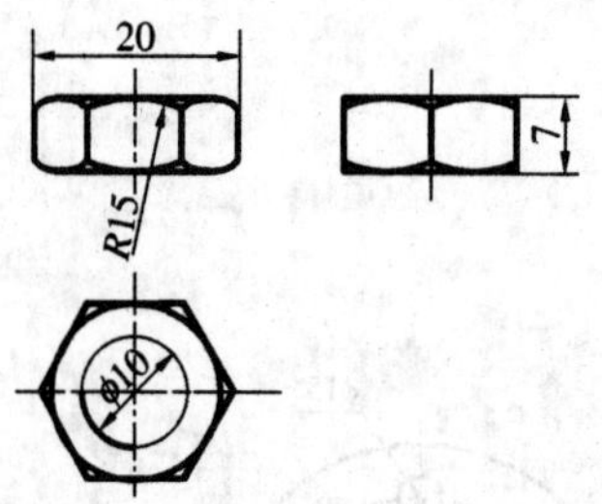

图 F2.6

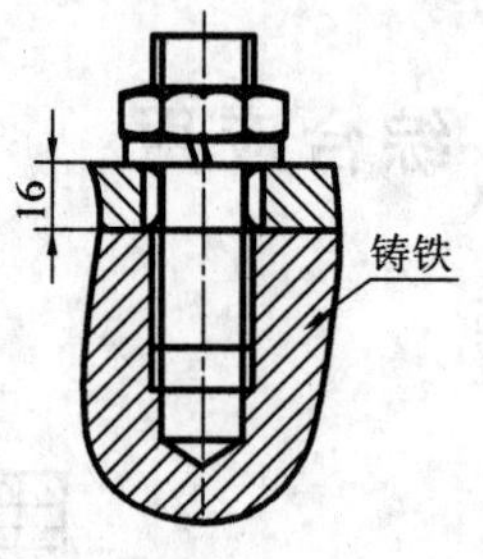

图 F2.7

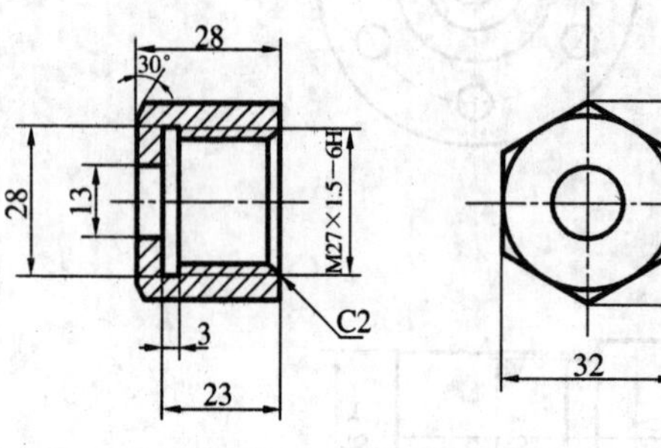

图 F2.8

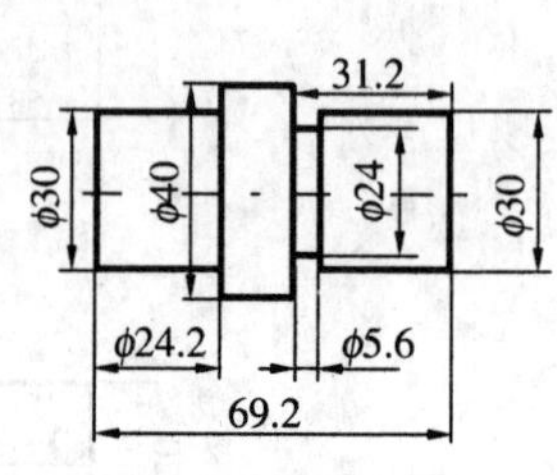

图 F2.9

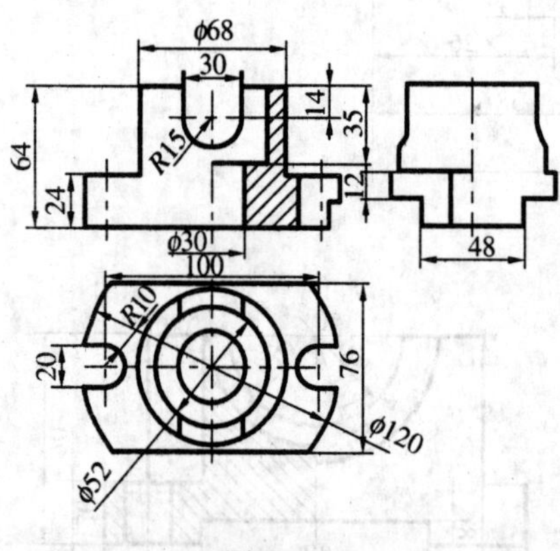

图 F2.10

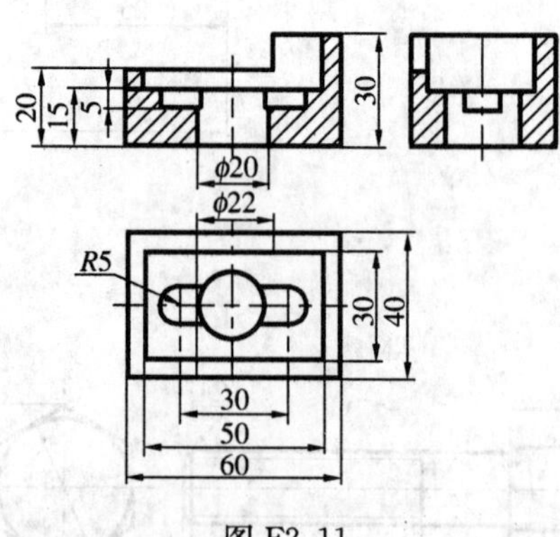

图 F2.11

2）表面粗糙度标注

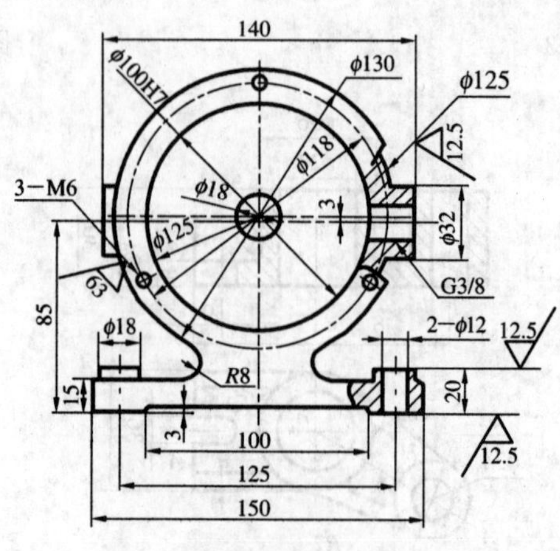

图 F2.12

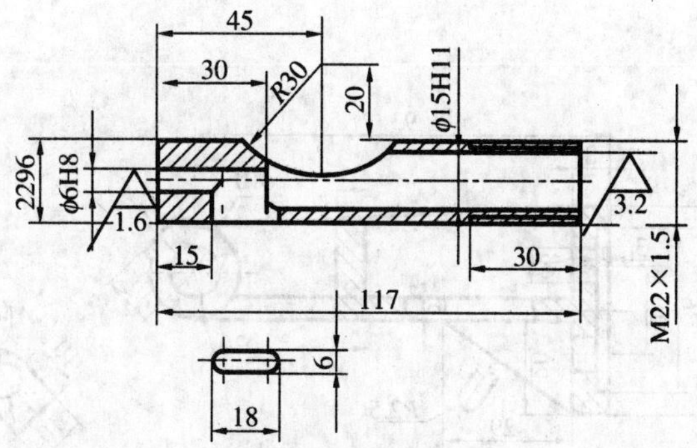

图 F2.13

3）公差标注

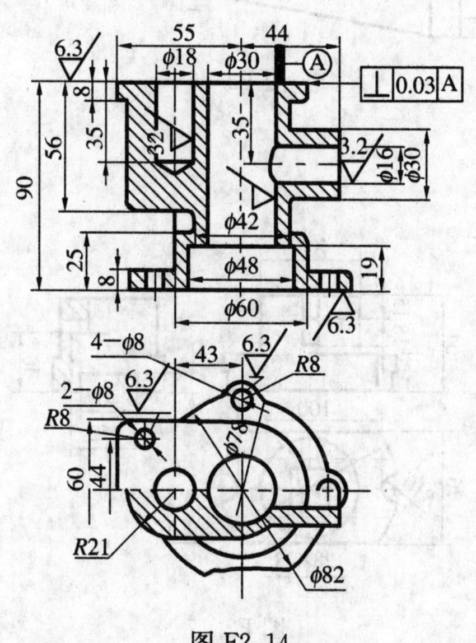

图 F2.14

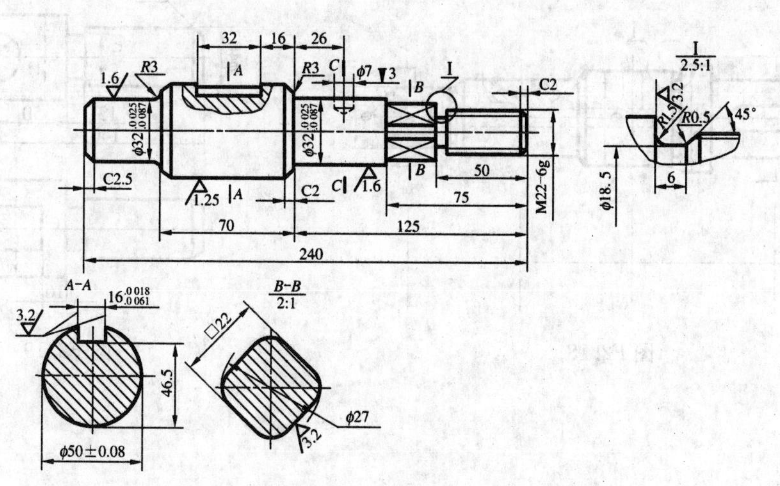

图 F2.15

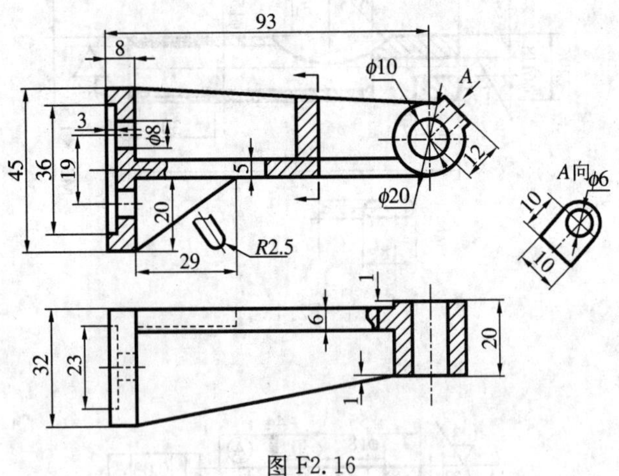

图 F2.16

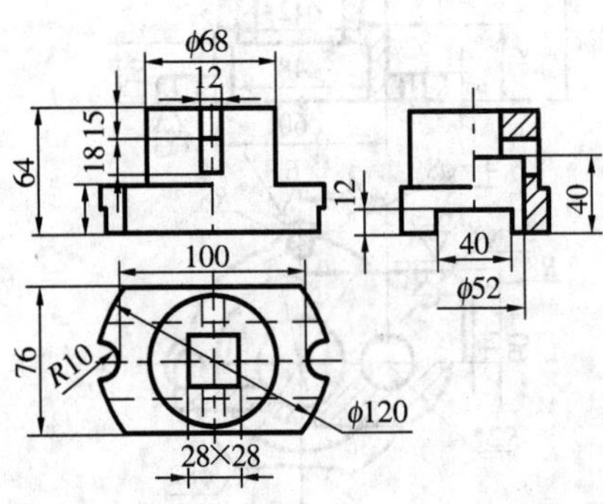

图 F2.17

4）复杂零件的标注

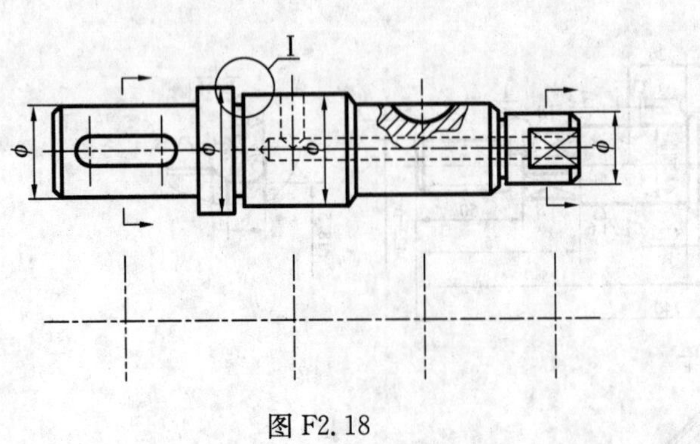

图 F2.18

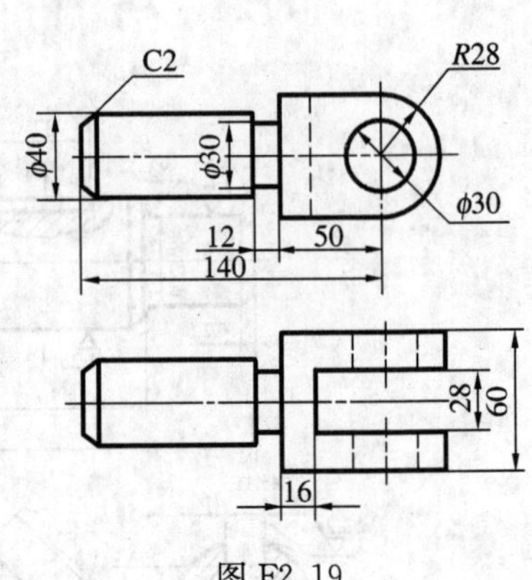

图 F2.19

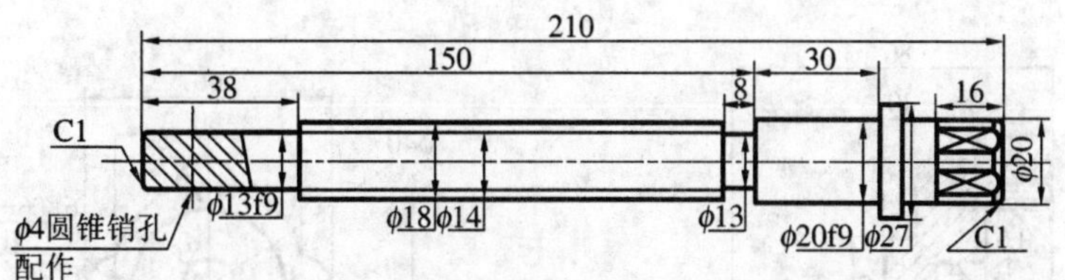

图 F2.20

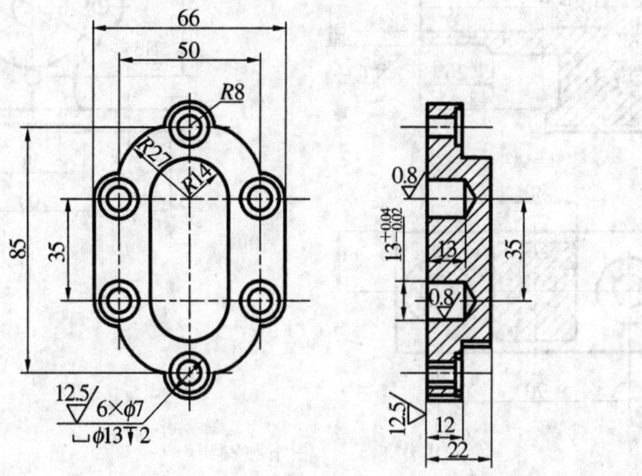

图 F2.21

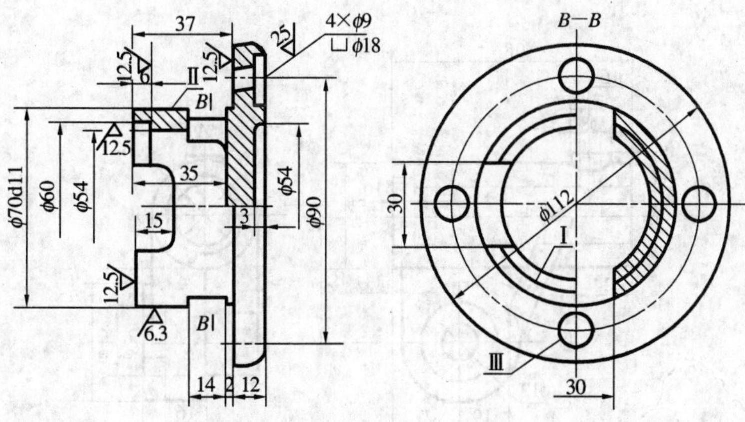

图 F2.22

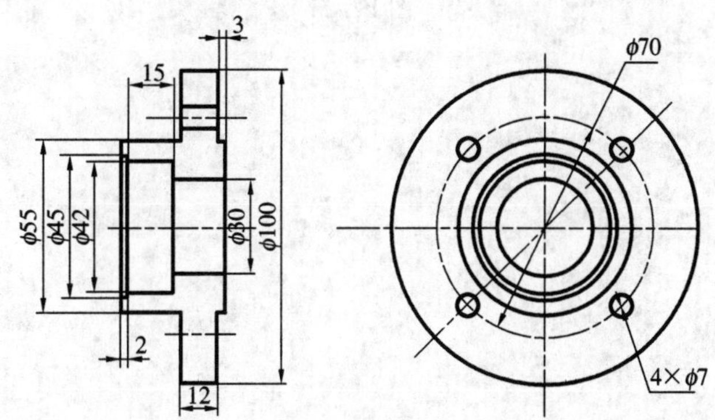

图 F2.23

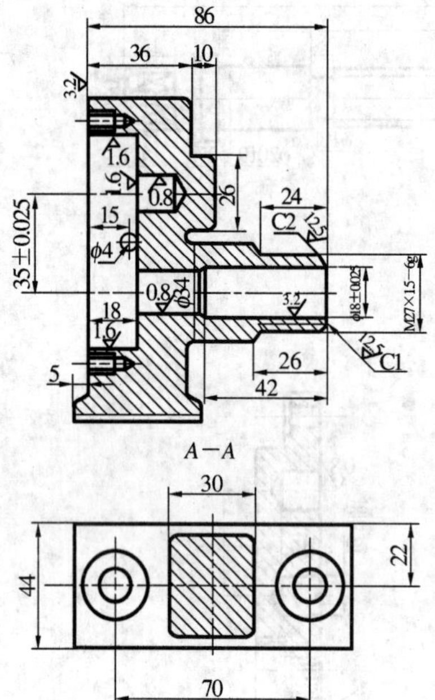

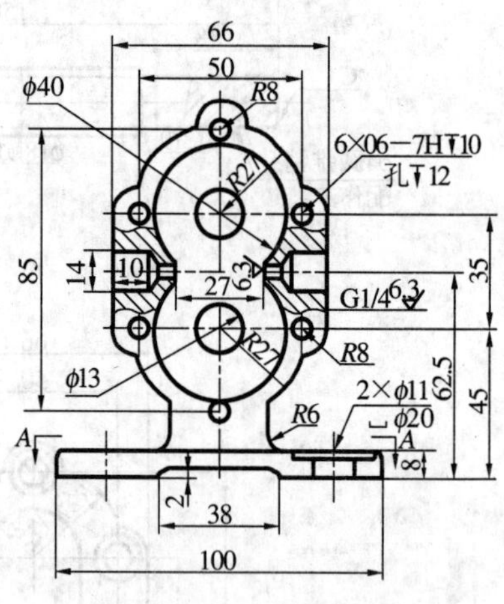

图 F2.24

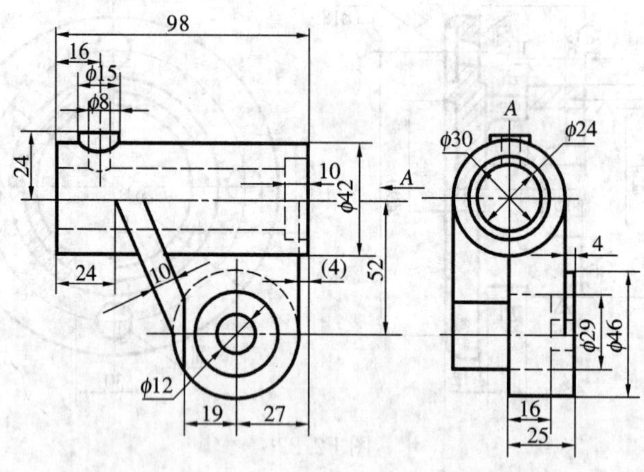

图 F2.25

φ50
φ30
φ20
5
6
φ38
φ10
6
φ20
40
70
44
16
15
10
5
4
70
2×φ6
4×φ6
4×φ12
32
R20
R32
R42
R5
28
25
12
45°
16
φ20
55
4

图 F2.26

其余
64
3.2
2×M10-6H
6.3
10
φ46H8
12
6.3
φ54
1:7
45
24
10
φ38
75
0.8
φ36
38
16
5
5
1:7
φ38
φ48
6.3
G3/4
90
6.3
12.5
6.3
φ56
90
R10
4×1
2.5
18
6.3
铸造圆角R2

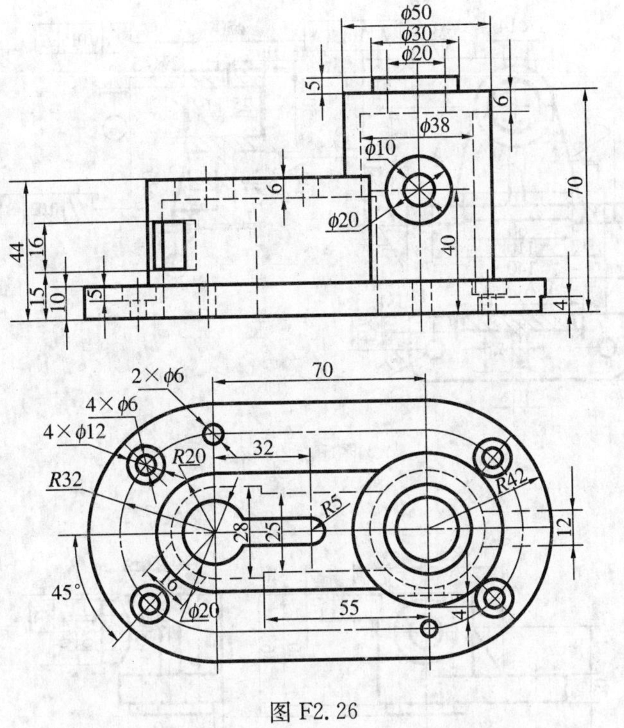

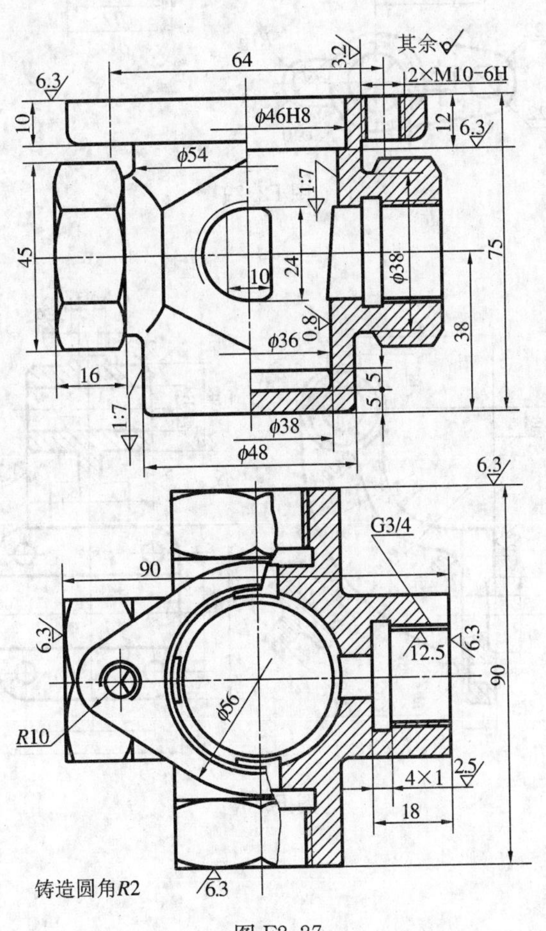

图 F2.27

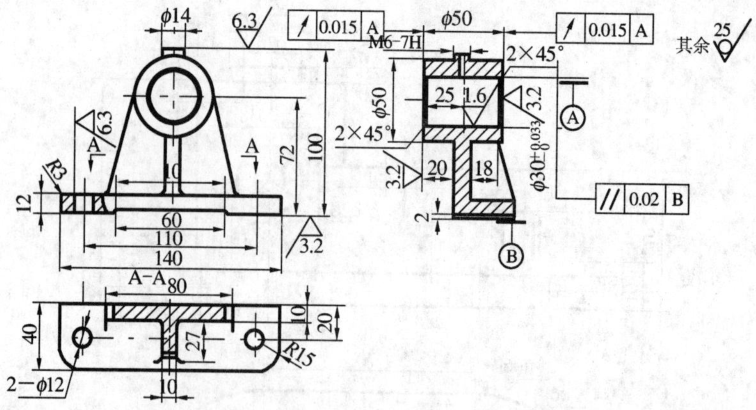

图 F2.28

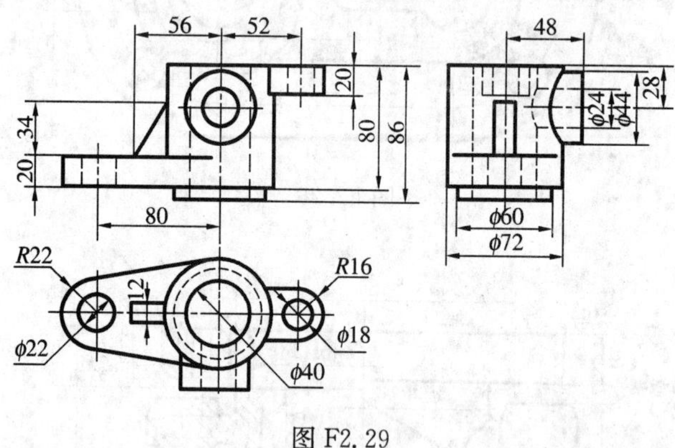

图 F2.29

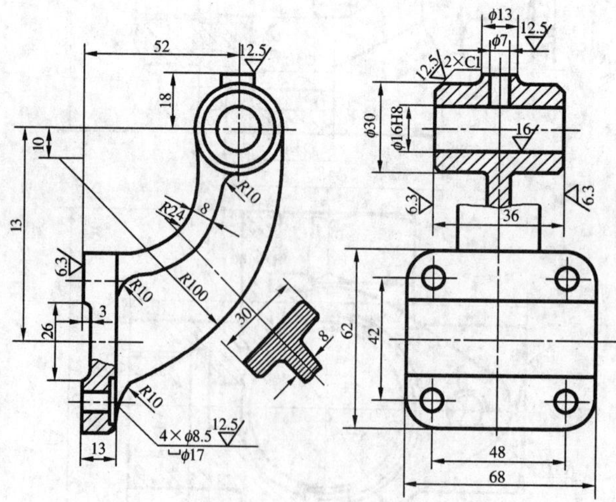

图 F2.30

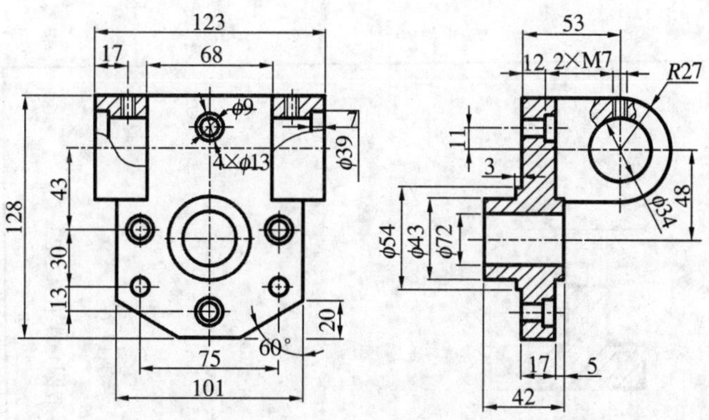

图 F2.31

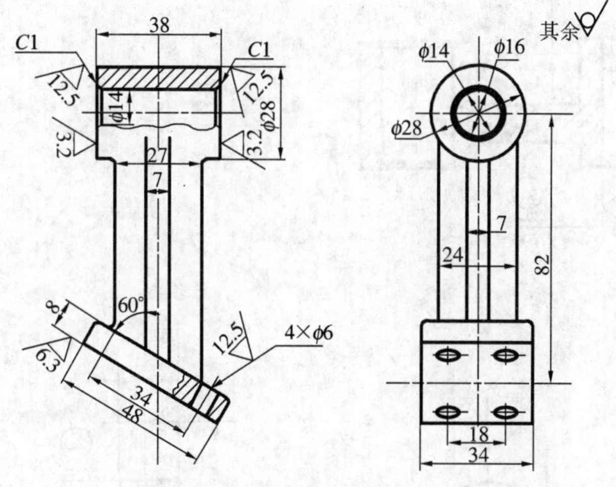

图 F2.32

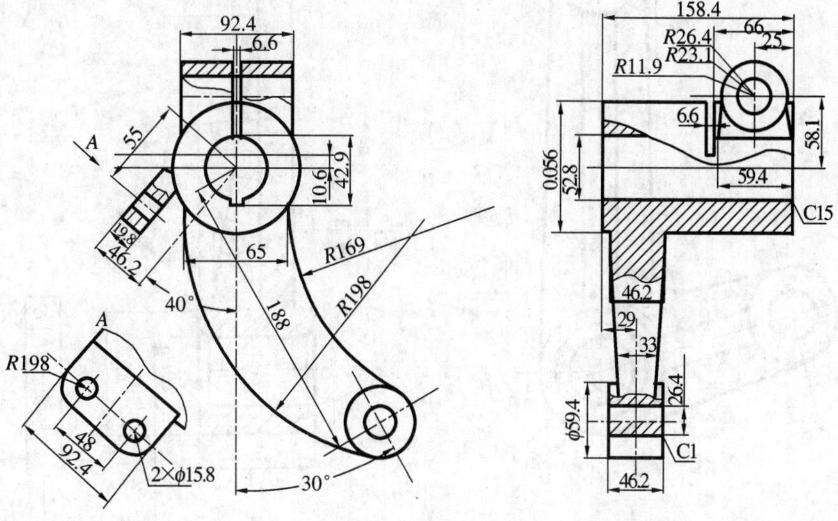

图 F2.33

5）装配图

其余
A-A
B-B
要求技术
未注铸造圆角半径R2-R3
杠杆
比例
1:1
数量
1
材料
1Cr18Ni9Ti
图号
制图
设计
审核
(单位)

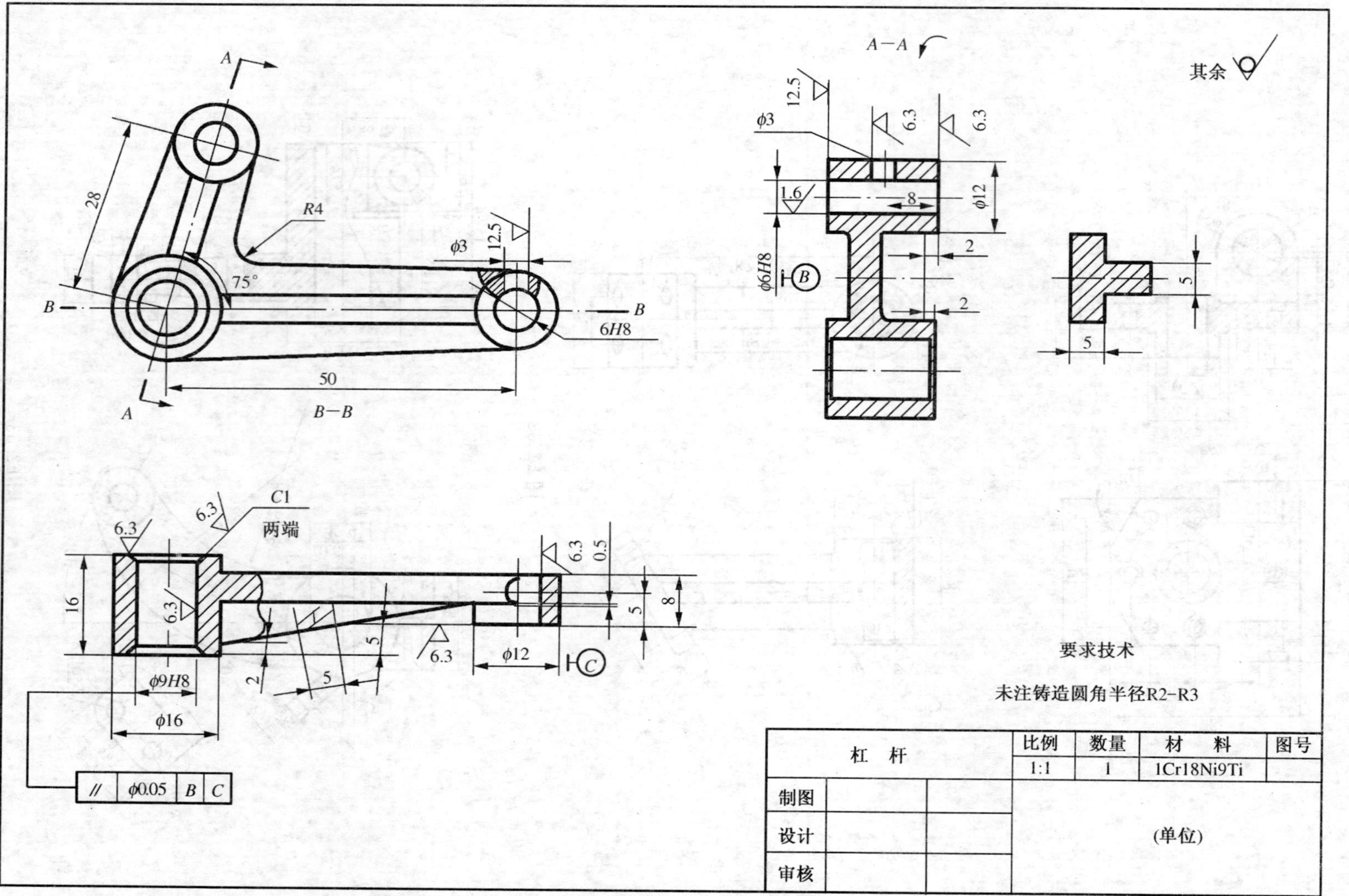

图 F2. 34

名称 螺套 序号
数量 1 材料 ZCuZn25Al6Fe3Mn3
名称 螺旋杆 序号
数量 1 材料 Q275
名称 绞杠 序号
数量 1 材料 Q235
名称 顶垫 序号
数量 1 材料 Q275
名称 底座 序号
数量 1 材料 HT200
螺钉M8×12(GB/T75—1985)
螺钉M10×12(GB/T73—1985)

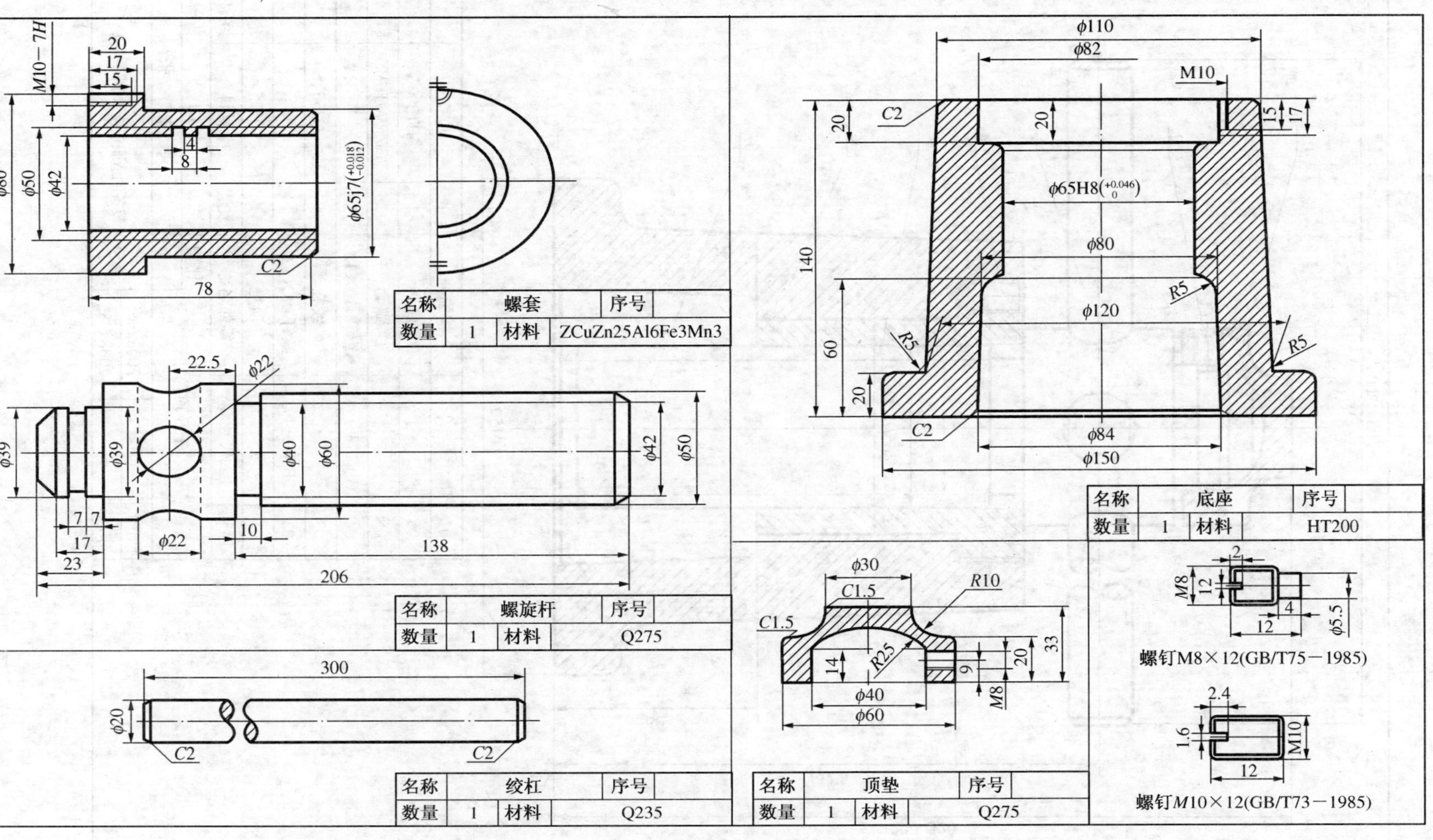

图 F2.35

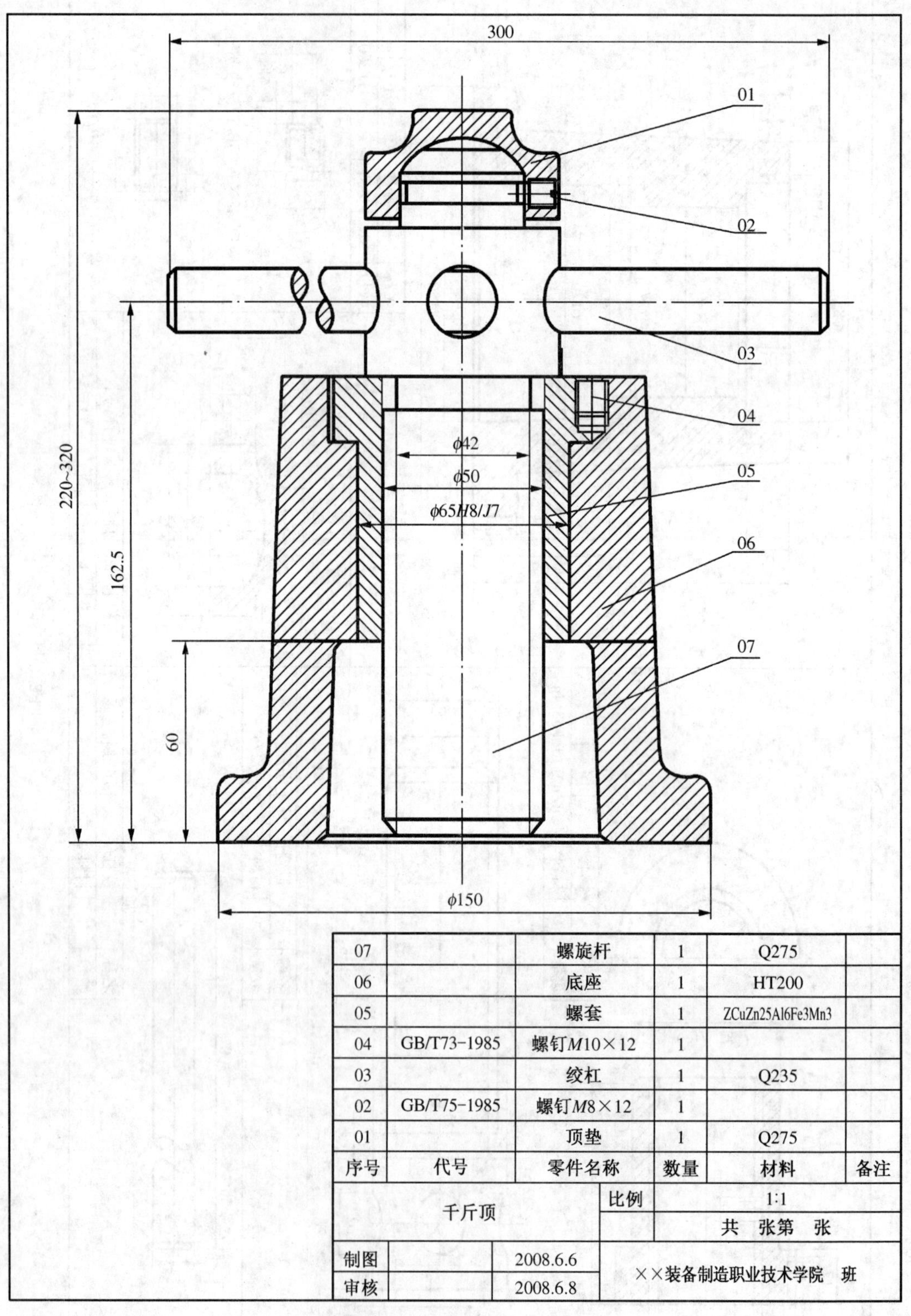

07		螺旋杆	1	Q275	
06		底座	1	HT200	
05		螺套	1	ZCuZn25Al6Fe3Mn3	
04	GB/T73-1985	螺钉M10×12	1		
03		绞杠	1	Q235	
02	GB/T75-1985	螺钉M8×12	1		
01		顶垫	1	Q275	
序号	代号	零件名称	数量	材料	备注

千斤顶		比例	1:1
			共 张第 张
制图	2008.6.6	××装备制造职业技术学院 班	
审核	2008.6.8		

图 F2.36

附录 3　三维立体

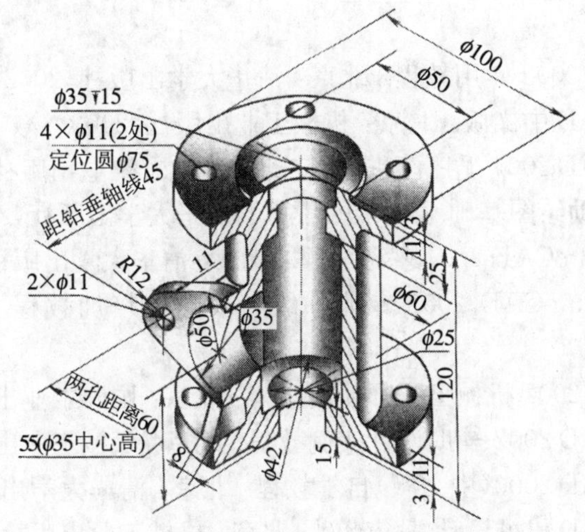

图 F3.1

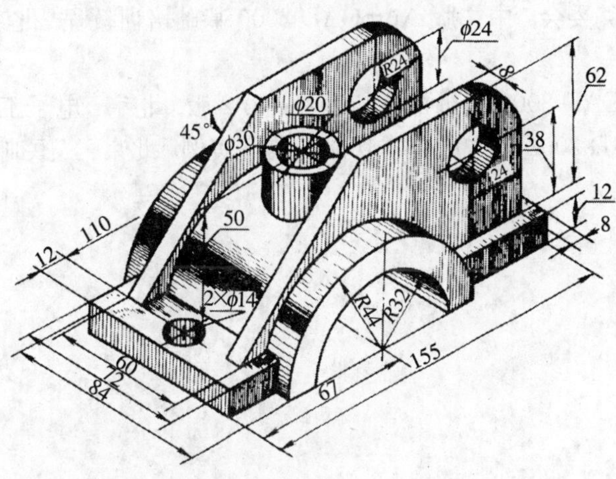

图 F3.2

图 F3.3

参 考 文 献

1 唐嘉平. AutoCAD 2002 实用教程. 北京：清华大学出版社，2002
2 刘培晨等. AutoCAD 中文版. 北京：机械工业出版社，2003
3 龙腾科技. AutoCAD 2004 循序渐进教程. 北京：电子工业出版社，2004
4 陆润民. 计算机辅助绘图基础. 第 2 版. 北京：清华大学出版社，2000
5 薛焱等. 中文版 AutoCAD 2004 基础教程. 北京：清华大学出版社，2003
6 Autodesk 公司. AutoCAD 2002 专业一级与新功能培训教程. 北京：清华大学出版社，2003
7 张永茂. AutoCAD 2002 机械工程师使用指南. 北京：国防工业出版社，2002
8 邢晓林等. AutoCAD 2002 辅助设计实例教程. 北京：机械工业出版社，2002
9 殷红梅等. AutoCAD 2000(中文版)自学教程. 北京：清华大学出版社，1999
10 宋一霞等. AutoCAD 机械设计精彩范例. 北京：机械工业出版社，2004
11 文雨. 新编 AutoCAD 2004 中文版教程. 北京：海洋出版社，2004
12 电子工业出版社编委会. 中文版 AutoCAD 2006 基础培训教程. 北京：电子工业出版社，2004
13 路纯红等. AutoCAD 2000 上机指导与练习. 第 2 版. 北京：电子工业出版社，2001
14 姜勇等. AutoCAD 2002 中文版基本功能与典型实例. 北京：人民邮电出版社，2002